H. Neuber

Technische Mechanik

Methodische Einführung

Erster Teil

Statik

Zweite überarbeitete Auflage

Springer-Verlag Berlin · Heidelberg · New York 1971

Dr.-Ing. Dr. rer. nat. h. c. HEINZ NEUBER

o. Professor der Mechanik
an der Technischen Universität München

Mit 221 Abbildungen

ISBN 3-540-05448-0 Springer-Verlag Berlin Heidelberg New York
ISBN 0-387-05448-0 Springer-Verlag New York Heidelberg Berlin

ISBN 3-540-03375-0 1. Auflage Springer-Verlag Berlin Heidelberg New York
ISBN 0-387-03375-0 1st edition Springer-Verlag New York Heidelberg Berlin

Vorwort zur ersten Auflage

Als eine der wichtigsten technischen Grundwissenschaften wird die Mechanik im Zuge der schnellen Entwicklung der Technik vor immer neue und größere Aufgaben gestellt. Nur Ingenieure mit gut fundierten Kenntnissen in den verschiedenen Gebieten der Mechanik werden den kommenden Anforderungen gewachsen sein. Die in langjähriger Lehrtätigkeit an den Technischen Hochschulen Dresden (1946—1955) und München (seit 1955 auf dem Föpplschen Lehrstuhl) gewonnenen Erfahrungen des Verfassers fanden in diesem, auf vielseitigen Wunsch entstandenen Lehrbuch ihren Niederschlag, es soll dem Leser, sei er Student oder praktisch tätiger Ingenieur, in mannigfachen technischen Fragen eine zuverlässige Hilfe sein. Dieses Ziel kann nur durch eine systematische Darstellung des Stoffes erreicht werden, die den Leser anregt, sein technisches Denkvermögen zu schulen und weiter zu entwickeln. Alle Problemstellungen müssen absolute Klarheit aufweisen, alle Beispiele technisch aktuell sein. Bei den Lösungswegen muß die Anwendung der Grundgesetze besonders sorgfältig herausgestellt werden; nur so behält der Leser die gedankliche Stütze und findet schließlich von selbst den jeweils richtigen Ansatz.

Im vorliegenden *ersten Teil* werden die weittragenden Grundgesetze der *Statik* in allen Einzelheiten herausgearbeitet. Sehr eingehend sind u.a. die Zerlegungs- und Erstarrungsprinzipien interpretiert, die in der praktischen Statik neben den Axiomen des Gleichgewichts und des Kräfteparallelogramms als Arbeitsprinzipien eine entscheidende Rolle spielen. So wird z.B. das Reaktionsgesetz der Kontaktkräfte, das alle Vorgänge der Kraftübertragung sowohl für die Kräfte am Bauteil, wie auch für die Spannungen im Werkstoff regelt und vielfach als Axiom bezeichnet wird, durch einen einfachen Deduktionsschluß gewonnen. Es bildet — zusammen mit geometrischen Überlegungen — zugleich das Fundament für die im *zweiten Teil* des Buches dargestellte *Elastostatik und Festigkeitslehre* und — nach Einbeziehung des Newtonschen Axioms der Dynamik — für die im *dritten Teil* behandelten Probleme der *Kinematik* und *Kinetik*.

Zur übersichtlichen Darstellung grundlegender Zusammenhänge soll ein modernes Lehrbuch über technische Mechanik auch einige Rechnungsarten erläutern, welche die für akademische Ingenieure üblichen Grenzen des mathematischen Wissens etwas überschreiten, sofern der

Leser dadurch auf ein höheres, der heutigen wissenschaftlichen Entwicklung angepaßtes Niveau der geistigen Erkenntnis geführt werden kann. So wird der Leser z. B. mit Hilfe einfacher Überlegungen von den Grundlagen der Vektorrechnung an die Anfänge der Tensorrechnung herangeführt; dadurch werden mathematische Beziehungen bereitgestellt, auf die in allen Gebieten der Mechanik mit Vorteil zurückgegriffen werden kann.

Das System der jeweiligen Gleichgewichtsbedingungen der einzelnen Tragwerksteile wird vorwiegend in Tabellenform angegeben, um den Leser mit dem Begriff der Koeffizientenmatrix vertraut zu machen; auf diese Weise bieten sich Vereinfachungen, die bei sehr komplizierten statischen Problemen, vor allem in Zusammenhang mit der Programmierung von Rechenautomaten Vorteile bieten.

Mit Rücksicht auf die Vielfalt der modernen Konstruktionsformen im Maschinenbau, Stahlbetonbau, Fahrzeugbau, Behälterbau usw. ist die Einführung beliebiger Körperkoordinaten schon bei der Schwerpunktsberechnung zweckmäßig.

Ein weiterer Umstand ist für ein neuzeitliches Lehrbuch für technische Mechanik wesentlich: Die Ausstattung mit guten, zum großen Teil perspektivischen Abbildungen; denn die erste Grundbedingung für das Verständnis der technischen Mechanik ist das geometrische Vorstellungsvermögen, das unbedingt durch besonders anschauliche Abbildungen gestützt werden muß; der Verfasser hat auch in dieser Beziehung große Sorgfalt aufgewendet und dankt dem Springer-Verlag für die ausgezeichnete Wiedergabe der z. T. komplizierten Zeichnungen.

Bei der Durchsicht des Manuskriptes unterstützte Professor Dr. phil. Dr.-Ing. E. h. Udo Wegner den Verfasser durch wertvolle Ratschläge. Beim Lesen der Korrektur halfen mit der gleichen Sorgfalt Hochschuldozent Dr.-Ing. Hans Bufler und Oberingenieur Dr. rer. nat. Hans-Georg Hahn. Ihnen allen sei hier aufrichtig gedankt, ebenso dem Springer-Verlag für die vorbildliche Ausstattung des Buches.

München, Dezember 1964

Heinz Neuber

Vorwort zur zweiten Auflage

Gemäß internationaler Vereinbarungen wurden nunmehr Kräfte mit F, Flächen mit A und Arbeiten mit W bezeichnet. Ferner wurden Vektoren kursiv-halbfett gedruckt. Im Text ergaben sich noch einige Vereinfachungen.

München, September 1971

Heinz Neuber

Inhaltsverzeichnis

VIII   Inhaltsverzeichnis

1 Definitionen und Axiome

1.1 Der Kraftbegriff

Durch die Einwirkung einer Kraft auf einen Körper wird entsprechend dem Newtonschen Grundgesetz[1] eine Änderung der Bewegung des Körpers verursacht, sofern weitere Kräfte diese Wirkung nicht verhindern. Wird von der Verformung des Körpers abgesehen, d.h. der Körper als *starr* aufgefaßt, so läßt sich die Lehre von den Kräften, die sog. *Statik* unabhängig von den Körpereigenschaften aufbauen. Die am Gedankenmodell des starren Körpers entwickelten Gesetze sind auch für deformierbare Körper anwendbar, wenn der Körper in seinem momentanen, unter der Einwirkung der Kräfte sich einstellenden deformierten Zustand als *quasi-starr* angesehen wird (*Erstarrungsprinzip*).

Den Begriff der Kraft entlehnt man der Erfahrung (z.B. *Muskelkraft*); die auf einen Körper einwirkende Schwerkraft heißt *Gewicht*.

Bei der Kennzeichnung der Kraft muß sowohl ihre *Größe*, als auch ihre *Richtung* berücksichtigt werden. Die Schreibweise mit halbfetten Kursivbuchstaben (z.B. $\boldsymbol{F}$) kennzeichnet *zugleich Größe und Richtung*, d.h. den gesamten *Kraftvektor*; die Schreibweise mit lateinischen Buchstaben (z.B. F) kennzeichnet dagegen *nur die Größe* der Kraft, kann aber als ausreichend angesehen werden, wenn die Richtung der Kraft aus einer Zeichnung oder Skizze hervorgeht. Bei der zeichnerischen Darstellung der Kraft kann die Größe der Kraft durch die entsprechende Länge des Kraftpfeiles zum Ausdruck gebracht werden; hierzu ist die Einführung eines sog. *Kräftemaßstabes* erforderlich, durch welchen eine bestimmte Längeneinheit in der Zeichnung, z.B. 1 cm, einer bestimmten Krafteinheit zugeordnet wird (s. Abb. 1.1).

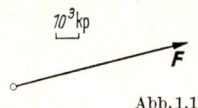

Abb. 1.1

---

[1] ISAAC NEWTON (geb. 1643 in Woolsthorpe, gest. 1727 in London).

Als Krafteinheit oder *Dimension der Kraft* dient in der technischen Mechanik das Pond (p). Größere Einheiten sind 10^3 Pond = 1 Kilopond = 1 kp = 10^3 p; 10^6 p = 10^3 kp = 1 Megapond = 1 Mp. Für die Behandlung technischer Aufgaben verwendet man vorwiegend den Begriff der *Einzelkraft*. Dieser Begriff stellt eine Abstraktion dar; dasselbe gilt für Kräfte, die über eine Linie verteilt sind, z.B. *Streckenlasten*, mit der Dimension kp/m. Wirkliche Kräfte sind entweder über eine Fläche verteilt und treten als sog. *Flächenkräfte* oder *Spannungen* an Oberflächen bzw. in Schnittflächen des Körpers auf (*Zug-*, *Druck-* oder *Reibungsspannungen*); sie haben z.B. die Dimension kp/cm². Oder es handelt sich um Kräfte, die räumlich verteilt sind und als *Massenkräfte* oder *Volumkräfte* auf die inneren Materieteilchen des Körpers einwirken, (z. B. *Gravitationskräfte*); bei Bezugnahme auf die Volumeinheit haben sie z.B. die Dimension kp/cm³. Wie noch gezeigt wird, lassen sich alle diese Kräfte durch Einzelkräfte ersetzen. Andererseits kann man die Kräfte auch hinsichtlich ihrer Entstehung in *äußere* und *innere* Kräfte einteilen. Äußere Kräfte sind die von außen auf den Körper einwirkenden oder *eingeprägten* Kräfte. Innere Kräfte sind z.B. Seilkräfte, Stabkräfte, sowie die bereits erwähnten inneren Spannungen; sie bewirken die Kraftübertragung im Innern der Körper. Durch gedankliche Unterteilung des Körpers oder des für die Kraftaufnahme bestimmten Systems in *Teilkörper* oder *Teilsysteme* können innere Kräfte jederzeit zu *äußeren Kräften des jeweiligen Teilkörpers oder Teilsystems* gemacht werden (*Zerlegungsprinzip* oder *Schnittprinzip*).

1.2 Das Gleichgewichtsaxiom

Bleibt der Körper bei der Einwirkung mehrerer Kräfte in Ruhe, so sagt man, er befindet sich im *Gleichgewicht* (Definition des Gleichgewichtsbegriffes). Die zugehörige Kräftegruppe heißt *Gleichgewichtsgruppe*. Die einfachste Gleichgewichtsgruppe besteht aus zwei Kräften; als naheliegendes Beispiel denken wir uns zwei Personen, welche an den beiden Enden eines Seiles ziehen. Es gilt erfahrungsgemäß folgender Satz:

> *Zwei Kräfte sind im Gleichgewicht, wenn sie auf derselben Wirkungslinie liegen, entgegengesetzt gerichtet und gleich groß sind.*

Unter *Wirkungslinie* ist hierbei die Gerade im Raum zu verstehen, längs der die — als Einzelkraft aufzufassende — Kraft ihre Wirkung

Abb. 1.2

ausübt (in unserem Beispiel das Seil, vgl. Abb.1.2). Man sagt auch, zwei im Gleichgewicht befindliche Kräfte *heben sich gegenseitig statisch auf*. Man kann eine solche Gleichgewichtsgruppe jeder beliebigen anderen Kräftegruppe überlagern (hinzufügen oder *superponieren*), ohne an dem statischen Sachverhalt, d.h. an der Wirkung der Kräfte auf den starren Körper etwas zu ändern (*Überlagerungs-* oder *Superpositionsprinzip*). Der Satz vom Gleichgewicht zweier Kräfte stellt das sog. *Gleichgewichtsaxiom* dar, welches zusammen mit dem in 1.6 entwickelten *Axiom vom Kräfteparallelogramm* das erkenntnistheoretische Fundament der Statik bildet (ein *Axiom* ist ein nicht beweisbarer Grundsatz); die zugehörige mathematische Beziehung hat die Form:

$$\boldsymbol{F}_1 + \boldsymbol{F}_2 = 0, \quad \text{d.h.} \quad \boldsymbol{F}_2 = -\boldsymbol{F}_1 \qquad (1.2/1)$$

bzw.

$$F_1 - F_2 = 0, \quad \text{d.h.} \quad F_2 = \overset{.}{F}_1. \qquad (1.2/2)$$

Hierbei muß zwischen der *Vektorgleichung* (1.2/1) und der *Skalargleichung* (1.2/2) unterschieden werden. Im ersten Falle handelt es sich um das Verschwinden der Gesamtwirkung der beiden Kräfte als *Summe* ihrer Vektoren (die Richtung ist in den verwendeten Symbolen $\boldsymbol{F}_1$ bzw. $\boldsymbol{F}_2$ enthalten). Im zweiten Falle ist der Richtungssinn nicht mehr in den Kraftsymbolen F_1 bzw. F_2 enthalten; die entgegengesetzte Richtung von F_2 muß durch das entgegengesetzte Vorzeichen berücksichtigt werden. Man nennt F_2 auch die *Gegenkraft* zu F_1.

1.3 Das Reaktionsgesetz

Werden zwei Körper gegeneinander gedrückt (Abb.1.3), wobei auf den einen die Kraft F_1, auf den anderen die Kraft F_2 von außen her einwirkt, so folgt mit Anwendung von 1.2 für das Gleichgewicht des von beiden Körpern zusammen gebildeten quasi-starren Gesamtkörpers (Anwendung des Erstarrungsprinzips):

$$F_1 - F_2 = 0. \qquad (1.3/1)$$

Wird andererseits das Gleichgewichtsaxiom auf jeden der beiden Körper einzeln angewandt (Anwendung des Zerlegungs- oder Schnittprinzips), so ergibt sich:

$$F_1 - F_3 = 0, \quad F_4 - F_2 = 0. \qquad (1.3/2)$$

Hierbei sind F_3 und F_4 die an der Berührungsstelle der beiden Körper auftretenden Kräfte (*Reaktionskräfte*); diese waren bei Betrachtung des Gesamtkörpers noch innere Kräfte und blieben daher unberücksichtigt. Durch die Zerlegung in zwei Einzelkörper werden sie zu äußeren Kräften. Aus (1.3/1) und (1.3/2) folgt:

$$F_3 = F_4 = F_1 = F_2. \qquad (1.3/3)$$

1*

Hieraus ergibt sich das *Reaktionsgesetz der Kontaktkräfte*:

*Wird von einem Körper auf einen zweiten Körper eine Kraft aus-
geübt, so wird dadurch an der Berührungsstelle eine gleich große,
aber entgegengesetzt gerichtete Kraft (Reaktionskraft) hervorgeru-
fen, welche von dem zweiten Körper auf den ersten ausgeübt wird.*

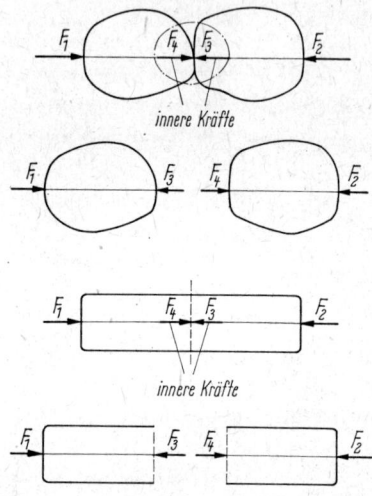

Abb. 1.3

Man erkennt aus Abb. 1.3, daß derselbe Sachverhalt auch für die bei
der Zerlegung eines beliebigen Körpers frei werdenden inneren Kräfte
gilt. Eine allgemeinere Fassung wird in 8.1 gegeben. Beim Übergang
zu beliebig kleinen herausgeschnittenen Teilkörpern liefert das Reaktionsgesetz grundlegende Beziehungen für die Kraftübertragung im
Innern der Werkstoffe.

Obwohl sich die hier gezeigte Beweisführung auf Berührungskräfte
und innere Kräfte beschränkt, gilt das Reaktionsgesetz in der technischen Mechanik auch allgemein für physikalische Fernkräfte (z.B.
elektrische oder magnetische Kräfte), hat dann aber den Charakter
eines *Naturgesetzes*, bzw. *Axioms*. Dieses Gesetz wurde zuerst von Isaac
Newton aufgestellt (*actio est reactio*).

1.4 Die Verschiebbarkeit der Kraft längs ihrer Wirkungslinie

Wie sich mit Hilfe des Gleichgewichtsaxioms beweisen läßt, kann
die Kraft längs ihrer Wirkungslinie beliebig verschoben werden, ohne
ihre Wirkung auf den starren Körper zu verändern. In Abb. 1.4 wird
einer in A angreifenden Kraft der Größe F (Abb. 1.4, links) auf derselben Wirkungslinie eine Gleichgewichtsgruppe überlagert, die aus

zwei entgegengesetzt wirkenden Kräften von gleicher Größe F besteht, welche bei B angreifen (Abb. 1.4, Mitte). Die eine dieser beiden Kräfte kann dann mit der in A angreifenden Kraft zu einer Gleich-

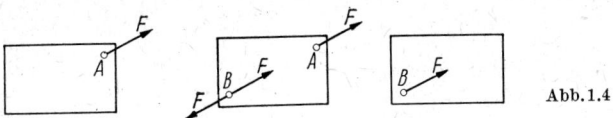

Abb. 1.4

gewichtsgruppe zusammengefaßt werden, so daß nur eine in B angreifende Kraft F übrig bleibt (Abb. 1.4, rechts). Die Kraft wurde also ohne Änderung des statischen Sachverhaltes von A nach B verschoben. Man sagt deshalb, der Kraftvektor ist *linienflüchtig*[1]. Diese Verschiebungsmöglichkeit der Kraft besteht aber nur für starre Körper. Für deformierbare Körper ist die Lage des Kraftangriffspunktes durchaus wesentlich. Ebenso ist auch bei Untersuchung der sog. Stabilität der Gleichgewichtslage gegenüber Störungen (Theorie zweiter Ordnung) die Lage des Kraftangriffspunktes von entscheidender Bedeutung.

1.5 Die Parallelverschiebung der Kraft

Wird einer Kraft F an demselben Körper eine aus zwei entgegengesetzt gerichteten, gleich großen Kräften F bestehende Gleichgewichtsgruppe überlagert, deren Wirkungslinie parallel zur Wirkungslinie der Kraft im Abstand a von dieser verläuft (Abb. 1.5),

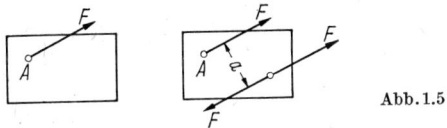

Abb. 1.5

so bildet die eine Kraft der Gleichgewichtsgruppe mit der ursprünglichen Kraft ein sog. *Kräftepaar* oder *Moment* (vgl. 2.3.3 und 5.1), während die zweite Kraft die Wirkung der ursprünglichen Kraft übernimmt, jedoch mit einer um die Strecke a parallel verschobenen Wirkungslinie.

1.6 Das Axiom vom Kräfteparallelogramm

Greifen an einem starren Körper zwei nichtparallele Kräfte an, deren Wirkungslinien in derselben Ebene liegen (Abb. 1.6), so können

---

[1] PIERRE VARIGNON (geb. 1640 in Caën, gest. 1718 in Paris) führte die Linienflüchtigkeit der Kraft in die Mechanik ein.

sie längs ihrer Wirkungslinien soweit verschoben werden, bis sie an demselben Punkt, dem Schnittpunkt B der Wirkungslinien angreifen. Für die Gesamtwirkung der beiden Kräfte auf den starren Körper gilt dann das auf der Erfahrung beruhende *Axiom vom Kräfteparallelogramm*[1]:

> *Zwei Kräften mit demselben Angriffspunkt ist eine einzige Kraft (Resultierende) statisch gleichwertig, die an demselben Punkt angreift und nach Größe und Richtung der Diagonale des Parallelogramms entspricht, dessen Seiten von den beiden Kräften gebildet werden.*

Statisch gleichwertig (oder auch *statisch äquivalent*) heißt hierbei *von gleicher Wirkung auf den Körper.*

Es genügt, das halbe Parallelogramm, das sog. *Kräftedreieck* zu zeichnen (*Gesetz der Vektoraddition*, der *Kräftemaßstab* ist zu beachten, s. Abb. 1.7). Greifen in einem Punkt eines starren Körpers mehr als

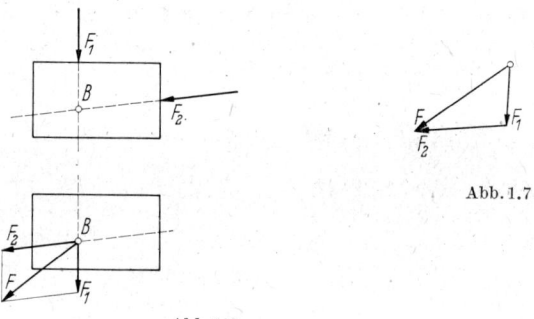

Abb. 1.7

Abb. 1.6

zwei Kräfte an, so werden zunächst zwei Kräfte zu einer Resultierenden vereinigt, dann diese mit einer weiteren Kraft usw. Die so entstehende geometrische oder vektorielle Kräftezusammensetzung führt schließlich zu der Resultierenden der gesamten Kräftegruppe, welche als Verbindungslinie des Anfangspunktes der ersten mit dem Endpunkt der letzten Kraft erscheint. Bei einer ebenen Kräftegruppe ist sie die letzte Seite eines *Kräftepolygons* oder *Kraftecks*, dessen übrige Seiten von den vorgegebenen Kräften gebildet werden (Abb. 1.8). Werden die Kräfte als Vektoren, d.h. mit halbfetten Kursivbuchstaben gekennzeichnet, so läßt sich der Vorgang der Zusammensetzung von Kräften am gleichen Punkt folgendermaßen schreiben:

$$F = F_1 + F_2 + F_3 + \cdots + F_n = \sum_{\alpha=1}^{n} F_\alpha. \qquad (1.6/1)$$

---

[1] Das Gesetz des Kräfteparallelogramms und damit der vektoriellen Addition von Kräften geht zurück auf SIMON STEVIN (geb. 1548 in Brügge, gest. 1620 in Haag), ISAAC NEWTON und PIERRE VARIGNON.

Das Additionszeichen (+) beinhaltet also den Vorgang des Aneinander-setzens der Kraftvektoren und damit die *vektorielle Addition*! Der Vorgang ist wie die gewöhnliche Addition kommutativ, d.h. unabhängig von der Reihenfolge; es gilt z.B.:

$$F_1 + F_2 + F_3 = F_1 + F_3 + F_2. \qquad (1.6/2)$$

Man erkennt die Übereinstimmung der Resultierenden in den beiden in Abb. 1.8 ersichtlichen Kräftepolygonen. *Durch das Gesetz der Vektor-addition wird die Kraft als mathematischer Vektor (vgl. 3.1) bestätigt.*

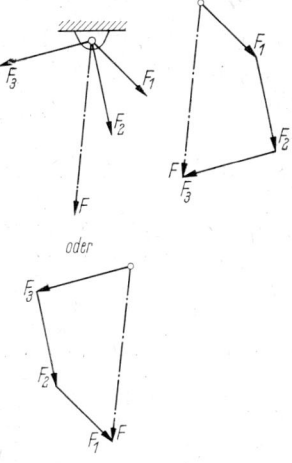

Abb. 1.8

1.7 Die analytische Zusammensetzung von Kräften an einem Punkt

Unter Bezugnahme auf ein kartesisches Koordinatensystem x, y, z heißen die Projektionen der Kräfte auf die Koordinatenachsen x, y, z-

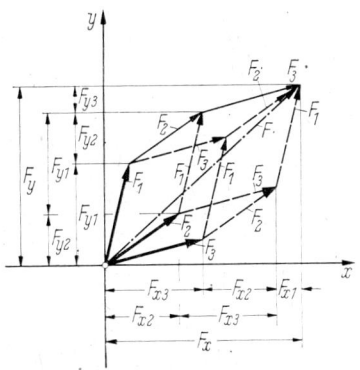

Abb. 1.9

Komponenten (oder *Kraftkoordinaten*); sie sind positiv (bzw. negativ), wenn der Kraftvektor mit der Koordinatenrichtung einen spitzen (bzw. stumpfen) Winkel bildet [vgl. auch (3.2/7)]. Abb.1.9 zeigt drei Kräfte in der x,y-Ebene, die am Koordinatenursprung angreifen. Man erkennt das Bestehen der ersten beiden der folgenden Beziehungen:

$$F_x = F_{x1} + F_{x2} + \cdots + F_{xn} = \sum_{\alpha=1}^{n} F_{x\alpha},$$

$$F_y = F_{y1} + F_{y2} + \cdots + F_{yn} = \sum_{\alpha=1}^{n} F_{y\alpha}, \qquad (1.7/1)$$

$$F_z = F_{z1} + F_{z2} + \cdots + F_{zn} = \sum_{\alpha=1}^{n} F_{z\alpha}.$$

Die dritte Gleichung folgt durch Vertauschung der Indizes. Projektionen in beliebiger Richtung (*allgemeine Komponenten*) befolgen analoge Gleichungen. Mithin gilt der sog. *Projektionssatz*:

> *Die Komponenten der Resultierenden einer an einem Punkt angreifenden Kräftegruppe sind gleich der algebraischen Summe der entsprechenden Komponenten der einzelnen Kräfte.*

1.8 Das Gleichgewicht dreier Kräfte

In 1.6 wurden zwei Kräfte, deren Wirkungslinien in derselben Ebene liegen, zu einer Resultierenden $\boldsymbol{F}$ zusammengefaßt. Um im Sinne des Axioms 1.2 Gleichgewicht herzustellen, soll auf den Körper eine weitere Kraft $\boldsymbol{F}_3 = -\boldsymbol{F}$ einwirken, welche auf der Wirkungslinie von $\boldsymbol{F}$ liegt und mithin $\boldsymbol{F}$ aufhebt ($\boldsymbol{F}_3$ ist Gegenkraft zu $\boldsymbol{F}$). Ein Beispiel zeigt Abb.1.10. Man erkennt, daß die drei Kräfte $\boldsymbol{F}_1$, $\boldsymbol{F}_2$, $\boldsymbol{F}_3$ ein geschlossenes

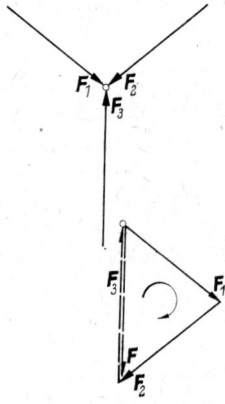

Abb.1.10

Kräftedreieck bilden, wobei die Pfeilfolge einen einheitlichen Umlaufsinn aufweist. Daraus ergeben sich die folgenden drei notwendigen und
hinreichenden Bedingungen für das Gleichgewicht dreier Kräfte (*Drei-
Kräfte-Satz*):

> *Drei Kräfte sind im Gleichgewicht, wenn*
>
> *1. sie in einer Ebene liegen,*
>
> *2. sich ihre Wirkungslinien in einem Punkte schneiden,*
>
> *3. sich das Kräftedreieck mit gleichsinniger Pfeilfolge schließt.*

Dieser Satz hat außerordentliche Bedeutung für die praktische
Anwendung, wie noch an einzelnen Aufgaben demonstriert wird.

Ein einfaches Beispiel zeigt Abb. 1.11. Ein Balken ruht bei B auf
einem sog. *Rollenlager*, das nur die Übertragung einer vertikalen Stütz-

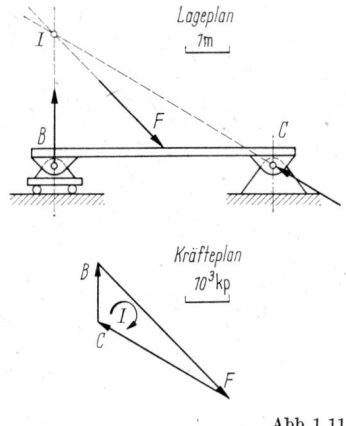

Abb. 1.11

oder Auflagerkraft (einer *Reaktionskraft* im Sinne von 1.3) zuläßt. Am
rechten Ende C ist der Balken in der Vertikalebene drehbar gelagert
(*Gelenk*). Die ebenfalls in der Vertikalebene liegende Wirkungslinie der
schräg angreifenden Kraft F wird mit der Wirkungslinie der bei B angreifenden vertikalen Auflagerkraft zum Schnitt gebracht (I). Zur Her-
stellung des Gleichgewichtes muß die Gelenkkraft C durch diesen
Schnittpunkt laufen (Bedingung *2*, Bedingung *1* ist voraussetzungs-
gemäß erfüllt); Bedingung *3* liefert das Kräftedreieck. Damit ist die bei
C wirkende Gelenkkraft nach Größe und Richtung bestimmt.

Das separate Herauszeichnen der Kräfte in einem sog. *Kräfteplan*
macht, wie schon in 1.1 erwähnt wurde, die Angabe eines *Kräftemaßstabes* erforderlich, d.h. die Kennzeichnung einer Länge, z. B. 1 cm mit

dem zugehörigen Kraftwert, z.B. 10^3 kp. Ebenso ist in der System-skizze (*Lageplan*) der *Lageplanmaßstab* durch Kennzeichnung einer Länge, z.B. 1 cm mit dem zugehörigen wirklichen Längenwert, z.B. 1 m anzugeben. Der *Lageplan* liefert dann ausschließlich die Lage der *Wirkungslinien* der Kräfte; ihre *Größe* ist aus dem *Kräfteplan* zu ent-nehmen.

2 Zeichnerische Zusammensetzung von Kräften

2.1 Die Resultierende einer ebenen Kräftegruppe

Ist in der Ebene eine beliebige Kräftegruppe gegeben, z.B. die in Abb. 2.1 ersichtliche Vierergruppe, die an einer starren Scheibe an-greift, so kann die Gesamtresultierende dieser Kräfte folgendermaßen zeichnerisch ermittelt werden. Die Resultierende der Kräfte F_1 und F_2, die mit $R_{1,2}$ bezeichnet sei, geht durch den Schnittpunkt I der Wirkungslinien von F_1 und F_2; ihre Größe ergibt sich aus dem Kräfte-plan durch Aneinandersetzen von F_1 und F_2, Kräftedreieck I. Durch Aneinandersetzen von $R_{1,2}$ mit F_3 im Kräfteplan (Kräftedreieck II) entsteht die Resultierende $R_{1,2,3}$, welche im Lageplan durch den Schnitt-punkt II von $R_{1,2}$ mit F_3 läuft. Man überzeugt sich leicht, daß man stets zu derselben Kraft $R_{1,2,3}$ gelangt, unabhängig von der Reihen-folge, in welcher die Kräfte F_1, F_2, F_3 zusammengesetzt werden. Schließlich wird $R_{1,2,3}$ noch mit F_4 zu der Gesamtresultierenden R

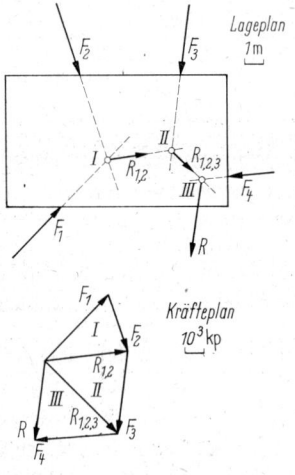

Abb. 2.1

zusammengefaßt (Kräftedreieck *III*), die im Lageplan durch den
Schnittpunkt *III* von $R_{1,2,3}$ mit F_4 läuft. Das im Kräfteplan von den
Kräften gebildete *Krafteck* oder *Kräftepolygon* entspricht ganz der
Zusammensetzung von Kräften mit gemeinsamem Angriffspunkt (vgl.
1.6). Bei Durchführung des Verfahrens mit völlig beliebiger Reihenfolge
gelangt man stets zu demselben Ergebnis. Oft läßt es sich nicht vermeiden, daß einzelne Schnittpunkte im Lageplan außerhalb der Zeichnung liegen; bei dem nachstehend angegebenen Seileckverfahren, das
auf PIERRE VARIGNON zurückgeht, werden diese Schwierigkeiten vermieden.

2.2 Die Ermittlung der Resultierenden einer ebenen Kräftegruppe mit Hilfe des Seileckverfahrens

Wir betrachten als Beispiel in Abb. 2.2 wieder eine starre Scheibe
mit vier Kräften. Zunächst wird im Kräfteplan der Polygonzug der
Kräfte gezeichnet, beginnend mit F_1 im Punkte a; der Endpunkt b von

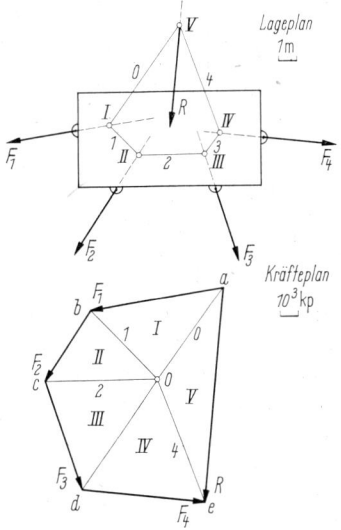

Abb. 2.2

F_1 ist zugleich Anfangspunkt von F_2 usw.; schließlich ist e der Endpunkt
von F_4 und $a-e$ die Resultierende R der Kräftegruppe. Um die Lage
dieser Resultierenden im Lageplan zu finden, wird im Kräfteplan ein
beliebiger Punkt als Pol 0 fixiert und mit den Ecken a bis e des Kraftecks verbunden (die Verbindungslinien nennt man *Polstrahlen*); sie

lassen sich als Hilfskräfte auffassen und werden mit 0, 1, 2, 3, 4 numeriert (die Lage des Pols ist zwar beliebig, wird aber zweckmäßig so
gewählt, daß möglichst wenig stumpfe Winkel auftreten!). Die sich
um den Pol gruppierenden Dreiecke werden mit römischen Zahlen
numeriert. Für jedes dieser Kräftedreiecke gilt der Satz vom Gleichgewicht dreier Kräfte; das bedeutet, daß jedem Dreieck ein mit derselben römischen Zahl zu kennzeichnender Schnittpunkt im Lageplan
zugeordnet werden kann, in welchem sich dieselben Kräfte schneiden,
die das zugehörige Kräftedreieck bilden. Hierbei muß im Lageplan der
erste Punkt angenommen werden, z.B. I auf der Wirkungslinie von
F_1. Den Polstrahlen 0 und 1, welche mit F_1 das Dreieck I bilden, entsprechen im Lageplan die Wirkungslinien der Hilfskräfte 0 und 1,
die daher durch I laufen; folglich sind durch I Parallele zu 0 und 1 zu
legen. Das Dreieck II stellt Gleichgewicht zwischen den Kräften F_2,
1 und 2 her. Die Wirkungslinien dieser Kräfte schneiden sich daher im
Lageplan im Punkte II, d.h. II ist der Schnittpunkt der bereits ge-
zeichneten Wirkungslinie 1 mit der Wirkungslinie von F_2. Durch diesen
Punkt wird sinngemäß eine Parallele zu 2 gelegt. Diese schneidet die
Wirkungslinie von F_3 offenbar in III, wie sich durch Anwendung des
Drei-Kräfte-Satzes auf III sofort ergibt. Sinngemäß folgt weiter: Die
Parallele zu 3 durch III schneidet F_4 in IV. Schließlich folgt, daß die
Parallele zu 4 durch IV die Seilkraft 0 in V schneidet; durch diesen
Punkt geht zugleich die Resultierende der Kräftegruppe. Das geschil-
derte Verfahren trägt seinen Namen deshalb, weil im Lageplan die
Hilfskräfte auch durch ein Seil aufgenommen werden können, soweit
es sich um Zugkräfte handelt; deshalb werden sie auch *Seilkräfte* genannt. Der Linienzug 0, 1, 2 usw. mit den Ecken I, II, III usw. heißt
Seileck oder *Seilpolygon*. Die Punkte a, b, c usw. finden ihre Deutung
im Lageplan als Kennzeichnung jener Dreiecke, welche von den Wirkungslinien der Kräfte gebildet werden, die im Kräfteplan in diesen
Punkten zusammenkommen (im vorliegenden Fall ragen diese Dreiecke sektorartig ins Unendliche). Auch der Pol 0, von dem die Polstrahlen im Kräfteplan ausgehen, hat sein Abbild im Lageplan, und
zwar in Form des von den Seilkräften gebildeten Seilpolygons. Man
sieht leicht ein, daß dieses Verfahren bei beliebig vielen Kräften mit
beliebig orientierten Wirkungslinien anwendbar ist. Gerade bei vielen
Kräften zeigen sich seine großen Vorteile gegenüber der in 2.1 erläuter-
ten Methode (höhere Genauigkeit und wesentliche Zeitersparnis!).

Bei der praktischen Anwendung genügt die Kennzeichnung der Polstrahlen und ihrer Wirkungslinien mit 0, 1, 2 usw., während auf die
übrigen Bezeichnungen (I, II, III, ..., a, b, c usw.), welche hier zur
Klärung der Zusammenhänge eingeführt wurden, ohne weiteres verzichtet werden kann.

2.3 Parallele Kräfte

2.3.1 Die Resultierende zweier fast paralleler Kräfte.

Die sinngemäße Anwendung des Seileckverfahrens führt bei zwei fast parallelen Kräften, deren Schnittpunkt weit außerhalb der Zeichenebene liegt, auf eine Konstruktion, wie sie z. B. Abb. 2.3 zeigt. Die einzelnen Schritte sind: Wahl des Poles und Zeichnen der Polstrahlen *0, 1, 2* im Kräfteplan; Wahl des Anfangspunktes *I* auf der Wirkungslinie von F_1 und Zeichnen des Seilpolygons im Lageplan unter Beachtung der Parallelität der

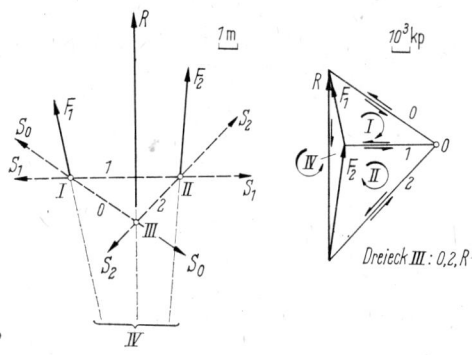

Abb. 2.3

Seilkräfte mit den Polstrahlen, sowie der Zuordnungsbedingungen, wonach jeder Ecke (*I, II* bzw. *III*) des Seilpolygons ein von den zugehörigen Kräften im Kräfteplan gebildetes Kräftedreieck entspricht. Man erkennt, daß die Seilkraft *1* die Rolle einer Hilfskraft spielt, welche links mit F_1 die resultierende Seilkraft *0* liefert, während ihre Gegenkraft rechts mit F_2 die resultierende Kraft *2* erzeugt. Die Kräfte *0* und *2* lassen sich dann ohne weiteres zum Schnitt bringen. Die Seilkraft *1* stellt also hier zusammen mit ihrer gleich großen, aber entgegengesetzt gerichteten Gegenkraft eine Gleichgewichtsgruppe im Sinne des Axioms 1.2 dar, die der vorgegebenen Kräftegruppe überlagert wurde, um die Aufgabe zeichnerisch bequem lösen zu können.

2.3.2 Die Resultierende zweier paralleler Kräfte.

Man sieht leicht ein, daß die unter 2.3.1 gegebene Methode auch dann anwendbar ist, wenn beide Kräfte parallel laufen, also im Endlichen keinen Schnittpunkt haben. Ein Beispiel zeigt Abb. 2.4. Die einzelnen Überlegungen sind mit 2.3.1 identisch, so daß hier auf weitere Erläuterungen verzichtet werden kann. Da man es sehr häufig mit Schwerkräften zu tun hat, kommt dem vorliegenden Fall eine große praktische Bedeutung zu. Der Polabstand *H* des Poles von der Lastlinie stellt die allen Seilkräften gemeinsame Horizontalkomponente dar, den sog. *Horizontalzug*. Aus der Ähnlichkeit der Dreiecke *b* und *I*, sowie *c* und *II* folgen

$a_1 : h = H : F_1$ und $a_2 : h = H : F_2$; mithin gilt $a_1 : a_2 = F_2 : F_1$ oder

$$F_1 a_1 = F_2 a_2. \qquad (2.3/1)$$

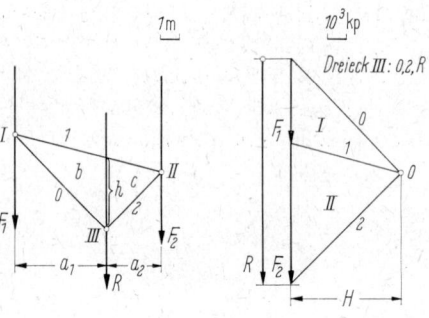

Abb.2.4

Dies ist das sog. *Hebelgesetz*, das schon ARISTOTELES[1] und ARCHIMEDES[2] bekannt war; in allgemeinerer Fassung entspricht es dem Momentensatz (s. 5).

2.3.3 Zwei gleich große, parallele, aber entgegengesetzt gerichtete Kräfte (Kräftepaar). Haben zwei Kräfte die gleiche Größe F und sind sie zueinander parallel, aber entgegengesetzt gerichtet, so ist ihre Resultierende gleich Null. Wendet man dennoch das Seileckverfahren an, so werden die beiden Kräfte in zwei neue Kräfte von der Größe S übergeführt (Abb.2.5). Ist a der Abstand der ursprünglichen Kräfte und b

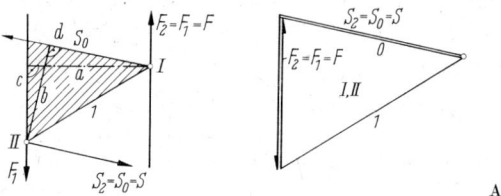

Abb.2.5

der Abstand der neuen Kräfte, so folgt für den doppelten Inhalt des schraffierten Dreiecks (Seitenlängen c und d):

$$ac = bd. \qquad (2.3/2)$$

Andererseits liefert die Ähnlichkeit der Dreiecke in Lage- und Kräfteplan:

$$F/c = S/d. \qquad (2.3/3)$$

---

[1] ARISTOTELES (geb. 384 v.Chr. in Stageira, gest. 322 v.Chr. in Chalkis).

[2] ARCHIMEDES VON SYRAKUS (geb. 287 v.Chr. in Syrakus, gest. 212 v.Chr. in Syrakus).

Wird der links stehende Bruch mit a, der rechts stehende mit b erweitert, so ergibt sich mit Rücksicht auf (2.3/2):

$$Fa = Sb\,. \tag{2.3/4}$$

Das Seileckverfahren, bzw. die Anwendung des Axioms 1.2 zeigt daher, daß die beiden parallelen, gleich großen, aber entgegengesetzt gerichteten Kräfte durch zwei andere Kräfte der gleichen Art ersetzt werden können, sofern nur das Produkt aus ihrer Größe und dem Abstand ihrer Wirkungslinien unverändert bleibt. Mit Bezug auf 1.5 heißen derartige Kräfte ein *Kräftepaar*[3]; ihre charakteristische Größe ist (Abb. 2.6)

$$Fa = M \tag{2.3/5}$$

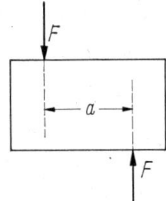

Abb. 2.6

und heißt Drehmoment des Kräftepaares, kurz Drehmoment oder *Moment* (s. 5).

2.4 Die Zerlegung einer Kraft

2.4.1 Die Zerlegung einer Kraft nach zwei nichtparallelen Wirkungslinien. In Abb. 2.7 bildet die Kraft $-F$ mit den beiden Kräften F_1 und F_2 ein Gleichgewichtssystem, für welches die in 1.8 angegebenen Bedingungen (Drei-Kräfte-Satz) maßgebend sind. Daraus ergibt sich

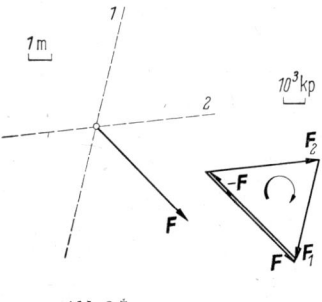

Abb. 2.7

---

[3] Dieser Begriff geht auf Louis Poinsot (geb. 1777 in Paris, gest. 1859 in Paris) zurück.

sinngemäß, daß bei der Zerlegung einer Kraft nach zwei nichtparallelen Richtungen folgende Bedingungen erfüllt sein müssen:

1. *Alle Wirkungslinien liegen in einer gemeinsamen Ebene,*
2. *alle Wirkungslinien schneiden sich in einem Punkt,*
3. *das Kräftedreieck schließt sich mit* $-F$ *statt* F.

Man nennt die Kräfte F_1 und F_2 auch *kontravariante Komponenten* von F.

2.4.2 Die Zerlegung einer Kraft nach zwei parallelen Wirkungslinien. Die Analogie zu 1.8 zeigt hier sinngemäß, daß die Aufgabe nur dann lösbar und sinnvoll ist, wenn die beiden Wirkungslinien zur Kraft parallel laufen und mit dieser einer gemeinsamen Ebene angehören. Die Lösung erfolgt mit Hilfe des Seilecks (Umkehrung der Aufgabe 2.3.2). Ein Beispiel zeigt Abb. 2.8.

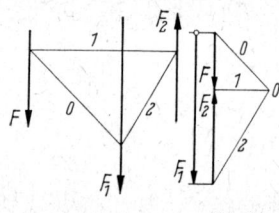

Abb. 2.8

2.4.3 Die Zerlegung einer Kraft nach drei Wirkungslinien in der Ebene. Schneiden sich die drei Wirkungslinien in einem Punkte, so sind die beiden in Abb. 2.9 links und rechts ersichtlichen Fälle zu unterscheiden. Im ersten Falle geht die Wirkungslinie der Kraft durch den gemeinsamen Schnittpunkt; dann ist die Aufgabe zwar lösbar, aber nicht mit den Methoden der Statik allein. Denn zur Bestimmung der drei unbekannten Kraftkomponenten steht nur die Bedingung des geschlossenen Kräftevierecks zur Verfügung, so daß vom Standpunkt der Statik unendlich viele Möglichkeiten bestehen. Erst die nähere Untersuchung der kraftübertragenden Stäbe hinsichtlich ihrer Formänderung führt zur Berechnung der wirklich eintretenden Kräfte. Diese Aufgabe gehört zur Gruppe der sog. *statisch unbestimmten Probleme* (s. Teil 2, *Elastostatik und Festigkeitslehre*).

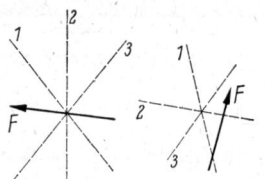

Abb. 2.9

Geht die Wirkungslinie der Kraft *nicht* durch den Schnittpunkt der drei Richtungen (Abb. 2.9 rechts), so ist die Aufgabe prinzipiell unlösbar. Gehen andererseits aber die drei vorgegebenen Wirkungslinien in der Ebene *nicht* durch einen gemeinsamen Punkt, so ist die Aufgabe — von Ausnahmefällen abgesehen — statisch lösbar. Die Lösung geht auf C. CULMANN[1] zurück. Hierbei bringt man die Wirkungslinie der Kraft mit einer der drei vorgegebenen Wirkungslinien zum Schnitt, z. B. mit Wirkungslinie *1* in Abb. 2.10, Schnittpunkt *I*. Wird der Schnittpunkt der beiden anderen Wirkungslinien, *2* und *3*, mit *II* bezeichnet, so stellt die Verbindungslinie *I—II* die sog. Culmannsche Gerade dar. Sie wird als Wirkungslinie einer Hilfskraft C_1 aufgefaßt, so daß nunmehr im Punkt *I* die drei Kräfte F, C_1 und F_1 angreifen. Die zugehörige Zerlegung liefert im Kräfteplan das Dreieck *I* mit den Seiten F, C_1 und F_1. Im Punkt *II* im Lageplan greifen die Kräfte C_1, F_2 und F_3 an. Das zugehörige Dreieck *II* im Kräfteplan liefert die Zerlegung von C_1 nach F_2 und F_3, wobei die Kräfte F_1, F_2, F_3 im Sinne der Vektoraddition, d. h. mit einheitlicher Pfeilfolge aneinandergesetzt erscheinen müssen. Im Endpunkt der letzten Kraft, hier F_3, stößt deren Pfeil

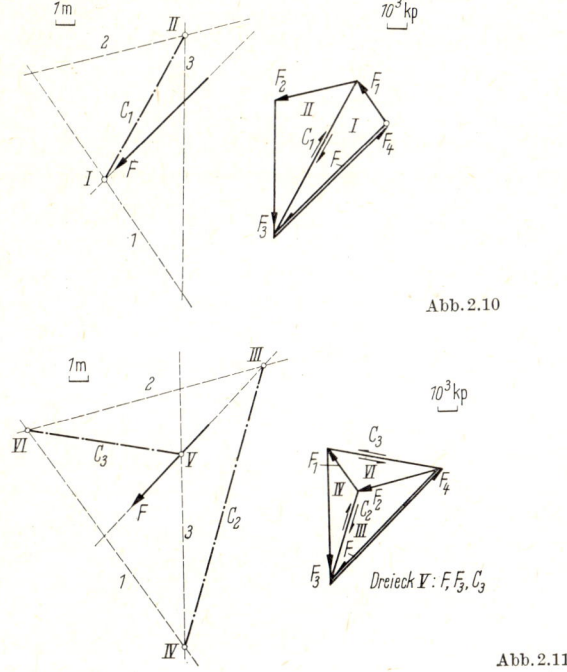

Abb. 2.10

Abb. 2.11

---

[1] CARL CULMANN (geb. 1821 in Bergzabern/Rheinpfalz, gest. 1881 in Riesbach bei Zürich).

mit dem Pfeil von F zusammen. Die mit F_4 bezeichnete Gegenkraft zu F muß bei richtiger Zeichnung mit den Kräften F_1, F_2, F_3 ein Gleichgewichtssystem bilden, d.h. die Pfeile der vier Kräfte F_1, F_2, F_3 und F_4 (Reihenfolge beliebig) müssen im Kräfteplan einen geschlossenen Umlaufsinn ergeben!

Da zu Beginn der Konstruktion die Kraft F statt mit der Wirkungslinie *1* auch mit *2* oder *3* zum Schnitt gebracht werden kann, ist die Lösung auf drei verschiedene Arten möglich; daher gibt es jeweils *drei* Culmannsche Geraden, wie Abb. 2.11 zeigt.

Welche der drei Culmannschen Geraden man wählt, richtet sich nach der erzielbaren zeichnerischen Genauigkeit; man vermeidet zweckmäßig Schnitte mit sehr stumpfen Winkeln.

Die analytische Behandlung dieser Aufgabe wird in 6.5 gegeben. Bei dem Versuch, eine Kraft nach mehr als drei Richtungen in der Ebene zu zerlegen, wird man auf eine Aufgabe geführt, die nicht mehr statisch bestimmt ist. Schneiden sich dabei alle Wirkungslinien in einem Punkt, der außerhalb der Wirkungslinie der Kraft liegt, so ist die Aufgabe überhaupt unlösbar (kein Gleichgewicht möglich); andernfalls ergeben sich mehrfach statisch unbestimmte Aufgaben.

Die Zerlegung nach Wirkungslinien, die nicht einer Ebene angehören, wird in Zusammenhang mit Problemen der Raumstatik in 12.5—7 und 13.3 behandelt.

3 Einfache Regeln der Vektorrechnung

Um weitere Gedankengänge vorzubereiten, die sich auf die analytische Behandlung der Statik beziehen, ist eine kurze Zusammenstellung der einfachsten Regeln der Vektor- und Tensorrechnung, insbesondere in der hier bevorzugten Schreibweise unerläßlich. Dabei sollen die geometrischen Zusammenhänge weitgehend Berücksichtigung finden, um dem Bestreben nach Anschaulichkeit zu entsprechen.

Vektoren werden mit halbfetten Kursivbuchstaben gekennzeichnet; dadurch wird sowohl der Absolutbetrag, kurz *Betrag* des Vektors, als auch seine *Richtung* zum Ausdruck gebracht[1]. Der wichtigste Vektor der Statik ist der *Kraftvektor* F; es gibt aber sehr viele Möglichkeiten, Vektoren zu definieren. In der Geometrie, der Kinematik und der Kinetik spielt z.B. der sog. *Ortsvektor* r eine wichtige Rolle, dessen Komponenten $r_x = x$, $r_y = y$, $r_z = z$ mit dem Punktkoordinaten identisch sind.

---

[1] WILLIAM ROWAN HAMILTON (geb. 1805 in Dublin, gest. 1865 in Dunsink bei Dublin) führte die Vektorbezeichnung ein.

Die *einfachsten Vektoren* sind die sog. *Einheitsvektoren*, welche in Richtung der Koordinatenachsen liegen und den Betrag Eins haben; sie werden mit e_x, e_y, e_z gekennzeichnet (Abb. 3.1). *Wird ein Einheits-*

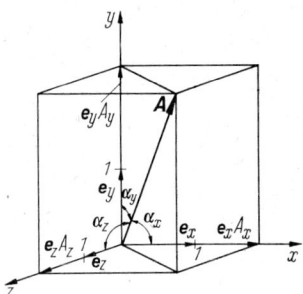

Abb. 3.1

vektor mit einer Zahl (Skalar) multipliziert, so entsteht ein Vektor vom Betrage dieser Zahl dessen Richtung durch den Einheitsvektor und das Vorzeichen des Skalars bestimmt ist. Sind A_x, A_y, A_z z. B. drei positive Zahlen, so liefert die Multiplikation von A_x mit e_x einen Vektor $e_x A_x$ der Größe A_x in x-Richtung; ebenso ist $e_y A_y$ ein Vektor der Größe A_y in y-Richtung und $e_z A_z$ ein Vektor der Größe A_z in z-Richtung. *Negative Zahlen bedeuten Richtungsumkehrung.*

3.1 Die geometrische Addition

Der Vorgang der Vektoraddition oder der geometrischen Addition wurde bereits in 1.6 mit Bezug auf Kraftvektoren veranschaulicht. Setzen wir hier die drei Vektoren $e_x A_x$, $e_y A_y$ und $e_z A_z$ zu einem resultierenden Vektor A zusammen, so gilt entsprechend Abb. 3.1:

$$A = e_x A_x + e_y A_y + e_z A_z = \{A_x;\, A_y;\, A_z\}. \qquad (3.1/1)$$

Die Größen A_x, A_y, A_z heißen die x, y, z-Komponenten (oder auch -Koordinaten) von A (vgl. 1.7).

Mit Bezug auf 1.6 und 1.7 können beliebige Vektoren zu einem resultierenden Vektor zusammengesetzt werden. Es seien zwei weitere Vektoren B und C mit den Komponenten B_x, B_y, B_z und C_x, C_y, C_z eingeführt. Dann gilt entsprechend (3.1/1):

$$B = e_x B_x + e_y B_y + e_z B_z, \quad C = e_x C_x + e_y C_y + e_z C_z. \qquad (3.1/2)$$

Wird aus den Vektoren A, B, C der resultierende Vektor R gebildet, so folgt durch Addition der Gleichungen (3.1/1) und (3.1/2):

$$R = A + B + C = e_x(A_x + B_x + C_x)$$
$$+ e_y(A_y + B_y + C_y) + e_z(A_z + B_z + C_z). \qquad (3.1/3)$$

2*

Andererseits hat die Resultierende R die Komponenten R_x, R_y, R_z, d.h. es gilt

$$R = e_x R_x + e_y R_y + e_z R_z = \{R_x;\ R_y;\ R_z\}. \qquad (3.1/4)$$

Der Vergleich mit (3.1/3) liefert

$$\begin{aligned} R_x &= A_x + B_x + C_x, \\ R_y &= A_y + B_y + C_y, \\ R_z &= A_z + B_z + C_z. \end{aligned} \qquad (3.1/5)$$

Dies Ergebnis steht in Übereinstimmung mit dem in 1.7 für Kraftvektoren geometrisch bewiesenen *Projektionssatz*.

3.2 Das skalare Produkt

Zunächst wird die Definition des skalaren Produktes wie folgt gegeben:

> *Das skalare Produkt zweier Vektoren stellt das Produkt aus den Beträgen beider Vektoren und dem Cosinus des von ihnen eingeschlossenen Winkels dar.*

Durch Bildung des skalaren Produktes geht die Vektoreigenschaft verloren; man erhält eine reine Zahl, d.h. einen Skalar. Wird diese Rechnungsart zunächst auf die Einheitsvektoren angewandt, so folgt bei Beachtung der Orthogonalität

$$\begin{aligned} e_x e_x &= 1, & e_x e_y &= 0, & e_x e_z &= 0, \\ e_y e_x &= 0, & e_y e_y &= 1, & e_y e_z &= 0, \\ e_z e_x &= 0, & e_z e_y &= 0, & e_z e_z &= 1. \end{aligned} \qquad (3.2/1)$$

Bei Anwendung auf die beiden Vektoren A und B ergibt sich andererseits mit Bezug auf (3.1/1) und (3.1/2):

$$AB = BA = (e_x A_x + e_y A_y + e_z A_z)(e_x B_x + e_y B_y + e_z B_z). \qquad (3.2/2)$$

Für die Ausrechnung gilt das distributive Gesetz, d.h. es wird jeder Summand der ersten Summe mit jedem Summanden der zweiten Summe skalar multipliziert. Die Ausrechnung liefert bei Beachtung der Rechenregeln (3.2/1): ·

$$AB = BA = A_x B_x + A_y B_y + A_z B_z. \qquad (3.2/3)$$

Für das skalare Produkt eines Vektors (z. B. B) mit sich selbst folgt daher:

$$BB = B^2 = B_x^2 + B_y^2 + B_z^2. \qquad (3.2/4)$$

Die rechts stehende Summe stellt aber nach PYTHAGORAS[1] das Quadrat

---

[1] PYTHAGORAS lebte im 6. Jahrh. v. Chr.

der Raumdiagonale des von B_x, B_y, B_z als Kanten gebildeten Recht-
kants dar, deren Länge mit dem Betrag $|\boldsymbol{B}|$ des Vektors $\boldsymbol{B}$ identisch
ist

$$|\boldsymbol{B}| = \left| \sqrt{B_x^2 + B_y^2 + B_z^2} \right| \qquad (3.2/5)$$

und ebenso (vgl. Abb. 3.1)

$$|\boldsymbol{A}| = \left| \sqrt{A_x^2 + A_y^2 + A_z^2} \right|. \qquad (3.2/6)$$

Werden die Winkel zwischen $\boldsymbol{A}$ bzw. $\boldsymbol{B}$ und den Koordinatenachsen
entsprechend Abb. 3.2 eingeführt, so folgen

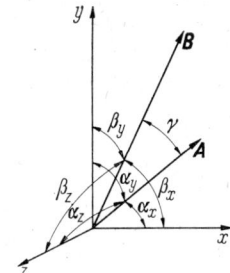

Abb. 3.2

$$A_x = \boldsymbol{e}_x \boldsymbol{A} = |\boldsymbol{A}| \cos \alpha_x, \quad A_y = \boldsymbol{e}_y \boldsymbol{A} = |\boldsymbol{A}| \cos \alpha_y, \quad A_z = \boldsymbol{e}_z \boldsymbol{A} = |\boldsymbol{A}| \cos \alpha_z,$$

$$B_x = |\boldsymbol{B}| \cos \beta_x, \quad B_y = |\boldsymbol{B}| \cos \beta_y, \quad B_z = |\boldsymbol{B}| \cos \beta_z. \qquad (3.2/7)$$

Hieraus ersieht man, daß die x, y, z-Komponenten negativ werden,
falls die zugehörigen Winkel zwischen 90° und 180° liegen.

Durch Einsetzen in (3.2/5) und (3.2/6) ergeben sich die bekannten
Beziehungen der Richtungskosinus:

$$\cos^2 \alpha_x + \cos^2 \alpha_y + \cos^2 \alpha_z = 1,$$
$$\cos^2 \beta_x + \cos^2 \beta_y + \cos^2 \beta_z = 1. \qquad (3.2/8)$$

Andererseits folgt durch Einsetzen von (3.2/7) in (3.2/3):

$$\boldsymbol{AB} = |\boldsymbol{A}|\,|\boldsymbol{B}|(\cos \alpha_x \cos \beta_x + \cos \alpha_y \cos \beta_y + \cos \alpha_z \cos \beta_z). \qquad (3.2/9)$$

Gemäß der Definition des skalaren Produktes muß aber folgende Beziehung erfüllt sein

$$\boldsymbol{AB} = \boldsymbol{BA} = |\boldsymbol{A}|\,|\boldsymbol{B}| \cos \gamma. \qquad (3.2/10)$$

Hierbei wurde entsprechend Abb. 3.2 der Winkel zwischen beiden Vektoren mit γ bezeichnet. Die Übereinstimmung von (3.2/10) mit (3.2/9)
liefert

$$\cos \gamma = \cos \alpha_x \cos \beta_x + \cos \alpha_y \cos \beta_y + \cos \alpha_z \cos \beta_z. \qquad (3.2/11)$$

Diese Gleichung stellt eine bekannte geometrische Rechenregel dar.

3.3 Das Vektorprodukt

Eine weitere Rechnungsart ist die sog. *vektorielle Multiplikation*, welche folgendermaßen definiert wird:

> *Das vektorielle Produkt zweier Vektoren liefert einen Vektor, der auf beiden Vektoren senkrecht steht und mit ihnen eine Rechtsschraube bildet; sein Betrag ist gleich dem Produkt aus den Beträgen beider Vektoren und dem Sinus des von ihnen eingeschlossenen kleinsten Winkels.*

Die Anwendung auf die drei Einheitsvektoren (Abb. 3.1, das x, y, z-System ist *rechtsdrehend*) liefert:

$$e_y \times e_z = e_x, \quad e_z \times e_y = -e_x, \quad e_z \times e_x = e_y,$$

$$e_x \times e_z = -e_y, \quad e_x \times e_y = e_z, \quad e_y \times e_x = -e_z, \qquad (3.3/1)$$

$$e_x \times e_x = 0, \quad e_y \times e_y = 0, \quad e_z \times e_z = 0.$$

Hierbei wurde das Vektorprodukt durch das internationale Zeichen $\times$ gekennzeichnet. In der mathematischen Literatur sind mannigfache Bezeichnungen für das Vektorprodukt eingeführt worden. Häufig werden eckige Klammern gegenüber anderen Symbolen bevorzugt, weil in manchen Fällen eine Abgrenzung des der Vektorproduktbildung unterworfenen Teiles eines komplizierten Ausdruckes für das bessere Verständnis und die Übersichtlichkeit sehr vorteilhaft ist; aus diesem Grunde benutzte AUGUST FÖPPL[1] eckige Klammern für die Kennzeichnung des Vektorproduktes in der technischen Mechanik. Für das Vektorprodukt F der Vektoren A und B folgt

$$F = A \times B = -B \times A$$
$$= (e_x A_x + e_y A_y + e_z A_z) \times (e_x B_x + e_y B_y + e_z B_z). \qquad (3.3/2)$$

Für die Ausrechnung gilt wieder das distributive Gesetz, d. h. es wird jeder Summand der ersten Summe mit jedem Summanden der zweiten Summe vektoriell multipliziert. Die Ausrechnung liefert bei Beachtung der Rechenregeln (3.3/1), insbesondere der Reihenfolge der Faktoren:

$$A \times B = e_x(A_y B_z - A_z B_y) + e_y(A_z B_x - A_x B_z) + e_z(A_x B_y - A_y B_x)$$
$$= e_x F_x + e_y F_y + e_z F_z \qquad (3.3/3)$$

oder

$$F = A \times B = \begin{vmatrix} e_x & e_y & e_z \\ A_x & A_y & A_z \\ B_x & B_y & B_z \end{vmatrix}. \qquad (3.3/4)$$

---

[1] AUGUST FÖPPL (geb. 1854 in Groß-Umstadt, gest. 1924 in Ammerland).

Dies ist die *Determinantendarstellung des Vektorproduktes.* Man erkennt, daß beim Vektorprodukt das kommutative Gesetz *nicht* gilt. Für das Quadrat seines Betrages folgt die Summe der Quadrate der Komponenten F_x, F_y, F_z [Anwendung der Regel (3.2/5)]:

$$|\boldsymbol{F}|^2 = (\boldsymbol{A} \times \boldsymbol{B})^2 = (A_y B_z - A_z B_y)^2 + (A_z B_x - A_x B_z)^2 + (A_x B_y - A_y B_x)^2$$

$$(3.3/5)$$

und nach Einsetzen der Ausdrücke (3.2/7):

$$(\boldsymbol{A} \times \boldsymbol{B})^2 = \boldsymbol{A}^2 \boldsymbol{B}^2 \{ (\cos \alpha_y \cos \beta_z - \cos \alpha_z \cos \beta_y)^2 \qquad (3.3/6)$$

$$+ (\cos \alpha_z \cos \beta_x - \cos \alpha_x \cos \beta_z)^2 + (\cos \alpha_x \cos \beta_y - \cos \alpha_y \cos \beta_x)^2 \}.$$

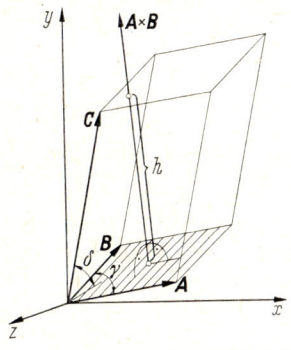

Abb. 3.3

Die Ausrechnung liefert bei Beachtung von (3.2/8) und (3.2/9):

$$|\boldsymbol{F}|^2 = (\boldsymbol{A} \times \boldsymbol{B})^2 = \boldsymbol{A}^2 \boldsymbol{B}^2 - (\boldsymbol{A}\boldsymbol{B})^2 \qquad (3.3/7)$$

oder wegen (3.2/10)

$$|\boldsymbol{F}| = |\boldsymbol{A} \times \boldsymbol{B}| = |\boldsymbol{A}| |\boldsymbol{B}| |\sqrt{1 - \cos^2 \gamma}| = |\boldsymbol{A}| |\boldsymbol{B}| |\sin \gamma|. \qquad (3.3/8)$$

Dies Ergebnis steht wieder in Übereinstimmung mit der Definition des Vektorproduktes. Nach einem bekannten Satz der Trigonometrie stellt die so berechnete Größe aber den Flächeninhalt des von beiden Vektoren erzeugten Parallelogramms dar, d.h. es gilt der Satz (vgl. Abb. 3.3):

> *Der Betrag des Vektorproduktes zweier Vektoren ist gleich dem Flächeninhalt des von ihnen erzeugten Parallelogramms.*

3.4 Das Spatprodukt

Eine weitere Größe, die in der Mechanik mehrfach eine wichtige Rolle spielt, ist das sog. Spatprodukt. Es entsteht, wenn das Vektorprodukt aus zwei Vektoren mit einem dritten Vektor skalar multipliziert wird.

Bildet man aus den drei Vektoren A, B, C nach dieser Regel das Spatprodukt, so ergibt sich mit Bezug auf (3.1/1) und (3.1/2):

$$V = (A \times B)\, C. \tag{3.4/1}$$

Die Ausrechnung des Vektorproduktes liefert wieder (3.3/3). Die anschließende skalare Multiplikation ergibt:

$$V = C_x(A_y B_z - A_z B_y) + C_y(A_z B_x - A_x B_z) + C_z(A_x B_y - A_y B_x) \tag{3.4/2}$$

oder

$$V = \begin{vmatrix} A_x & A_y & A_z \\ B_x & B_y & B_z \\ C_x & C_y & C_z \end{vmatrix}. \tag{3.4/3}$$

Da in einer Determinante die Zeilen zyklisch miteinander vertauscht werden können, ohne am Wert der Determinante etwas zu ändern, gilt

$$V = (A \times B)\, C = (C \times A)\, B = (B \times C)\, A = [A, B, C]. \tag{3.4/4}$$

Eine weitere Darstellung des Spatproduktes ergibt die sinngemäße Anwendung der Beziehungen (3.2/10) und (3.3/8). Wird gemäß Abb. 3.3 der Winkel des Vektors C mit der von A und B gebildeten Ebene mit δ bezeichnet, so folgt

$$|V| = |A|\,|B|\,|C|\,|\sin \gamma \sin \delta|. \tag{3.4/5}$$

Ist h die Höhe des von den drei Vektoren gebildeten Parallelepipeds, so gilt $h = |C|\,|\sin \delta|$. Andererseits stellt $|A|\,|B|\,|\sin \gamma|$ den Inhalt der Grundfläche dar. Daher gilt der Satz:

Der Absolutbetrag des Spatproduktes dreier Vektoren liefert das Volumen des von ihnen erzeugten Parallelepipeds.

Das Spatprodukt wird positiv, wenn die drei Vektoren eine Rechtsschraube bilden, andernfalls negativ.

3.5 Praktische Bezeichnung von Kraftvektoren

Ist die Wirkungslinie einer Kraft in einer Aufgabe bekannt, folgt jedoch ihre Richtung erst aus der Rechnung, so wird diese Kraft mit einer zunächst angenommenen Richtung (Kraftpfeil) eingeführt und durch ihre skalare Größe (z. B. F) gekennzeichnet. Liefert die Rechnung eine negative Größe, so bedeutet dies eine Richtungsumkehrung (vgl. hierzu den Hinweis für Vektorenkomponenten S. 19 oben).

4 Einfache Regeln der Tensorrechnung

4.1 Drehung des Koordinatensystems

Weitere wichtige Rechnungsarten ergeben sich in Zusammenhang mit der Bezugnahme auf Koordinatensysteme, welche gegenüber dem x, y, z-System gedreht sind. Dadurch werden zugleich die einfachsten Regeln der sog. Tensorrechnung aufgedeckt, welche in der modernen Mechanik, insbesondere in der Festigkeitslehre, Elastizitätstheorie und Kinetik, sowie allgemein in der Mechanik der Kontinua unentbehrlich geworden ist.

Mit Bezug auf Abb. 4.1 wird ein neues Koordinatensystem u, v, w eingeführt, das wieder kartesisch, d.h. geradlinig, orthogonal, mit glei-

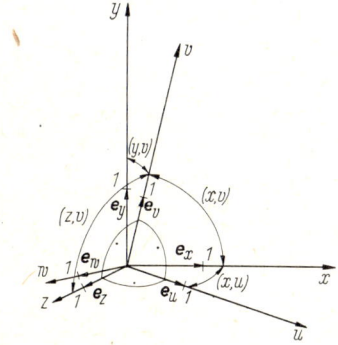

Abb. 4.1

chem Längenmaßstab in allen Richtungen und rechtsdrehend vorausgesetzt werden soll. Die zugehörigen Einheitvektoren sind e_u, e_v, e_w. Für einen beliebigen Vektor B gilt dann

$$B = e_x B_x + e_y B_y + e_z B_z = e_u B_u + e_v B_v + e_w B_w. \qquad (4.1/1)$$

Hierbei sind B_u, B_v, B_w die Komponenten von B im neuen System.

Zur Abkürzung sollen Summenzeichen eingeführt werden, und zwar mit *lateinischen Indizes* $k, m, n, p, q, \ldots$ für die alten Koordinaten x, y, z und griechischen *Indizes* $\lambda, \mu, \nu, \varrho, \sigma, \ldots$ für die neuen Koordinaten u, v, w. Dann geht (4.1/1) über in

$$B = \sum_{k=x,y,z} e_k B_k = \sum_{\lambda=u,v,w} e_\lambda B_\lambda. \qquad (4.1/2)$$

Wird ferner verabredet, daß *automatisch summiert* wird, *wenn derselbe Index zweimal vorkommt*[1], so können die Summenzeichen entfallen; der

---

[1] Konvention von ALBERT EINSTEIN (geb. 1879 in Ulm, gest. 1955 in Princeton).

Vektor erscheint dann in der einfachen Form

$$\boldsymbol{B} = \boldsymbol{e}_k B_k = \boldsymbol{e}_\lambda B_\lambda. \tag{4.1/3}$$

Die skalare Multiplikation mit dem Einheitsvektor $\boldsymbol{e}_m$ liefert

$$\boldsymbol{e}_m \boldsymbol{B} = \boldsymbol{e}_m \boldsymbol{e}_k B_k = \boldsymbol{e}_m \boldsymbol{e}_\lambda B_\lambda. \tag{4.1/4}$$

Die Größe $\boldsymbol{e}_m \boldsymbol{e}_k$ bezieht sich hierbei völlig auf das alte Koordinatensystem und errechnet sich aus der in 3.2 angegebenen Regel zu

$$\boldsymbol{e}_m \boldsymbol{e}_k = \delta_{km} = \delta_{mk} = \begin{cases} 1 \text{ für } k = m \\ 0 \text{ für } k \neq m. \end{cases} \tag{4.1/5}$$

Das Symbol δ_{km} stellt das Kronecker-Symbol dar[1]. Die in (4.1/4) auftretenden skalaren Produkte der Einheitsvektoren stellen, da der Betrag jedes Einheitsvektors gleich Eins ist, den jeweiligen Richtungskosinus zwischen der λ- und der m-Richtung dar. Es gelten folgende Abkürzungen:

$$\boldsymbol{e}_m \boldsymbol{e}_\lambda = \cos (\lambda, m) = c_{\lambda m} = c_{m\lambda}. \tag{4.1/6}$$

Die Anwendung auf (4.1/4) ergibt

$$\boldsymbol{e}_m \boldsymbol{B} = B_m = c_{m\lambda} B_\lambda \tag{4.1/7}$$

oder — mit k statt m —

$$B_k = c_{k\lambda} B_\lambda. \tag{4.1/8}$$

Wird (4.1/3) andererseits mit dem Einheitsvektor $\boldsymbol{e}_\mu$ skalar multipliziert, so folgt:

$$\boldsymbol{e}_\mu \boldsymbol{B} = \boldsymbol{e}_\mu \boldsymbol{e}_k B_k = \boldsymbol{e}_\mu \boldsymbol{e}_\lambda B_\lambda. \tag{4.1/9}$$

Die auftretenden skalaren Produkte aus den Einheitsvektoren liefern

$$\boldsymbol{e}_\lambda \boldsymbol{e}_\mu = \delta_{\lambda\mu} = \begin{cases} 1 \text{ für } \lambda = \mu \\ 0 \text{ für } \lambda \neq \mu \end{cases} \tag{4.1/10}$$

und

$$\boldsymbol{e}_k \boldsymbol{e}_\mu = \cos (k, \mu) = c_{k\mu}. \tag{4.1/11}$$

Schließlich läßt sich (4.1/9) in der Form

$$B_\mu = c_{k\mu} B_k \tag{4.1/12}$$

schreiben. Diese Gleichung ist völlig analog zu (4.1/8). Hierdurch wird auch die Invarianz des skalaren Produktes bestätigt; denn für die Vektoren B und C folgen

$$\boldsymbol{B}\boldsymbol{C} = B_k C_k = c_{k\lambda} B_\lambda C_k = B_\lambda C_\lambda \tag{4.1/13}$$

---

[1] Eingeführt durch Leopold Kronecker (geb. 1823 in Liegnitz, gest. 1891 in Berlin).

Der durch diese Beziehungen wiedergegebene Sachverhalt entspricht dem in 1.7 geometrisch interpretierten Projektionssatz. Setzt man (4.1/8) in (4.1/12) ein, so folgt

$$B_\mu = c_{k\mu} c_{k\lambda} B_\lambda.$$

Diese Beziehung gilt nur dann für einen beliebigen Vektor, wenn

$$c_{k\mu} c_{k\lambda} = \delta_{\mu\lambda} = \delta_{\lambda\mu} = \begin{cases} 1 & \text{für } \lambda = \mu \\ 0 & \text{für } \lambda \neq \mu \end{cases} \qquad (4.1/14)$$

erfüllt ist. Entsprechend der Bedeutung der $c_{k\lambda}$ als Richtungskosinus handelt es sich hierbei um denselben geometrischen Sachverhalt, der bereits in Form der Gleichung (3.2/11) aufgetreten war. An Stelle der Richtungen der Vektoren A und B handelt es sich hier um die Richtungen e_λ und e_μ, welche entweder zusammenfallen ($\lambda = \mu$) oder aufeinander senkrecht stehen ($\lambda \neq \mu$). Umgekehrt kann man auch (4.1/12) mit λ und m statt μ und k in die rechte Seite von (4.1/8) einsetzen. Die daraus hervorgehende Identität verlangt in Analogie zu (4.1/14):

$$c_{k\lambda} c_{m\lambda} = \delta_{km} \doteq \begin{cases} 1 & \text{für } k = m \\ 0 & \text{für } k \neq m. \end{cases} \qquad (4.1/15)$$

Eine weitere wichtige Größe ist das ε-Symbol, welches folgendermaßen definiert wird (*Spatprodukt der Einheitsvektoren*):

$$\varepsilon_{kmn} = [e_k, e_m, e_n] = \begin{cases} 1 & \text{für } k, m, n = x, y, z;\, y, z, x;\, z, x, y \\ -1 & \text{für } k, m, n = y, x, z;\, z, y, x;\, x, z, y \\ 0 & \text{für } k = m \text{ oder } m = n \text{ oder } n = k \end{cases}$$

$$(4.1/16)$$

bzw. in den neuen Koordinaten

$$\varepsilon_{\lambda\mu\nu} = [e_\lambda, e_\mu, e_\nu] = \begin{cases} 1 & \text{für } \lambda, \mu, \nu = u, v, w;\, v, w, u;\, w, u, v \\ -1 & \text{für } \lambda, \mu, \nu = v, u, w;\, w, v, u;\, u, w, v \\ 0 & \text{für } \lambda = \mu \text{ oder } \mu = \nu \text{ oder } \nu = \lambda. \end{cases}$$

$$(4.1/17)$$

Man überzeugt sich an Hand dieser Regeln leicht, daß sich z. B. das Vektorprodukt der beiden Vektoren A und B in der folgenden einfachen Form schreiben läßt, welche hier an die Stelle von (3.3/4) tritt (F_k sind die Komponenten des Vektors F):

$$F_k = e_k (A \times B) = \varepsilon_{kmn} A_m B_n \qquad (4.1/18)$$

oder für das neue Koordinatensystem

$$F_\lambda = e_\lambda (A \times B) = \varepsilon_{\lambda\mu\nu} A_\mu B_\nu. \qquad (4.1/19)$$

Aus dieser Beziehung muß aber auch (4.1/18) durch Projektion hervorgehen, d.h. durch Multiplikation mit $c_{k\lambda}$ und Summation über k; es gilt

$$F_k = \varepsilon_{kmn} A_m B_n = \varepsilon_{\lambda\mu\nu} c_{k\lambda} A_\mu B_\nu. \qquad (4.1/20)$$

Diese Identität verlangt wegen $A_\mu = c_{m\mu} A_m$ und $B_\nu = c_{n\nu} B_n$:

$$\varepsilon_{kmn} = \varepsilon_{\lambda\mu\nu} c_{k\lambda} c_{m\mu} c_{n\nu}. \qquad (4.1/21)$$

Auf die tiefere Bedeutung dieser Beziehung wird im nächsten Abschnitt näher eingegangen.

Für das aus den drei Vektoren A, B, C gebildete Spatprodukt folgt an Stelle von (3.4/1) und (3.4/4):

$$V = [A, B, C] = \varepsilon_{kmn} A_k B_m C_n = \varepsilon_{\lambda\mu\nu} A_\lambda B_\mu C_\nu. \qquad (4.1/22)$$

Wendet man diese Formel auf das Volumen des Würfels an, der von den drei Einheitsvektoren e_k gebildet wird, so erhält man wegen $|e_x| = |e_y| = |e_z| = 1$:

$$V = [e_x, e_y, e_z] = \varepsilon_{xyz} |e_x| \, |e_y| \, |e_z| = \begin{vmatrix} 1 & 0 & 0 \\ 0 & 1 & 0 \\ 0 & 0 & 1 \end{vmatrix} = 1. \qquad (4.1/23)$$

Derselbe Wert muß sich aber auch ergeben, wenn die Komponenten $c_{k\lambda}$ der Einheitsvektoren e_λ verwendet werden. Dann erhält man

$$V = \varepsilon_{kmn} c_{ku} c_{mv} c_{nw} = 1 \qquad (4.1/24)$$

oder als Determinante geschrieben:

$$\begin{vmatrix} c_{xu} & c_{xv} & c_{xw} \\ c_{yu} & c_{yv} & c_{yw} \\ c_{zu} & c_{zv} & c_{zw} \end{vmatrix} = 1. \qquad (4.1/25)$$

Die Reihenfolge in den Zeilen und ebenso in den Spalten ist zu beachten. Der zugehörige, in der Raumgeometrie bekannte Satz lautet:

Die Determinante der Richtungskosinus ist gleich Eins.

Wird (4.1/12) als Resultat der Auflösung der linearen Gleichungen (4.1/8) nach den Komponenten B_λ aufgefaßt, so müssen die in (4.1/12) auftretenden Koeffizienten die algebraischen Komplemente der $c_{k\lambda}$ sein, dividiert durch die Determinante der Richtungskosinus. Diese Koeffizienten sind aber wieder die Richtungskosinus, andererseits ist die Determinante — wie gezeigt wurde — gleich Eins. Deshalb folgt der Satz:

In der Determinante der Richtungskosinus sind die Richtungs-kosinus gleich ihren algebraischen Komplementen.

4.2 Die einfachen Tensoren

Man erkennt, daß die projektive Eigenschaft von B, wie sie durch (4.1/8) oder (4.1/12) zum Ausdruck kommt, mit der Vektoreigenschaft vollständig identisch ist. *Deshalb lassen sich alle Größen als Vektoren auffassen, welche sich bei einer Drehung des Koordinatensystems gemäß den Beziehungen (4.1/8) transformieren.* Da es bei dieser Schreibweise nur noch auf die Komponenten ankommt, welche in der allgemeinen Form B_k oder B_λ jeweils alle drei Komponenten und damit den ganzen Vektor repräsentieren, kann man in übertragenem Sinne B_k bzw. B_λ direkt einen Vektor oder *Tensor erster Sufe* nennen.

In der Mechanik, ebenso wie in anderen Gebieten der theoretischen Physik, treten aber auch Größen auf, welche in mehrfacher Hinsicht projektive Eigenschaften besitzen. Solche Größen werden als Tensoren höherer Stufe bezeichnet. Ihre Stufe ist durch die Zahl der Vektoreigenschaften, d.h. die Zahl der Indizes gekennzeichnet. In Analogie zu (4.1/8) nennt man z.B. eine Größe D_{km} einen *Tensor zweiter Sufe*, wenn die Transformationsvorschrift

$$D_{km} = c_{k\lambda} c_{m\mu} \, D_{\lambda\mu} \qquad (4.2/1)$$

erfüllt ist. *Der einfachste Tensor zweiter Stufe* ist offenbar das Kronecker-Symbol, denn an Hand von (4.1/14) und (4.1/15) erkennt man, daß folgende Beziehung erfüllt ist (sog. *Kugeltensor*):

$$\delta_{km} = c_{k\lambda} c_{m\mu} \, \delta_{\lambda\mu}. \qquad (4.2/2)$$

Ihrem Aufbau nach entspricht diese Bedingung der Transformationsvorschrift (4.2/1). Weitere Tensoren zweiter Stufe sind der sog. Spannungstensor in der Festigkeitslehre (daher der Name Tensor), der Massenträgheitstensor in der Kinetik, u.a. Die sog. gemischten Komponenten mit $k \neq m$ bzw. $\lambda \neq \mu$ stellen beim Spannungstensor die Schub- oder Reibungsspannungen, beim Massenträgheitstensor die sog. Zentrifugalmomente dar. In beiden Fällen genügen sie der Symmetriebedingung $B_{kl} = B_{lk}$ und verschwinden für eine bestimmte Orientierung der Koordinatenachsen ganz; diese Achsen nennt man Hauptspannungsachsen bzw. Trägheitshauptachsen; die zugehörigen von Null verschiedenen Tensorkomponenten heißen Hauptspannungen bzw. Hauptträgheitsmomente. Während die Hauptspannungen positiv oder negativ (Zug oder Druck) sein können, haben die Hauptträgheitsmomente ihrer Natur nach nur positive Werte. Auf die rechnerischen Einzelheiten, welche mit der Durchführung der Hauptachsentransformation in Zusammenhang stehen, wird in der Elastostatik und Festigkeitslehre näher eingegangen.

Für Tensoren dritter Stufe gilt sinngemäß die Transformationsvorschrift:

$$H_{kmn} = c_{k\lambda} c_{m\mu} c_{n\nu} H_{\lambda\mu\nu}. \qquad (4.2/3)$$

Ein Beispiel liefert (4.1/21); man erkennt, daß für das ε-Symbol die Bedingung (4.2/3) erfüllt ist. *Das ε-Symbol stellt daher einen Tensor* *dritter Stufe dar*; wegen der Rechenvorschrift wechselt er das Vorzeichen bei Vertauschung zweier Indizes und heißt deshalb *antimetrisch* Da dieser Tensor jedoch von der Orientierung der Koordinatenachsen (rechts- oder linksdrehend) abhängt, ist er kein reiner Tensor im Sinne einer Feldtheorie, sondern ein sog. *relativer Tensor*.

Diese Betrachtungen mögen zunächst genügen, um die zum Verständnis der Mechanik erforderlichen Grundbegriffe zu vervollständigen. Zugunsten eines möglichst geringen Rechenaufwandes und der besseren Anschaulichkeit wurde hier nur die Transformation von einem kartesischen Koordinatensystem zu einem anderen in Betracht gezogen. Der eigentliche Tensorkalkül, wie er insbesondere für die Kontinuumsmechanik benötigt wird, berücksichtigt Transformationen zu beliebigen Koordinatensystemen. In der Relativitätstheorie wird außerdem die euklidische Geometrie aufgegeben. Dennoch sind die erforderlichen Modifikationen und Ergänzungen zu den vorstehenden Betrachtungen verhältnismäßig gering.

Eine wichtige Anwendungsmöglichkeit der Tensorrechnung ergibt sich bereits im folgenden Abschnitt.

5 Moment

5.1 Das Moment einer Kraft in bezug auf einen Punkt

Denkt man sich einen starren Körper in einem Punkte A räumlich drehbar gelagert (Abb. 5.1, das Kugelgelenk A soll in der Zeichenebene liegen), so wird durch eine in der Zeichenebene liegende Kraft F, deren Wirkungslinie nicht durch A geht, auf den Körper eine Drehwirkung ausgeübt. Als Maß für diese Drehwirkung dient der Begriff: *Moment der Kraft in bezug auf den Punkt A*. Das Moment errechnet sich aus dem Produkt des Betrages F der Kraft mit ihrem *Hebelarm*[1], d.h. mit dem senkrechten Abstand a der Wirkungslinie der Kraft vom Bezugspunkt A:

$$+\rangle \qquad M = Fa. \qquad (5.1/1)$$

Für das Moment soll ebenso wie für das x, y, z-System die Regel der *Rechtsschraube* gelten. Wir bezeichnen z.B. ein Moment, das im Sinne der Rechtsschraube um die z-Achse dreht, mit M_z. Weist in Abb. 5.1 die x-Achse nach rechts und die y-Achse nach oben (also die z-Achse

---

[1] Schon bei den Hebelbetrachtungen von Aristoteles und Archimedes finden sich Ansätze zum Begriff des statischen Momentes; schärfere Formulierungen gaben Leonardo da Vinci (geb. 1452 in Vinci bei Florenz, gest. 1519 in Ambiose) und Giovanni Batista Benedetti (geb. 1530 in Venedig, gest. 1590 in Turin).

nach vorn, wie in der ebenen Statik), so ist das Moment der bei B angreifenden Kraft, das *entgegen dem Uhrzeigersinn* um A dreht, gleich $+M_z$.

Der so eingeführte Begriff des Momentes einer Kraft steht in engem Zusammenhang mit der in 2.3.3 eingeführten Definition des Momentes

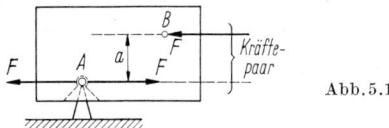

Abb. 5.1

eines Kräftepaares. Läßt man nämlich eine aus zwei entgegengesetzt gerichteten Kräften derselben Größe F bestehende Gleichgewichtsgruppe im Punkte A parallel zur Wirkungslinie der ursprünglichen Kraft F angreifen, was nach dem Gleichgewichtsaxiom 1.2 ohne Änderung des statischen Sachverhaltes möglich ist, so lassen sich die nunmehr am Körper angreifenden drei Kräfte folgendermaßen[1] zusammenfassen (Abb. 5.1): Man erhält eine in A angreifende Kraft derselben Größe und Richtung, wie die ursprüngliche Kraft, nur um die Strecke a quer zur Wirkungslinie verschoben; ferner tritt ein Kräftepaar auf, *dessen Moment mit (5.1/1) übereinstimmt*! Man erkennt hieraus, daß der Bezugspunkt nur für den Vorgang der Aufspaltung der Kraft in eine gleich große querverschobene Kraft und das Kräftepaar notwendig ist; das *Moment der ursprünglichen Kraft oder des in der angegebenen Weise definierten Kräftepaares ist danach durch seine Größe, seine Wirkungsebene und seinen Drehsinn ausreichend charakterisiert.*

Die hierdurch gegebene Definition des Momentes einer Kraft in bezug auf einen Punkt fügt sich widerspruchsfrei in alle Überlegungen der Statik ein. Dies geht u. a. aus folgener Tatsache hervor:

Die Verschiebung der Kraft längs ihrer Wirkungslinie, welche nach 1.4 statisch möglich ist, bleibt ohne Einfluß auf die Größe des Momentes der Kraft in bezug auf einen Punkt.

Dieser Sachverhalt ergibt sich geometrisch schon daraus, daß der senkrechte Abstand der Wirkungslinie vom Bezugspunkt stets derselbe bleibt, wo auch immer der Angriffspunkt der Kraft auf ihrer Wirkungslinie liegen mag. Dennoch sei das Moment einer Kraft F in bezug auf den Ursprung des Koordinatensystems x, y für die beiden, auf der Wirkungslinie der Kraft liegenden Angriffspunkte I und II berechnet (Abb. 5.2). Der Winkel der Wirkungslinie mit der x-Achse sei γ. Mit I als Angriffspunkt folgt für den Hebelarm:

$$a = x_I \sin \gamma - y_I \cos \gamma \, . \qquad (5.1/2)$$

---

[1] Diese Überlegung geht auf Louis Poinsot zurück.

Demnach wird das Moment

$$M_z = F(x_I \sin \gamma - y_I \cos \gamma). \qquad (5.1/3)$$

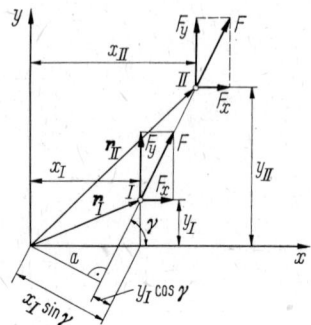

Abb. 5.2

Die x- und y-Komponenten der Kraft sind

$$F_x = F \cos \gamma, \quad F_y = F \sin \gamma. \qquad (5.1/4)$$

Daher geht (5.1/3) über in

$$M_z = x_I F_y - y_I F_x. \qquad (5.1/5)$$

Die Größe $x_I F_y$ stellt das Moment der Kraftkomponente F_y in bezug auf den Koordinatenursprung dar; ebenso ist $-y_I F_x$ das Moment von F_x. Mit II als Angriffspunkt folgt analog

$$a = x_{II} \sin \gamma - y_{II} \cos \gamma \qquad (5.1/6)$$

und

$$M_z = F(x_{II} \sin \gamma - y_{II} \cos \gamma) \qquad (5.1/7)$$

oder wegen (5.1/4)

$$M_z = x_{II} F_y - y_{II} F_x. \qquad (5.1/8)$$

Wie aus (5.1/5) und (5.1/8) hervorgeht, gilt folgender Satz:

> *Das Moment einer Kraft ist gleich der Summe der Momente ihrer Komponenten.*

Der Satz ist zwar hier zunächst nur für rechtwinklige Kraftkomponenten bewiesen; der Beweis wird aber in 5.8.1 vervollständigt.

Um noch geometrisch zu zeigen, daß (5.1/5) und (5.1/8) identisch sind, genügt es, (5.1/2) von (5.1/6) zu subtrahieren:

$$(x_{II} - x_I) \sin \gamma - (y_{II} - y_I) \cos \gamma = 0. \qquad (5.1/9)$$

Hieraus folgt

$$\text{tg } \gamma = \frac{y_{II} - y_I}{x_{II} - x_I}. \qquad (5.1/10)$$

Diese Beziehung wird aber durch die Voraussetzung bestätigt, daß die Verbindungslinie von I mit II zugleich Wirkungslinie ist und mit der x-Achse den Winkel γ bildet.

5.2 Der Momentenvektor

Sind allgemein $r_x = x$, $r_y = y$, $r_z = z$ die Komponenten des Ortsvektors $\boldsymbol{r}$ des Kraftangriffspunktes, der auf der Wirkungslinie der Kraft liegt, so ergibt sich aus (5.1/5) oder (5.1/8) das um die z-Achse drehende Moment M_z einer Kraft mit den Komponenten F_x und F_y zu:

$$M_z = r_x F_y - r_y F_x. \tag{5.2/1}$$

Kommt noch eine Komponente F_z hinzu, so ändert sich der Betrag von M_z nicht, da F_z zu keiner Drehwirkung um die z-Achse beiträgt. Die Momente um die beiden anderen Achsen ergeben sich durch zyklische Vertauschung der Indizes:

$$M_x = r_y F_z - r_z F_y; \quad M_y = r_z F_x - r_x F_z. \tag{5.2/2}$$

Werden diese Momente jeweils mit den Einheitsvektoren $\boldsymbol{e}_x, \boldsymbol{e}_y, \boldsymbol{e}_z$ multipliziert und durch geometrische Addition zu einem resultierenden *Momentenvektor* $\boldsymbol{M}$ zusammengefaßt, so folgt

$$\begin{aligned} \boldsymbol{M} &= \boldsymbol{e}_x M_x + \boldsymbol{e}_y M_y + \boldsymbol{e}_z M_z \\ &= \boldsymbol{e}_x(r_y F_z - r_z F_y) + \boldsymbol{e}_y(r_z F_x - r_x F_z) + \boldsymbol{e}_z(r_x F_y - r_y F_x) \end{aligned} \tag{5.2/3}$$

oder

$$\boldsymbol{M} = \begin{vmatrix} \boldsymbol{e}_x & \boldsymbol{e}_y & \boldsymbol{e}_z \\ r_x & r_y & r_z \\ F_x & F_y & F_z \end{vmatrix}. \tag{5.2/4}$$

Der Vergleich mit (3.3/4) zeigt, daß es sich hierbei um ein *Vektorprodukt* handelt, d.h. es kann auch

$$\boldsymbol{M} = \boldsymbol{r} \times \boldsymbol{F} \tag{5.2/5}$$

geschrieben werden.

Das Vektorprodukt kann aber auch in Tensorschreibweise dargestellt werden, wobei der antimetrische relative Tensor dritter Stufe ε_{kmn} zur Anwendung kommt. Die Komponenten des Momentenvektors lassen sich dann folgendermaßen schreiben [vgl. (4.1/18) und (4.1/21)!]:

$$M_k = \varepsilon_{kmn} r_m F_n \quad \text{bzw.} \quad M_\lambda = \varepsilon_{\lambda\mu\nu} r_\mu F_\nu. \tag{5.2/6}$$

Demnach hat der Momentenvektor alle Eigenschaften eines Vektorproduktes, und mit Bezug auf 3.3 gilt der Satz:

Der Momentenvektor einer Kraft in bezug auf einen Punkt steht auf der Ebene senkrecht, welche durch die Wirkungslinie der Kraft

und den Bezugspunkt gegeben ist; sein Betrag ist gleich dem doppel-
ten Flächeninhalt des Dreiecks, das vom Kraftvektor als Grund-
linie und vom Bezugspunkt als Spitze gebildet wird; Ortsvektor,
Kraftvektor und Momentenvektor bilden in dieser Reihenfolge eine
Rechtsschraube.

Man vergleiche hierzu Abb. 5.3; der Momentenvektor wird durch
einen Doppelpfeil gekennzeichnet.

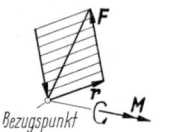

Abb. 5.3

5.3 Das Gleichgewicht zweier Momente

An Hand von Abb. 5.4 werden zwei in parallelen Ebenen drehende
Kräftepaare betrachtet. Im Anschluß an das Gleichgewichtsaxiom 1.2
soll folgender Satz bewiesen werden:

Zwei Kräftepaare gleicher Größe, die in parallelen Ebenen ent-
gegengesetzt zueinander drehen, sind im Gleichgewicht.

Das erste Kräftepaar besteht aus zwei Kräften vom Betrage F_1,
deren Wirkungslinien in der Ebene E_1 parallel zueinander im Abstand
a_1 liegen. In der zu E_1 parallelen Ebene E_2 verlaufen die Wirkungslinien zweier Kräfte vom Betrage F_2 parallel zueinander im Abstand a_2.
Beide Kräftepaare seien gleich groß, aber von entgegengesetztem Drehsinn, d. h. es soll gelten

$$F_1 a_1 = F_2 a_2. \tag{5.3/1}$$

Es werden nun jeweils die in gleicher Richtung liegenden Kräfte zu
einer Resultierenden zusammengefaßt. Die in Abb. 5.4 nach unten

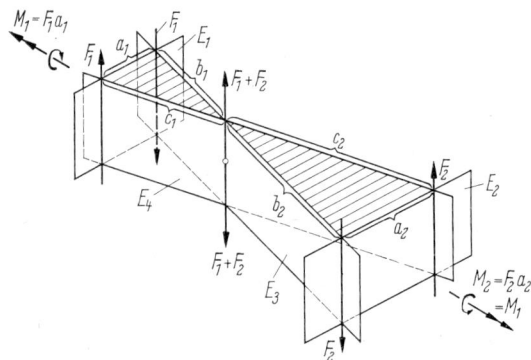

Abb. 5.4

gerichteten Kräfte liefern in der Ebene E_3 eine nach unten gerichtete Resultierende vom Betrage $F_1 + F_2$; andererseits liefern die nach oben gerichteten Kräfte in der Ebene E_4 eine nach oben gerichtete Resultierende vom Betrage $F_1 + F_2$. Aus der Parallelität der Ebenen E_1 und E_2 folgt die Ähnlichkeit der in Abb. 5.4 schraffierten Dreiecke, d. h. es gilt

$$a_1 : a_2 = b_1 : b_2 = c_1 : c_2. \qquad (5.3/2)$$

Es bleibt noch zu beweisen, daß die beiden Resultierenden in die Schnittgerade der Ebenen E_3 und E_4 fallen. Nach 2.3.2 folgt hier für die Lage der Resultierenden der parallelen Kräfte F_1 und F_2:

$$b_1 : b_2 = F_2 : F_1 = c_1 : c_2. \qquad (5.3/3)$$

Diese Bedingung entspricht aber gerade (5.3/1) und (5.3/2). Die beiden Resultierenden liegen also in der Tat so, wie Abb. 5.4 zeigt, und heben sich nach dem Gleichgewichtsaxiom 1.2 gegenseitig auf. Damit ist der aufgestellte Satz bewiesen.

5.4 Die Parallelverschieblichkeit des Momentenvektors

Für ein Kräftepaar wurde bereits in 2.3.3 gezeigt, daß es in seiner eigenen Ebene beliebig verschoben werden kann, ohne seine Wirkung auf den starren Körper zu ändern. Nach dem in 5.3 bewiesenen Satz kann nunmehr dem ursprünglichen Kräftepaar auch ein System von zwei, im Gleichgewicht befindlichen Kräftepaaren hinzugefügt werden, ohne daß sich der statische Sachverhalt ändert. Hat dabei jedes der beiden im Gleichgewicht befindlichen Kräftepaare die gleiche Größe wie das ursprüngliche, so ist der Fall möglich, daß eines der beiden neuen Kräftepaare in der gleichen Ebene dreht wie das ursprüngliche, jedoch in entgegengesetzter Richtung. Dann heben sich diese beiden Kräftepaare gegenseitig auf, und es verbleibt ein Kräftepaar, das die gleiche Größe und den gleichen Drehsinn hat, wie das ursprüngliche, jedoch in einer Parallelebene wirkt. Daraus folgt, daß Kräftepaare nicht nur in ihrer eigenen Ebene, sondern beliebig im Raum parallel zu dieser Ebene verschoben werden dürfen. Für den Momentenvektor folgt daher der Satz:

Der Momentenvektor ist frei im Raum parallel verschiebbar.

Er stellt also einen *freien Vektor* dar. Man beachte den Unterschied gegenüber dem Kraftvektor, der nur längs seiner eigenen Wirkungslinie verschoben werden darf.

5.5 Die Zusammensetzung von Momenten und Momentensatz

Aus der Vektoreigenschaft des Momentes geht bereits hervor, daß die Regeln der Vektorrechnung anwendbar sind, d. h. Momente wie Vektoren zusammengesetzt werden können. Dieser Sachverhalt ist aber so grundlegend für die gesamte Statik, daß hierfür ein gesonderter Beweis auf geometrisch anschauliche Art angegeben werden soll. Mit Bezug auf Abb. 5.5 werden zwei Kräftepaare betrachtet, welche in den nicht-parallelen Ebenen E_1 und E_2 wirken. Da es für die Größe eines Kräfte-paares nur auf das Produkt aus Kraft und Abstand der Wirkungslinien ankommt, können die erzeugenden Kräfte der beiden Kräftepaare gleich groß angenommen werden (gleiche Größe F); die zugehörigen Abstände a_1 und a_2 sind jedoch voneinander verschieden. Die Größen der beiden Momente sind dann $M_1 = Fa_1$ und $M_2 = Fa_2$. Da jedes der beiden Kräftepaare in seiner Wirkungsebene beliebig gedreht und ver-schoben werden kann, ohne daß sich an seiner statischen Wirkung etwas ändert, ist auch der in Abb. 5.5 ersichtliche Fall möglich, daß alle vier

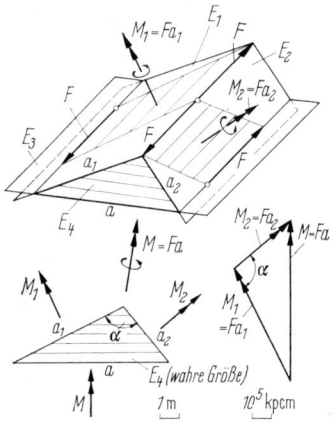

Abb. 5.5

Kräfte zueinander parallel laufen und jeweils eine Kraft der beiden Kräftepaare in der Schnittgeraden der beiden Wirkungsebenen liegt, und zwar derart, daß die beiden in der Schnittgeraden liegenden Kräfte entgegengesetzt gerichtet sind und sich daher gegenseitig aufheben. Wird durch die beiden außen liegenden Kräfte, welche somit allein übrig bleiben, eine dritte Ebene E_3 gelegt, so erkennt man, daß beide Kräfte in dieser Ebene ein Kräftepaar $M = Fa$ bilden, das demnach das resultierende Moment ist; hierbei wurde der Abstand der außen liegenden Wirkungslinien mit a bezeichnet. Macht man andererseits von der Vektoreigenschaft der Momente Gebrauch, so kann man die Vektoren der Momente M_1 und M_2 auch zu einem resultierenden Moment zusammensetzen. In der Ebene E_4, welche zu E_1, E_2, E_3 senk-recht steht, ergibt sich dann ein Momentendreieck; zwei seiner Seiten werden von den Momenten $M_1 = Fa_1$ und $M_2 = Fa_2$ gebildet, stehen daher auf E_1 und E_2, bzw. auf den Seiten a_1 und a_2 des schraffierten

Dreiecks senkrecht. Man erkennt, daß das schraffierte Dreieck dem Momentendreieck ähnlich ist; denn zwei Seiten bilden den gleichen Winkel miteinander, ferner sind ihre Längen zueinander proportional. Daher steht die dritte Seite des Momentendreiecks auf E_3 senkrecht und hat — zufolge der Proportionalität — die Größe Fa, in Übereinstimmung mit der ersten Überlegung.

Eine zweite, ebenso einfache Möglichkeit der Beweisführung ergibt sich, wenn nicht die erzeugenden Kräfte, sondern die Abstände gleich gesetzt werden, d.h. wenn $M_1 = F_1 a$ und $M_2 = F_2 a$ gesetzt wird. Beide Kräftepaare werden nun so in ihren Wirkungsebenen E_1 und E_2 gedreht und verschoben (s. Abb. 5.6), daß die erzeugenden Kräfte

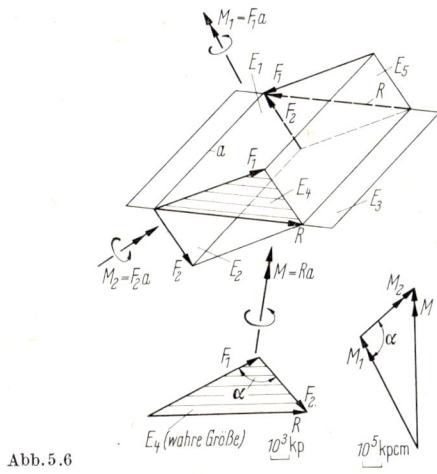

Abb. 5.6

zur Schnittgeraden beider Ebenen senkrecht stehen und je eine Kraft des einen und des anderen Kräftepaares auf der Schnittgeraden einen gemeinsamen Angriffspunkt haben. Werden dann durch diese beiden Angriffspunkte zwei weitere Ebenen E_4 und E_5 gelegt, welche zu E_1 und E_2 senkrecht stehen, so lassen sich in diesen Ebenen die auftretenden Kräfte zu einer Resultierenden R zusammensetzen. Die beiden Resultierenden liegen dann in der Ebene E_3 und bilden das resultierende Kräftepaar $Ra = M$. Setzt man andererseits die Vektoren der Momente M_1 und M_2, welche auf E_1 bzw. E_2 senkrecht stehen, zu einem Momentendreieck zusammen — in E_4 oder E_5 —, so ist dieses dem Kräftedreieck ähnlich; denn zwei Seiten bilden den gleichen Winkel miteinander, ferner sind ihre Längen zueinander proportional. Daher steht die dritte Seite des Momentendreiecks auf E_3 senkrecht und hat den Betrag Ra, in Übereinstimmung mit der ersten Überlegung.

Damit ist die Zusammensetzung von Momenten durch vektorielle Addition auch in geometrisch anschaulicher Weise demonstriert. Handelt es sich um mehr als zwei Momente, so werden zunächst zwei zu einem resultierenden Vektor zusammengesetzt, welcher dann seinerseits mit einem weiteren Momentenvektor kombiniert wird, usw., bis schließlich alle Momente zusammengefaßt sind. Der Vorgang ist kommutativ, d.h. man gelangt unabhängig von der Reihenfolge stets zu demselben Ergebnis; *er entspricht ganz der Zusammensetzung von Kräften am gleichen Punkt.*

Wir kommen nun zu einem grundlegenden Problem der Statik, welches sich auf die Wirkung einer beliebig im Raum vorgegebenen Kräftegruppe auf den starren Körper bezieht. Hierbei sind zunächst alle Kräfte parallel zu ihrer jeweiligen Wirkungslinie so zu verschieben, daß sie in *einem* Bezugspunkt angreifen. Wird dieser Bezugspunkt mit *B* bezeichnet, so können die nunmehr in *B* angreifenden Kräfte wie Kräfte am gleichen Punkt zu einer Resultierenden zusammengefaßt werden. Nach 1.5 und 5.1 hat aber die Parallelverschiebung der Kräfte das Auftreten von Momenten zur Folge, deren Wirkungsebenen durch die Wirkungslinie der jeweiligen Kraft F_α und den Bezugspunkt *B* gegeben sind. Diese Momente sind vektoriell zu einem resultierenden Moment zusammenzusetzen. Es besteht dann folgender Sachverhalt: Die Kräftegruppe ist in ihrer statischen Wirkung auf den Körper einer im Punkte *B* angreifenden resultierenden Kraft und einem resultierenden Moment äquivalent; dabei wird die Kraft genau so bestimmt, als ob die einzelnen Kräfte in *B* angreifen würden, d.h. nach 1.6 und 1.7 aus der Beziehung

$$F = \sum_{\alpha=1}^{n} F_\alpha. \tag{5.5/1}$$

Andererseits sind die Momente aller Kräfte in bezug auf *B*, sowie alle eventuell vorhandenen Einzelmomente zu einem resultierenden Moment M_B zusammen zu setzen; wird der von *B* zum Angriffspunkt der Kraft F_α führende Ortsvektor mit $r_{B\alpha}$ bezeichnet (Abb. 5.8), so folgt entsprechend der nachgewiesenen vektoriellen Addition von Momenten:

$$M_B = \sum_{\alpha=1}^{n} r_{B\alpha} \times F_\alpha + M^*. \tag{5.5/2}$$

Hierbei ist M^* die Vektorensumme der eventuell vorhandenen, nicht durch die Kräfte F_α hervorgerufenen Momente (Einzelmomente).

Die resultierende Kraft F und das resultierende Moment M_B *zusammen* ergeben daher erst die vollständige Kraftwirkung in bezug auf *B*; zur vollständigen Bestimmung der Kraftwirkung in rechtwinkligen Koordinaten ist daher die Angabe von *drei* Kraftkomponenten und *drei* Momentenkomponenten, d.h. von insgesamt *sechs* Größen erforderlich. Diese begriffliche Zusammenfassung von Kraftvektor und Momentenvektor führt zur sog. *Dyname*. Wie im Abschnitt über Raumstatik (12.1) gezeigt wird, läßt sich durch entsprechende Wahl des Bezugspunktes, d.h. Parallelverschiebung von F der Fall herstellen, daß M parallel zu F gerichtet ist; man spricht dann von der *Kraftschraube*.

5.6 Das Moment einer Kraft in bezug auf eine Achse

In vielen Fällen ist es erforderlich, das Moment nicht auf einen Punkt, sondern auf eine Achse zu beziehen; insbesondere gilt dies bei rotierenden Kraft- und Arbeitsmaschinen. Betrachtet man die rotierende Welle sowie alle mit ihr fest verbundenen Teile als starren Körper, so interessiert in der Regel nicht das vollständige Moment der äußeren Kräfte in bezug auf irgendeinen Punkt, sondern nur die Komponente dieses Momentes in Richtung der Drehachse der Maschine, denn diese Komponente leistet allein Arbeit, wie in Zusammenhang mit den Begriffen Arbeit und Leistung einer Kraft bzw. eines Momentes gezeigt wird. Mit Bezug auf Abb.5.7 sei r_{AB} der vom Bezugspunkt A

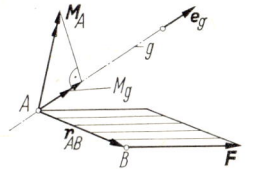

Abb. 5.7

ausgehende Ortsvektor des Angriffspunktes B einer Kraft F. Das Moment von F in bezug auf A ist dann gegeben durch das Vektorprodukt

$$M_A = r_{AB} \times F. \tag{5.6/1}$$

Eine durch A gehende Gerade g sei die Drehachse der Maschine. Ist e_g ein in Richtung von g liegender Einheitsvektor, so erhält man die in die Richtung der Drehachse fallende Komponente von M_A durch skalare Multiplikation von M_A mit e_g. So ergibt sich

$$M_g = (r_{AB} \times F)\, e_g. \tag{5.6/2}$$

Dieser Ausdruck ist ein Spatprodukt im Sinne von 3.4; deshalb gilt auch

$$M_g = (e_g \times r_{AB})\, F = (F \times e_g)\, r_{AB} = [F, e_g, r_{AB}]. \tag{5.6/3}$$

Diese Formulierung zeigt, daß es nur auf die Länge des Lotes vom Kraftangriffspunkt auf die Drehachse als Hebelarm ankommt, ferner nur auf die Komponente von F senkrecht zu der Ebene, welche durch g und den Kraftangriffspunkt gegeben ist.

5.7 Zur Bedeutung des Momentensatzes

In 5.5 haben wir bereits die fundamentalen Beziehungen der Raum-statik kennengelernt. Die Vektorgleichung (5.5/2) stellt den Inhalt des sog. *Momentensatzes* dar. Da der *Bezugspunkt frei wählbar* ist, bestehen viele Anwendungsmöglichkeiten. Ferner kann M_B gemäß (5.6/2) auch *projiziert* werden, und zwar *auf eine beliebige Gerade*. Die Projektion auf eine Gerade, die dann die Rolle einer *Drehachse* im Sinne von 5.6 spielt, hat für die praktische Statik entscheidende Bedeutung. Legt man nämlich die Drehachse so, daß die Wirkungslinien möglichst vieler Kräfte, vor allem der jeweils unbekannten Kräfte geschnitten werden, so liefern alle diese Kräfte kein Moment und treten daher in der Momen-tengleichung nicht auf, was eine wesentliche Abkürzung des Rechnungs-ganges zur Folge hat. Zur Projektion auf die betreffende Drehachse ist nach 5.6 zu verfahren und mit dem in Richtung der Drehachse liegen-den Einheitsvektor skalar zu multiplizieren; hierauf wird im Abschnitt über Raumstatik ausführlich eingegangen.

Darüber hinaus läßt sich zeigen, daß der Momentensatz sogar auch die Kräftezusammensetzung gemäß (5.5/1), d.h. die Ermittlung der resultierenden Kraft erledigt, sofern er für verschiedene Bezugspunkte angewandt wird. Hierzu sei Abb. 5.8 betrachtet. Die von B ausgehenden

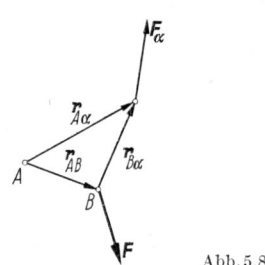

Abb. 5.8

Ortsvektoren der Angriffspunkte der Kräfte sind wieder mit $r_{B\alpha}$ be-zeichnet. Von einem zweiten Bezugspunkt A aus führt der Vektor r_{AB} nach B. Die von A ausgehenden Ortsvektoren der Kraftangriffspunkte sind $r_{A\alpha}$. Dann gilt

$$r_{A\alpha} = r_{AB} + r_{B\alpha}. \qquad (5.7/1)$$

Die vektorielle Zusammensetzung der Momente aller Kräfte für den Bezugspunkt A und der Einzelmomente ergibt den Momentenvektor

$$M_A = \sum_{\alpha=1}^{n} r_{A\alpha} \times F_\alpha + M^*. \qquad (5.7/2)$$

Durch Einsetzen von (5.7/1) folgt:

$$M_A = \sum_{\alpha=1}^{n} (r_{AB} + r_{B\alpha}) \times F_\alpha + M^*$$

$$= r_{AB} \times \sum_{\alpha=1}^{n} F_\alpha + \sum_{\alpha=1}^{n} r_{B\alpha} \times F_\alpha + M^* \qquad (5.7/3)$$

oder wegen (5.5/1) und (5.5/2)

$$M_A = r_{AB} \times F + M_B. \qquad (5.7/4)$$

Der Unterschied beider Momente läßt sich daher durch das Moment der Resultierenden in bezug auf A ausdrücken; dadurch wird bestätigt, daß die durch F und M_B definierte Dyname die vorgegebene Kräftegruppe vollständig repräsentiert. Da mit $r_{AB} \times F$ die Komponente von F in Richtung r_{AB} nicht erfaßt wird, muß (5.7/4) noch auf einen weiteren Bezugspunkt angewandt werden. Hat man das resultierende Moment für drei Bezugspunkte A, B, C berechnet, welche nicht auf einer Geraden liegen dürfen, so läßt sich der resultierende Kraftvektor F aus den Gleichungen

$$r_{AB} \times F = M_A - M_B, \quad r_{BC} \times F = M_B - M_C \qquad (5.7/5)$$

ermitteln. Wird eine der beiden Gleichungen auf eine Drehachse bezogen, welche in der durch A, B, C gehenden Ebene liegt, so erhält man daraus die Komponente von F senkrecht zu dieser Ebene. Bei Verwendung von zwei Drehachsen senkrecht zu dieser Ebenen ergeben sich die Komponenten in der Ebene. *Der resultierende Kraftvektor kann folglich auch allein mit Hilfe des Momentensatzes bestimmt werden.* Hierin zeigt sich die große Tragweite dieses Satzes.

5.8 Drei Sonderfälle des Momentensatzes

Im folgenden werden drei Sonderfälle diskutiert, welche für die praktische Anwendung des Momentensatzes von besonderer Bedeutung sind.

5.8.1 Das Verschwinden des resultierenden Momentes für bestimmte Bezugspunkte.
Verschwindet das resultierende Moment für gewisse Lagen des Bezugspunktes B, so reduziert sich (5.7/4) auf

$$M_A = r_{AB} \times F. \qquad (5.8/1)$$

In solchen Fällen heißt F *totale Resultierende*, denn *sie repräsentiert allein*, d.h. ohne einen zusätzlichen Momentenvektor *die gesamte Kräftegruppe*. Der resultierende Momentenvektor verschwindet dann zugleich für alle Bezugspunkte, die auf der Wirkungslinie von F liegen. Es folgt der Satz:

Das Moment der totalen Resultierenden in bezug auf einen Punkt oder eine Achse ist gleich der Summe der Momente der einzelnen Kräfte für denselben Bezugspunkt oder dieselbe Achse.

Da sich (5.8/1) mit einem beliebigen Einheitsvektor skalar multiplizieren läßt, gilt der Satz für beliebig im Raum orientierte Drehachsen.

Handelt es sich nicht um die Zusammensetzung von Kräften, sondern um die *Zerlegung* einer Kraft nach beliebig im Raum verteilten Wirkungslinien (ein Grundproblem der Raumstatik), so sind die F_α als die Komponenten der Kraft F aufzufassen und es gilt sinngemäß:

Das Moment einer Kraft in bezug auf einen Punkt oder eine Achse ist gleich der Summe der Momente ihrer Komponenten für denselben Bezugspunkt oder dieselbe Achse.

Dieser Satz wurde schon in 5.1 ausgesprochen, aber nur für zwei rechtwinklige Kraftkomponenten nachgewiesen, welche in der von Kraftvektor und Bezugspunkt gebildeten Ebene liegen. Durch (5.8/1) ist dieser Satz nunmehr für beliebige Zahl und Lage der Komponenten im Raum bewiesen. Ferner folgt aus (5.8/1) unter Bezugnahme auf die Eigenschaften des Vektorproduktes, daß der Momentenvektor auf der durch F und den Bezugspunkt A gebildeten Ebene senkrecht steht. Daher stehen hier F und M_A für beliebige Lage des Bezugspunktes aufeinander senkrecht. Der Abstand a der Wirkungslinie der totalen Resultierenden vom Bezugspunkt A errechnet sich zu $|M_A/F|$.

5.8.2 Das Verschwinden der resultierenden Kraft. Mit $F = 0$ liefert (5.7/4):

$$M_A = M_B = M. \tag{5.8/2}$$

In diesem Falle wird das Kräftesystem allein durch ein vom Bezugspunkt unabhängiges Moment M repräsentiert.

Dieses Ergebnis läßt sich auch als Grenzfall von 5.8.1 deuten. Allerdings muß dann das Gedankenbild einer unendlich kleinen und zugleich unendlich fernen Resultierenden zu Hilfe genommen werden; dabei geht F gegen Null, aber zugleich r_{AB} gegen unendlich, während das Vektorprodukt $r_{AB} \times F$ konstant bleibt und vom Bezugspunkt unabhängig wird.

5.8.3 Die Gleichgewichtsgruppe. Verschwinden die resultierende Kraft und das resultierende Moment, so handelt es sich um eine Gleichgewichtsgruppe. Zum Beweise gehen wir auf das Gleichgewichtsaxiom zurück, das in 1.2 eingeführt wurde. Es sagt aus, daß zwei Kräfte gleicher Größe, die auf derselben Wirkungslinie liegen, aber entgegengesetzt zueinander gerichtet sind, sich das Gleichgewicht halten, d.h. sich im statischen Sinne gegenseitig aufheben. Ferner nehmen wir Bezug auf den in 5.3 nachgewiesenen Satz vom Gleichgewicht zweier

Momente. Aus einer Gruppe von n Kräften und beliebigen Einzelmomenten bilden wir zwei Gruppen; die erste Gruppe möge die Kräfte $\boldsymbol{F}_1$ bis $\boldsymbol{F}_m$, sowie alle Einzelmomente, die zweite Gruppe die Kräfte $\boldsymbol{F}_{m+1}$ bis $\boldsymbol{F}_n$ enthalten. Nach 5.5 und 5.7 bilden wir nun für jede der beiden Gruppen die Resultierende und das resultierende Moment, wobei ein gemeinsamer Bezugspunkt A verwendet werden soll. Die beiden Resultierenden errechnen sich mit Anwendung von (5.5/1) zu

$$F_I = \sum_{\alpha=1}^{m} \boldsymbol{F}_\alpha, \quad F_{II} = \sum_{\alpha=m+1}^{n} \boldsymbol{F}_\alpha, \quad 1 \leqq m < n \qquad (5.8/3)$$

Ihre Summe liefert die Gesamtresultierende

$$\boldsymbol{F} = \boldsymbol{F}_I + \boldsymbol{F}_{II}. \qquad (5.8/4)$$

Aus dem Gleichgewichtsaxiom 1.2 folgt ($\boldsymbol{F}_I$ und $\boldsymbol{F}_{II}$ haben den gemeinsamen Angriffspunkt A):

$$\boldsymbol{F}_{II} = -\boldsymbol{F}_I. \qquad (5.8/5)$$

Damit ergibt sich

$$\boldsymbol{F} = 0. \qquad (5.8/6)$$

Für die beiden resultierenden Momente folgt gemäß (5.7/2):

$$\boldsymbol{M}_I = \sum_{\alpha=1}^{m} \boldsymbol{r}_{A\alpha} \times \boldsymbol{F}_\alpha + \boldsymbol{M}^*, \quad \boldsymbol{M}_{II} = \sum_{\alpha=m+1}^{n} \boldsymbol{r}_{A\alpha} \times \boldsymbol{F}_\alpha. \qquad (5.8/7)$$

Das resultierende Gesamtmoment wird

$$\boldsymbol{M}_A = \sum_{\alpha=1}^{n} \boldsymbol{r}_{A\alpha} \times \boldsymbol{F}_\alpha + \boldsymbol{M}^* = \boldsymbol{M}_I + \boldsymbol{M}_{II}. \qquad (5.8/8)$$

Nach dem Satz vom Gleichgewicht zweier Momente gilt

$$\boldsymbol{M}_{II} = -\boldsymbol{M}_I. \qquad (5.8/9)$$

Damit folgt schließlich

$$\boldsymbol{M}_A = 0. \qquad (5.8/10)$$

Eine wichtige Folgerung ergibt sich aus der Beziehung (5.7/4), bei der ein beliebiger zweiter Bezugspunkt B verwendet wird. Ist $\boldsymbol{F} = 0$ und zugleich $\boldsymbol{M}_A = 0$, wie bei Vorhandensein des Gleichgewichtszustandes gefordert werden muß, so folgt auch $\boldsymbol{M}_B = 0$, d.h. es gilt der Satz:

Bei einer Gleichgewichtsgruppe verschwindet das resultierende Moment für jeden Bezugspunkt.

Erfüllt man andererseits zunächst nur die Bedingungen $\boldsymbol{M}_A = 0$ und $\boldsymbol{M}_B = 0$, d.h. bringt man das resultierende Moment für zwei verschiedene Bezugspunkte zum Verschwinden, so folgt aus (5.7/4):

$$\boldsymbol{r}_{AB} \times \boldsymbol{F} = 0. \qquad (5.8/11)$$

Diese Bedingung hat das Verschwinden der senkrecht auf r_{AB} stehenden Komponente von F zur Folge. Bringt man das resultierende Moment noch für einen dritten Bezugspunkt C zum Verschwinden, so folgt schließlich $F = 0$; dabei dürfen die Punkte A, B, C nicht auf einer Geraden liegen. Es entsteht wieder eine Gleichgewichtsgruppe, deren resultierendes Moment für *jeden* Bezugspunkt verschwindet.

Die behandelten Sonderfälle führen zu besonders einfachen Schlußfolgerungen, wenn die Wirkungslinien aller Kräfte in einer gemeinsamen Ebene liegen. Aus dem zugehörigen Teilgebiet der Statik, der sog. ebenen Statik waren in den einführenden Abschnitten bereits einfache Aufgaben behandelt worden. Mit Rücksicht auf die große Bedeutung dieses Problemkreises für die Technik sollen nunmehr weitere Verfahren der ebenen Statik nach praktischen Gesichtspunkten dargestellt werden.

6 Weitere Verfahren der ebenen Statik

Infolge der überragenden Tragweite des Momentensatzes erscheint es angebracht, die speziellen Formulierungen dieses Satzes für ebene Kräftesysteme und die daraus hervorgehenden Folgerungen an den Anfang dieses Abschnittes zu stellen.

6.1 Der Momentensatz für ebene Kräftegruppen

Liegen alle Kräfte der betrachteten Gruppe in einer Ebene und werden auch die bei der Formulierung des allgemeinen Momentensatzes in 5.7 verwendeten Bezugspunkte in die Ebene gelegt (s. Abb. 6.1), so stehen alle in (5.7/4) auftretenden Momentenvektoren auf dieser Ebene senkrecht; sie sind daher zueinander parallel und können wie Skalare behandelt werden. Dies gilt auch für M^*. Denken wir uns Punkt A

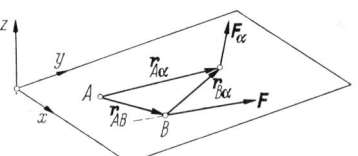

Abb. 6.1

festgehalten und Punkt B längs der Geraden AB verschoben, so ändern sich hierbei nur $|r_{AB} \times F|$ und M_B, während M_A unverändert bleibt. Eine Vergrößerung oder Verkleinerung der Strecke AB hat eine proportionale Änderung von $|r_{AB} \times F|$ und wegen (5.7/4) auch von M_B zur

Folge, falls F nicht gleich Null ist. Daher gibt es bei einer von Null verschiedenen Resultierenden sicher eine Lage des Punktes B in endlicher
Entfernung von A, für welche das Moment M_B gleich Null wird, d.h.
der Sonderfall 5.8.1 zutrifft. Deshalb gilt der Satz:

> *Die von Null verschiedene Resultierende einer ebenen Kräftegruppe*
> *kann durch Parallelverschiebung zur Totalresultierenden gemacht*
> *werden.*

Aus Gründen der einheitlichen Darstellung innerhalb der ebenen
Statik soll festgesetzt werden, daß *unter der Bezeichnung Resultierende*
bei ebenen Kräftegruppen stets die Totalresultierende zu verstehen ist,
welche allein, d.h. ohne zusätzliches Moment der vorgegebenen Kräftegruppe statisch äquivalent ist. Hierzu sei bemerkt, daß es sich bei den
bereits erörterten ebenen Problemen, insbesondere auch bei den in 2.1
und 2.2 beschriebenen zeichnerischen Lösungsverfahren, stets um die
Ermittlung der Resultierenden im Sinne einer Totalresultierenden han-
delte.

Es ist damit vor allem nachgewiesen, daß bei einer von Null verschiedenen Resultierenden die beiden in 5.8.1 angegebenen Sätze unmittelbar für die ebene Statik anwendbar sind. Wegen der grundlegenden Bedeutung dieser Sätze sei die allgemeine Beweisführung noch
durch eine Überlegung ergänzt, die sich auf ebene Systeme bezieht.
Wir betrachten in Abb. 6.2 zwei Kräfte F_1 und F_2, welche längs ihrer

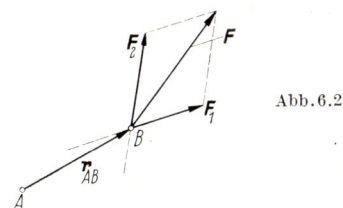

Abb. 6.2

Wirkungslinien soweit verschoben worden sind, daß der Schnittpunkt
B ihrer Wirkungslinien ihr gemeinsamer Angriffspunkt ist. Der von
einem Bezugspunkt A nach B führende Vektor sei mit r_{AB} bezeichnet.
Dann gilt für die Summe der Momente beider Kräfte und damit für das
resultierende Moment in bezug auf A:

$$M_A = M_{A1} + M_{A2} = r_{AB} \times F_1 + r_{AB} \times F_2 = r_{AB} \times (F_1 + F_2).$$
$$(6.1/1)$$

Andererseits gilt für den resultierenden Kraftvektor:

$$F = F_1 + F_2. \qquad (6.1/2)$$

Mithin geht (6.1/1) über in

$$M_A = M_{A1} + M_{A2} = r_{AB} \times F. \qquad (6.1/3)$$

Wird die Resultierende $\boldsymbol{F}$ mit der Wirkungslinie einer weiteren Kraft zum Schnitt gebracht, so ergibt sich mit Verwendung des von A zum neuen Schnittpunkt führenden Vektors für die neue Momentensumme

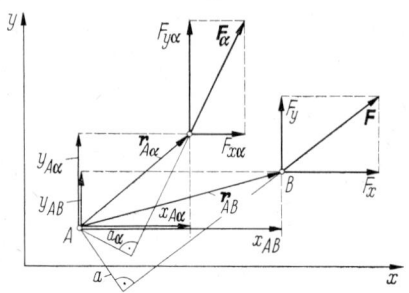

Abb. 6.3

wieder eine Beziehung der Form (6.1/3). Das Verfahren läßt sich beliebig fortsetzen, so daß damit die in 5.8.1 angegebenen Sätze für ebene Kräftegruppen bestätigt sind. Wenn also die Resultierende einer ebenen Kräftegruppe nicht verschwindet, ist sie dieser statisch äquivalent.

Der Momentensatz der ebenen Statik kann auch in der folgenden einfachen Form ausgesprochen werden:

> *Das Moment der von Null verschiedenen Resultierenden einer ebenen Kräftegruppe ist gleich der Summe der Momente der einzelnen Kräfte für denselben Bezugspunkt.*

Mit Bezug auf Abb. 6.3 gilt:

$$\boldsymbol{M}_A = \boldsymbol{r}_{AB} \times \boldsymbol{F} = \sum_{\alpha=1}^{n} \boldsymbol{r}_{A\alpha} \times \boldsymbol{F}_\alpha. \tag{6.1/4}$$

Falls die Resultierende verschwindet, gilt Sonderfall 5.8.2; die ebene Kräftegruppe läßt sich dann auf ein Kräftepaar zurückführen, welches beliebig in der Ebene verschoben werden kann.

Verschwinden zugleich die Resultierende und das resultierende Moment, so handelt es sich um eine Gleichgewichtsgruppe, und es gilt Fall 5.8.3.

6.2 Die Ermittlung der Resultierenden einer ebenen Kräftegruppe

Größe und Richtung der Resultierenden ergeben sich entsprechend (5.5/1) aus

$$\boldsymbol{F} = \sum_{\alpha=1}^{n} \boldsymbol{F}_\alpha \tag{6.2/1}$$

oder (Abb. 6.3):

$$F_x = \sum_{\alpha=1}^{n} F_{x\alpha}; \quad F_y = \sum_{\alpha=1}^{n} F_{y\alpha}. \tag{6.2/2}$$

Die zugehörige zeichnerische Lösung besteht in der Zusammensetzung der Kraftvektoren im Kräfteplan. Für den Fall, daß alle Kräfte am gleichen Punkt angreifen, wurde das zeichnerische Verfahren schon in 1.6 beschrieben. Haben die Kräfte keinen gemeinsamen Angriffspunkt, so kann die Lage der Wirkungslinie entweder zeichnerisch nach 2.1 oder 2.2 oder rechnerisch aus dem Momentensatz bestimmt werden. Mit den Bezeichnungen der Abb. 6.3 gilt für A als Bezugspunkt

$$\boldsymbol{r}_{AB} \times \boldsymbol{F} = \sum_{\alpha=1}^{n} \boldsymbol{r}_{A\alpha} \times \boldsymbol{F}_{\alpha} \qquad (6.2/3)$$

oder

$$x_{AB}F_y - y_{AB}F_x = \sum_{\alpha=1}^{n} (x_{A\alpha}F_{y\alpha} - y_{A\alpha}F_{x\alpha}) \qquad (6.2/4)$$

oder

$$M_z = \sum_{\alpha=1}^{n} M_{z\alpha}. \qquad (6.2/5)$$

Die Momente M_z und $M_{z\alpha}$ (Größen $M = Fa$ und $M_\alpha = F_\alpha a_\alpha$) zählen positiv, wenn die zugehörige Kraft im positiven Sinne, d.h. entgegen dem Uhrzeigersinn um A dreht, andernfalls negativ.

Greifen alle Kräfte am gleichen Punkt an ($\boldsymbol{r}_{A\alpha} = \boldsymbol{r}_{AB}$), so liefert der Momentensatz

$$\boldsymbol{r}_{AB} \times \boldsymbol{F} = \sum_{\alpha=1}^{n} \boldsymbol{r}_{AB} \times \boldsymbol{F}_{\alpha} = \boldsymbol{r}_{AB} \times \sum_{\alpha=1}^{n} \boldsymbol{F}_{\alpha}. \qquad (6.2/6)$$

Diese Beziehung ist aber mit (6.2/1) identisch, wenn dort vektoriell mit $\boldsymbol{r}_{AB}$ multipliziert wird. Der Momenentensatz bestätigt daher in diesem Falle die vektorielle Addition der Kräfte.

6.3 Die Ermittlung des resultierenden Momentes einer ebenen Kräftegruppe

Ist zuvor die resultierende Kraft ermittelt worden und ist diese nicht gleich Null, so erhält man das resultierende Moment in bezug auf A am einfachsten aus Abb. 6.3:

$$\boldsymbol{M} = \boldsymbol{r}_{AB} \times \boldsymbol{F} \qquad (6.3/1)$$

oder

$$M_z = x_{AB}F_y - y_{AB}F_x \qquad (6.3/2)$$

oder

$$M = Fa. \qquad (6.3/3)$$

Andernfalls läßt es sich aus der Summe der einzelnen Momente errechnen:

$$\boldsymbol{M} = \sum_{\alpha=1}^{n} \boldsymbol{r}_{A\alpha} \times \boldsymbol{F}_{\alpha} \qquad (6.3/4)$$

oder

$$M_z = \sum_{\alpha=1}^{n} (x_{A\alpha} F_{y\alpha} - y_{A\alpha} F_{x\alpha}) \qquad (6.3/5)$$

oder

$$M_z = \sum_{\alpha=1}^{n} M_{z\alpha}. \qquad (6.3/6)$$

Verschwindet die resultierende Kraft, so kann das Moment nur aus der Summe der einzelnen Momente ermittelt werden. Wie in 5.8.2 gezeigt wurde, wird es dann vom Bezugspunkt unabhängig.

6.4 Zeichnerisches Verfahren zur Ermittlung des resultierenden Momentes einer ebenen Kräftegruppe

Die Ermittlung des resultierenden Momentes läßt sich auch in einfacher Weise zeichnerisch durchführen. Hierfür werden nachstehend zwei Beispiele angegeben. In Abb. 6.4 sind drei Kräfte gegeben. Zunächst wird im Kräfteplan die vektorielle Addition durchgeführt, welche

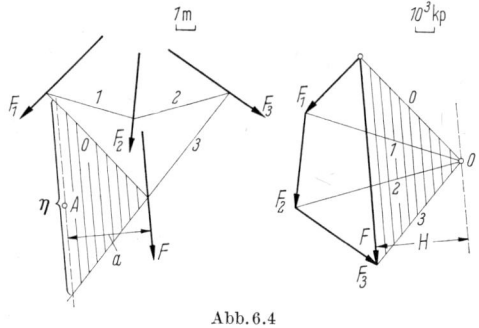

Abb. 6.4

die resultierende Kraft nach Größe und Richtung liefert. Nach Festlegung des Poles und Ziehen der Polstrahlen im Kräfteplan erhält man gemäß dem in 2.2 beschriebenen Verfahren das Seileck im Lageplan. Die Wirkungslinie der Resultierenden geht dann durch den Schnittpunkt der ersten und letzten Seilkraft (hier 0 und 3). Zur Bestimmung des Momentes in bezug auf einen beliebigen Punkt A im Lageplan wird durch A eine Parallele zur Resultierenden gelegt, welche mit der ersten und letzten Seilkraft (0 und 3) zum Schnitt gebracht wird. Ihr Abstand von der Wirkungslinie der Resultierenden sei a. Dann entsteht das schraffierte Dreieck mit der Grundlinie η und der Höhe a, welches dem im Kräfteplan ebenfalls schraffierten Dreieck mit den Seiten F, 0, 3 ähnlich ist. Wird der Abstand der Resultierenden vom Pol, der sog. *Polabstand*, mit H bezeichnet, so folgt aus der Ähnlichkeit der Dreiecke:

$$F/H = \eta/a. \qquad (6.4/1)$$

Das Moment des Kräftesystems ist aber nach (6.3/3) $M_A = Fa$. Mithin folgt:

$$M_A = H\eta. \qquad (6.4/2)$$

Um das resultierende Moment für den gegebenen Bezugspunkt zu erhalten, hat man daher nur die Länge η der durch den Bezugspunkt gelegten Parallelen zur Resultierenden zu messen (Lageplanmaßstab beachten!) und mit der Polweite H (Kräftemaßstab beachten!) zu multiplizieren.

Bei diesem Beispiel ergab sich eine von Null verschiedene Resultierende. Das Verfahren ist aber auch anwendbar, wenn die Resultierende gleich Null ist, d. h. wenn die Kräftegruppe durch ein vom Bezugspunkt unabhängiges Kräftepaar ersetzt werden kann. Ein solches Beispiel zeigt Abb. 6.5. Man erkennt, daß hier der erste und der letzte

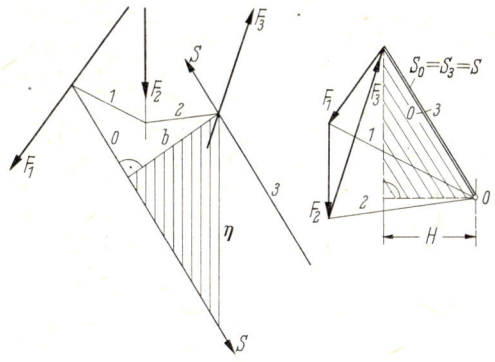

Abb. 6.5

Polstrahl im Kräfteplan zusammenfallen. Die zugehörigen Seilkräfte sind daher gleich groß, aber entgegengesetzt gerichtet. Ihre Wirkungslinien verlaufen im Lageplan parallel zueinander (Abstand b). Man kann nun das Moment direkt als Produkt von b und $S_0 = S_3 = S$ errechnen oder — wie zuvor — einen Polabstand H einführen. Hierzu eignet sich die Kathete jedes rechtwinkligen Dreiecks, dessen Hypotenuse im Kräfteplan durch S gegeben ist. Es ist dann zur zweiten Kathete eine Parallele im Kräfteplan zu zeichnen, deren Länge (zwischen 0 und 3) mit H zu multiplizieren ist, um das Moment zu erhalten;

denn aus der Ähnlichkeit der schraffierten Dreiecke folgt

$$S/H = \eta/b \qquad\qquad (6.4/3)$$

und

$$M = Sb = H\eta. \qquad\qquad (6.4/4)$$

6.5 Die Zerlegung einer Kraft nach drei Richtungen in der Ebene mit Hilfe des Momentensatzes (nach Ritter[1])

Zur Zerlegung einer Kraft nach drei Komponenten, deren Wirkungslinien sich nicht in einem Punkte schneiden, wurde bereits in 2.4.3 ein zeichnerisches Verfahren (nach CULMANN) angegeben. Diese Aufgabe läßt sich aber auch in einfacher Weise auf rechnerischem Wege lösen, wobei der Momentensatz anzuwenden ist. Wir beziehen uns auf Abb. 6.6. *Mit Verwendung des Schnittpunktes von zwei der vorgegebenen*

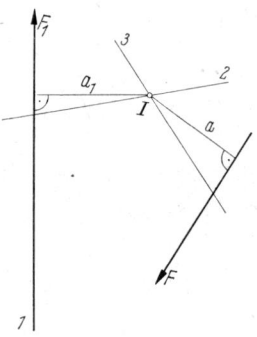

Abb. 6.6

Wirkungslinien als Bezugspunkt liefert der Momentensatz unmittelbar eine Gleichung zur Berechnung derjenigen Kraftkomponente, deren Wirkungslinie nicht durch den Bezugspunkt geht. Als Bezugspunkt dient in Abb. 6.6 der Schnittpunkt I der Wirkungslinien *2* und *3*. Ist a der Abstand des Punktes I von der Kraft F und ist a_1 sein Abstand von der Wirkungslinie *1*, so muß das Moment von F um I gleich dem Moment von F_1 um I sein; denn die beiden anderen Komponenten haben kein Moment um I. Mithin gilt

$$Fa = F_1 a_1. \qquad\qquad (6.5/1)$$

Hieraus errechnet sich die Kraftkomponente F_1 zu

$$F_1 = Fa/a_1. \qquad\qquad (6.5/2)$$

In analoger Weise erhält man F_2 und F_3.

---

[1] AUGUST RITTER (geb. 1826 in Lüneburg, gest. 1908 in Lüneburg).

6.6 Die Gleichgewichtsbedingungen ebener Kräftegruppen

Für das *Gleichgewicht einer ebenen Kräftegruppe* gelten mit Bezug auf 5.8.3 in rechtwinkligen Koordinaten folgende Bedingungen:

$$\sum_{\alpha=1}^{n} F_{x\alpha} = 0,$$

$$\sum_{\alpha=1}^{n} F_{y\alpha} = 0, \qquad (6.6/1)$$

$$\sum_{\alpha=1}^{n} (x_{A\alpha} F_{y\alpha} - y_{A\alpha} F_{x\alpha}) = 0.$$

Entsprechend Abb. 6.3 gilt der Momentensatz in der Form

$$\sum_{\alpha=1}^{n} M_{z\alpha} = 0. \qquad (6.6/2)$$

Hierbei ist wieder zu beachten, daß die Momente positiv zählen, wenn die zugehörige Kraft im positiven Sinne um den Bezugspunkt A dreht, andernfalls negativ. Der Bezugspunkt ist frei wählbar.

7 Auflagerreaktionen ebener Tragwerke

Die Ermittlung der Auflagerkräfte und Stützreaktionen der ebenen Tragwerke stellt ein wichtiges Anwendungsgebiet der Statik dar.

7.1 Stützungsarten und Auflagerreaktionen

· Alle bekannten Auflagerungen, Stützungen und Führungen lassen sich in drei Hauptgruppen einteilen. Zur *ersten Gruppe* gehören die in Abb. 7.1 zusammengestellten Fälle:

a) Linienberührung auf zwei glatten Oberflächen,

b) Abstützung einer Balken- oder Scheibenecke auf einer glatten ebenen oder gewölbten Fläche,

c) Rollenlager,

d) Gleitlager,

e) Rollenlager (andere Ausführung),

f), g), h) Pendelstütze,

i) Hülse mit Gelenk.

4*

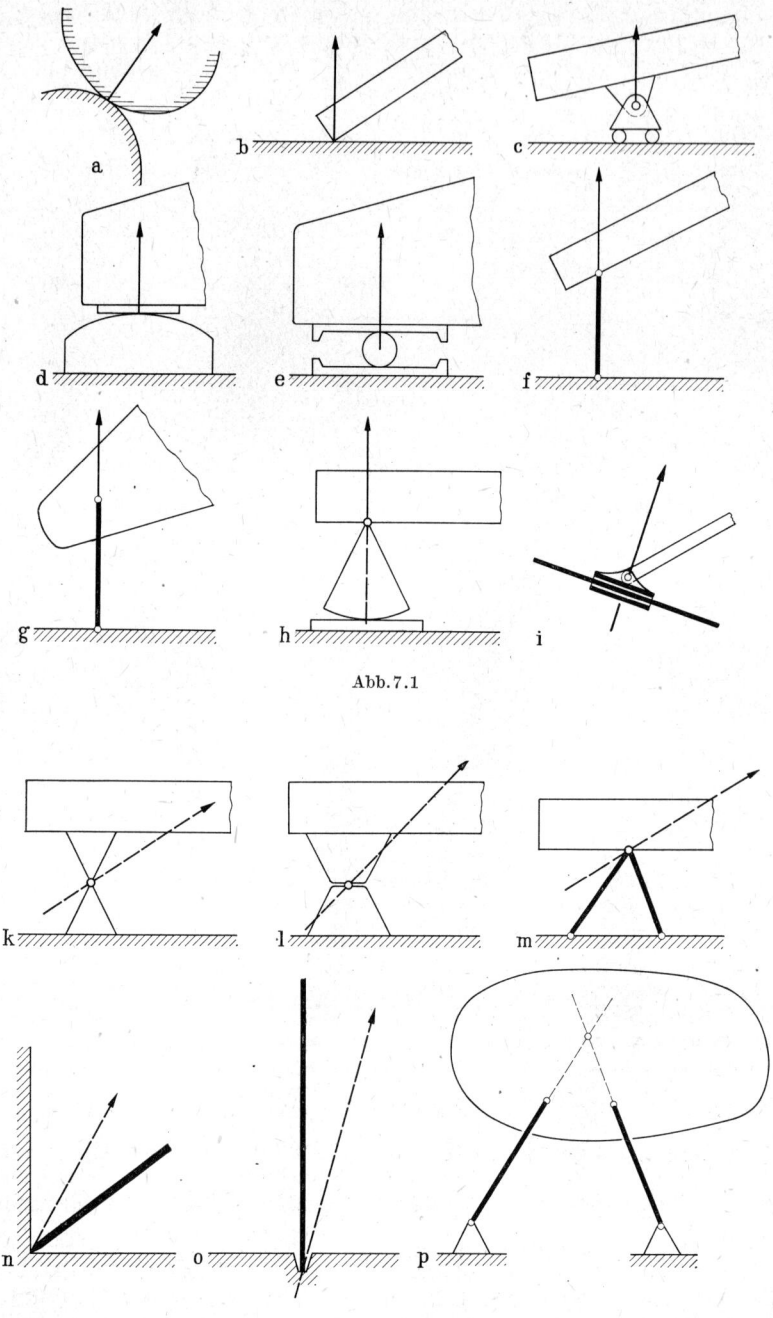

Abb. 7.1

Abb. 7.2

Der Körper hat in solchen Auflagern noch zwei Bewegungsmöglich-
keiten, eine Verschiebung und eine Drehung; man sagt, das Auflager
hat *zwei Freiheitsgrade*. Wir nennen also jede Bewegungsmöglichkeit
einen *Freiheitsgrad*. Von den drei Freiheitsgraden eines starren Körpers bei ebener Bewegung, nämlich zwei Verschiebungen und einer
Drehung, wird durch das Auflager einer verhindert, nämlich die Verschiebung senkrecht zur Berührungsfläche, bzw. senkrecht zur Ebene
des Rollenlagers, in Richtung der Pendelstütze oder senkrecht zur
Hülse. Das Auflager übt *einen Zwang* aus, es entspricht *einer Zwangsbedingung*; man sagt, es hat *eine Fessel*. Bezeichnet man die Zahl der
Freiheitsgrade mit f und die Zahl der Zwangsbedingungen mit z, so ist
für den frei in der Ebene beweglichen starren Körper $z = 0$ und $f = 3$.
Für einen starren Körper, der an ein Auflager der besprochenen ersten
Gruppe angeschlossen ist, wird mithin $z = 1$, $f = 2$. Wir erkennen, daß
für ebene Stütz- und Verbindungselemente die Beziehung besteht:

$$f + z = 3. \tag{7.1/1}$$

Denn diese Bedingung ist sowohl für den freien Körper als auch im
Falle seiner Abstützung durch ein Auflager der ersten Gruppe erfüllt.
Die Auflager der *zweiten Gruppe* sind in Abb. 7.2 ersichtlich:

  k), l) Gelenk,
  m) Doppelstütze,
  n) Eckenstützung,
  o) Fuß- oder Zapfenlager,
  p) zwei nicht-parallele Pendelstützen.

Bei allen diesen Auflagerungen, ebenso bei dem Gelenk in Abb. 13.8
oben, wird die Verschiebung vollständig verhindert, nicht aber die
Drehung. Entsprechend den beiden verhinderten Verschiebungskom-
ponenten in der Ebene handelt es sich daher um zwei Zwangsbedingungen und einen Freiheitsgrad, d.h. es gilt $z = 2$ und $f = 1$. Wir finden
daher wieder die Regel (7.1/1) bestätigt. Bei den nichtparallelen Pendelstützen liegt der Drehpunkt im Schnittpunkt der beiden Achsen.
Bei dem Sonderfall der parallelen Pendelstützen (Abb. 7.5) wird nur
die Verschiebung in einer Richtung zugelassen; auch dafür gilt (7.1/1).
  Die Auflager der *dritten Gruppe* zeigt Abb. 7.3:

  q) Gelenk und Rollenlager,
  r), s) dreifache Pendelstützung,
  t) Einspannung.

Hierbei sind alle kinematischen Freiheitsgrade Null, denn es besteht
keine Bewegungsmöglichkeit mehr, also $f = 0$, $z = 3$.
  Bei der dreifachen Pendelstützung ist die Ermittlung der Stützkräfte nur möglich, wenn die drei Wirkungslinien nicht durch einen

Punkt gehen (vgl. 2.4.3 und 6.5), andernfalls entfällt eine Zwangsbedingung (wackelige Stützung). Dies gilt auch, wenn die drei Stützen
parallel liegen; bei gleicher Länge ist dann sogar eine *endliche* Verschiebung möglich (Abb. 7.4).

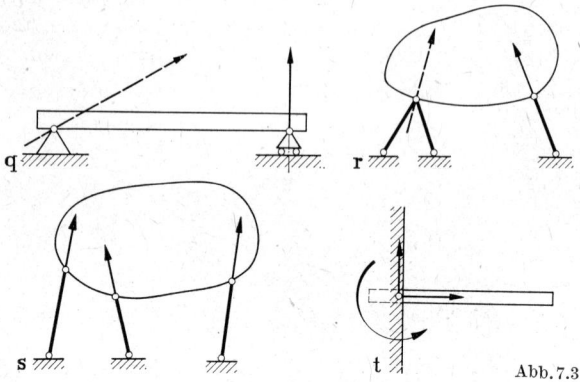

Abb. 7.3

Eine *Sonderstellung* nimmt die *Gleithülse ohne Gelenk* ein, die vielfach auch dem Ringlager oder Halslager entspricht. In der ebenen Statik handelt es sich hierbei um dieselbe Wirkung, die von zwei parallelen
Pendelstützen ausgeht (Abb. 7.5).

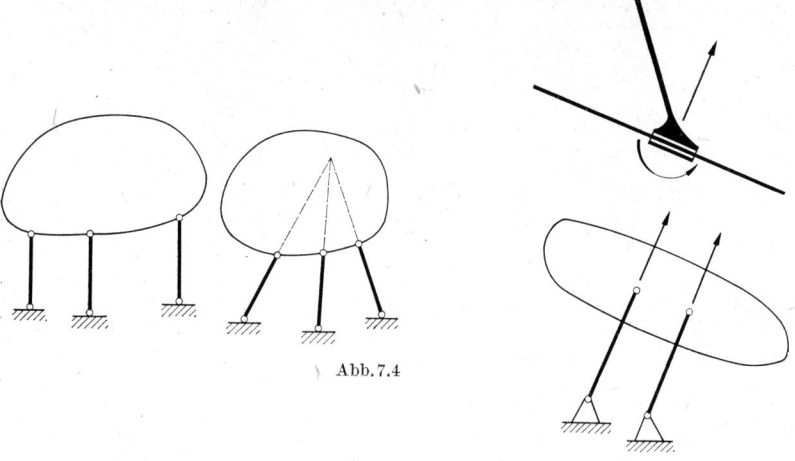

Abb. 7.4

Abb. 7.5

Wie gezeigt wurde, treten bei den verschiedenen Auflagerungsarten
Zwangsbedingungen auf; diesen entsprechen jeweils Zwangskräfte und
-momente, die von den Auflagern auf den Körper einwirken und als
Auflagerkräfte und *-momente* oder *Auflagerreaktionen* bezeichnet werden.

In Abb. 7.6 sind die drei typischen Stützungsarten noch einmal zusammengestellt, wobei die in der Statik gebräuchlichen Symbole eingezeichnet wurden.

Symbol	Zahl der Freiheitsgrade			Zahl der Fesseln		
	Verschiebung	Drehung	Summe	Kräfte	Moment	Summe
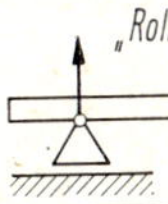 „Rollenlager"	1	1	2	1	0	1
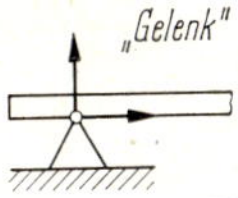 „Gelenk"	0	1	1	2	0	2
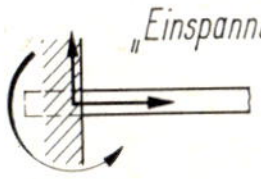 „Einspannung"	0	0	0	2	1	3

Abb. 7.6

Die Stützung nach Art des dritten Typs bedeutet bereits eine statisch bestimmte Lagerung des Körpers; denn für die Berechnung der drei Auflagerreaktionen genügen die drei Gleichgewichtsbedingungen (6.6/1).

Bei Anbringung weiterer Fesseln wird die Lagerung statisch unbestimmt. Abb. 7.7 zeigt einen Balken mit drei verschiedenen Stützungsarten. Im ersten Falle ist er noch statisch bestimmt gelagert. Im zweiten Falle handelt es sich um zwei Gelenke, also vier Fesseln; deshalb ist diese Lagerung einfach statisch unbestimmt. Im dritten Falle ent-

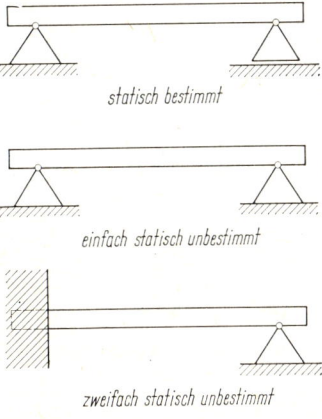

statisch bestimmt

einfach statisch unbestimmt

zweifach statisch unbestimmt

Abb. 7.7

spricht die Einspannung zusammen mit dem Gelenk $3 + 2 = 5$ Fesseln, d.h. die Lagerung ist zweifach statisch unbestimmt. *Allgemein ist ein Körper in der ebenen Statik bei n Fesseln (n — 3)-fach statisch unbestimmt.* Zur Lösung solcher Probleme müssen Formänderungsbedingungen berücksichtigt werden, wie sie die Elastostatik zur Verfügung stellt.

7.2 Die Berechnung der Auflagerreaktionen ebener Tragwerke

Zur Berechnung der Auflagerreaktionen stehen die drei Gleichgewichtsbedingungen der ebenen Statik zur Verfügung. Zerlegt man die Auflagerkräfte nach Horizontal- und Vertikalkomponenten, so kommen die Beziehungen (6.6/1) zur Anwendung (die x-Achse sei horizontal), die y-Achse vertikal gerichtet). Ein Beispiel zeigt Abb. 7.8. Es handelt

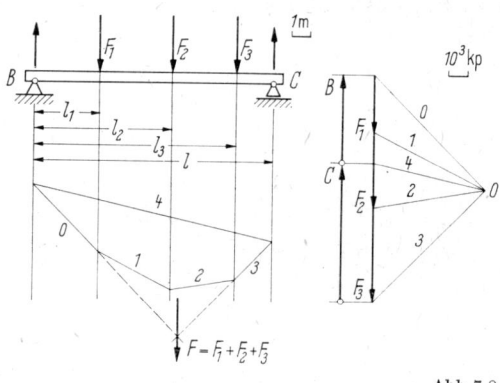

Abb. 7.8

sich um einen statisch bestimmt gelagerten Balken (links Gelenk, rechts Rollenlager). Da es sich im vorliegenden Falle nur um vertikale Lasten handelt und im Rollenlager bei C ohnehin nur eine vertikale Kraft übertragen werden kann, folgt unmittelbar aus der ersten Gleichgewichtsbedingung (horizontales Kräftegleichgewicht), daß auch die Auflagerkraft B keine Horizontalkomponente besitzt, d.h. vertikal gerichtet ist. Der schnellste Weg zur Berechnung einer Auflagerkraft führt über die Momentengleichung. Bei einem in der vorliegenden Art gelagerten Balken wird man den Bezugspunkt in den Gelenkpunkt B legen, um auf diese Weise die dort übertragenen *zwei* Kraftkomponenten zunächst auszuschließen. Da es sich hier aber nur um Vertikalkräfte handelt, kann ebenso mit dem Auflager C als Bezugspunkt begonnen werden.

Für B als Bezugspunkt liefert der Momentensatz

$$B \text{)} \qquad Cl - F_1 l_1 - F_2 l_2 - F_3 l_3 = 0. \qquad (7.2/1)$$

Hieraus folgt

$$C = \frac{1}{l}\,(F_1 l_1 + F_2 l_2 + F_3 l_3).\qquad(7.2/2)$$

Für C als Bezugspunkt liefert der Momentensatz

$$C)\qquad -Bl + F_1(l - l_1) + F_2(l - l_2) + F_3(l - l_3) = 0.\quad(7.2/3)$$

Hieraus folgt

$$B = \frac{1}{l}\,[F_1(l - l_1) + F_2(l - l_2) + F_3(l - l_3)].\qquad(7.2/4)$$

Damit sind die beiden Auflagerkräfte bereits bestimmt. Würde man noch von der vertikalen Gleichgewichtsbedingung Gebrauch machen, so würde sich ergeben

$$\uparrow\quad B + C - F_1 - F_2 - F_3 = 0.\qquad(7.2/5)$$

Man erkennt durch Einsetzen von (7.2/2) und (7.2/4), daß diese Bedingung bereits erfüllt ist; dies ist eine Bestätigung der Tatsache, daß die Momentengleichungen alle Bedingungen des Kräftegleichgewichtes ersetzen können. Man hätte natürlich auch die zweite Auflagerkraft aus (7.2/5) errechnen können, ohne (7.2/3) aufzustellen.

Zahlenbeispiel

Entsprechend Abb. 7.8 sind gegeben: $F_1 = 3000$ kp, $F_2 = 4000$ kp, $F_3 = 5000$ kp, $l_1 = 3,5$ m, $l_2 = 7,5$ m, $l_3 = 11$ m, $l = 13$ m.
Ergebnis: $B = 4654$ kp, $C = 7346$ kp.

Sind die äußeren Kräfte teilweise schräg oder horizontal gerichtet, so kommen entweder alle drei Gleichgewichtsbedingungen (6.6/1) zur Anwendung, oder der Momentensatz für zwei verschiedene Bezugspunkte und eine der beiden anderen Gleichungen, oder schließlich der Momentensatz für drei verschiedene Bezugspunkte.

Wir betrachten hierzu das in Abb. 7.9 ersichtliche Beispiel. Es handelt sich um einen gekrümmten Träger, der links bei B gelenkig angeschlossen und rechts bei C durch ein Rollenlager abgestützt ist. Die Momentengleichung um B liefert sofort die Auflagerkraft C. Mit Bezug auf die Bezeichnungen der Abb. 7.9 folgt

$$B)\qquad Cl - F_1 b - F_2 l_2 - F_3 l_3 = 0\qquad(7.2/6)$$

und hieraus

$$C = \frac{1}{l}\,(F_1 b + F_2 l_2 + F_3 l_3).\qquad(7.2/7)$$

Ferner ist der Punkt I als Bezugspunkt für die weitere Rechnung günstig. Die Momentengleichung liefert

$$I)\qquad -B_y l - F_1 b + F_2(l - l_2) + F_3(l - l_3) = 0.\quad(7.2/8)$$

Hieraus folgt

$$B_y = \frac{1}{l}\left[F_2(l - l_2) + F_3(l - l_3) - F_1 b\right]. \qquad (7.2/9)$$

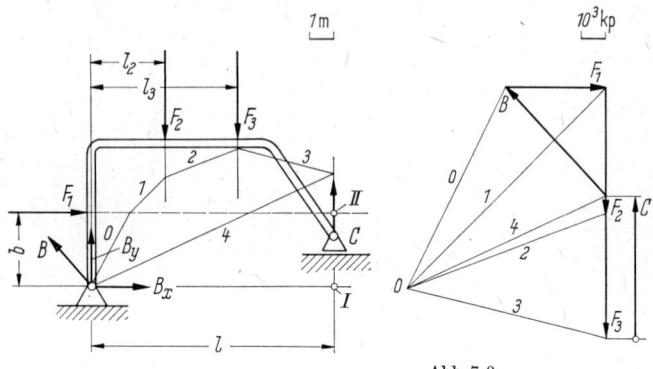

Abb.7.9

Schließlich liefert das Gleichgewicht der Horizontalkräfte

$$\rightarrow \qquad F_1 + B_x = 0. \qquad (7.2/10)$$

Hieraus ergibt sich

$$B_x = -F_1. \qquad (7.2/11)$$

Zur Kontrolle sei das Gleichgewicht der Vertikalkräfte untersucht:

$$\uparrow \quad B_y + C - F_2 - F_3 = 0. \qquad (7.2/12)$$

Man erkennt durch Einsetzen von (7.2/7) und (7.2/9), daß diese Bedingung erfüllt ist. Eine weitere Kontrollmöglichkeit bietet der Momentensatz für einen weiteren Punkt; z.B. *II*. Es folgt

$$II) \qquad B_x b - B_y l + F_2(l - l_2) + F_3(l - l_3) = 0. \qquad (7.2/13)$$

Man überzeugt sich leicht, daß auch diese Bedingung erfüllt ist. Ebenso hätte man die Aufgabe auch nur mit dem Momentensatz lösen können, d.h. nur mit (7.2/6), (7.2/8) und (7.2/13).

Zahlenbeispiel

Entsprechend Abb.7.9 sind gegeben: $F_1 = 4000$ kp, $F_2 = F_3 = 5000$ kp, $b = 3$ m, $l_2 = 3$ m, $l_3 = 6$ m, $l = 10$ m.
Ergebnis: $B_x = -4000$ kp, $B_y = 4300$ kp, $C = 5700$ kp.

7.3 Die zeichnerische Ermittlung der Auflagerreaktionen ebener Tragwerke

Für die zeichnerische Ermittlung der Auflagerreaktionen eignet sich besonders gut das Seileckverfahren. Als Beispiel sei wieder der in

Abb. 7.8 ersichtliche Balken betrachtet. Wir gehen genau so vor, wie es bei der zeichnerischen Ermittlung der Resultierenden eines Kräftesystems in 2.2 erörtert wurde. Anstatt jedoch die erste Seilkraft (hier *0*) mit der letzten Seilkraft (hier *3*) im Lageplan zum Schnitt zu bringen, wird hier die erste Seilkraft mit der linken Auflagerkraft und die letzte Seilkraft mit der rechten Auflagerkraft zum Schnitt gebracht; die Verbindungslinie dieser beiden Schnittpunkte liefert die sog. *Schlußlinie*; sie ist die Wirkungslinie einer weiteren Seilkraft (hier *4*). Der zu ihr parallele Polstrahl *4* im Kräfteplan ermöglicht die Bestimmung der Auflagerkräfte. Im Lageplan schneiden sich z. B. *B*, *0*, *4* in einem Punkte. Gemäß dem Satz vom Gleichgewicht dreier Kräfte müssen im Kräfteplan *B*, *0*, *4* ein geschlossenes Dreieck bilden. Dasselbe gilt für

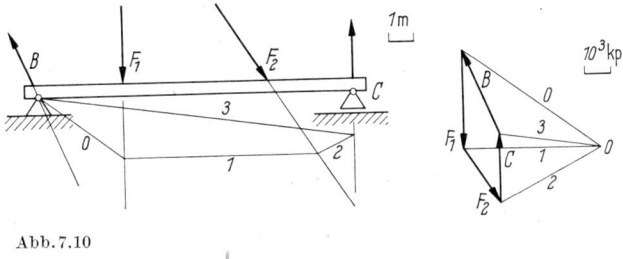

Abb. 7.10

C, *3*, *4*. Daraus ergeben sich im Kräfteplan die den Auflagerkräften entsprechenden Vektoren. Eine weitere Bedingung ergibt sich daraus, daß die beiden Auflagerkräfte mit den äußeren Kräften im Kräfteplan ein geschlossenes Kräftepolygon bilden müssen; denn sie stehen ja mit diesen im Gleichgewicht. Im vorliegenden Fall fällt dieses Polygon in eine vertikale Linie zusammen.

Diese Aufgabe war deshalb besonders einfach, weil alle Kräfte vertikal gerichtet waren; deshalb war auch die Richtung der Auflagerkraft *B* als vertikal bekannt, und die Seilkraft *0* konnte mit der durch *B* gehenden Vertikalen zum Schnitt gebracht werden. Bei anderer Belastung des Balkens ist jedoch die Richtung der Gelenkkraft *B* nicht von vornherein bekannt. In solchen Fällen hilft man sich dadurch, daß man die Konstruktion im Lageplan bei dem Gelenk *B* beginnt, d. h. die Seilkraft *0* durch *B* legt. Ein Beispiel hierzu zeigt Abb. 7.10. Der Balken nimmt jetzt zwei Kräfte auf, F_1 vertikal und F_2 schräg gerichtet. Nach Wahl des Poles und Ziehen der Polstrahlen im Kräfteplan legt man die Seilkraft *0* im Lageplan durch *B*. Alles weitere ergibt sich wie zuvor. Die Schlußlinie *3* liefert den zu ihr parallelen Polstrahl *3* im Kräfteplan, der einerseits mit *C* und *2*, andererseits mit *B* und *0* ein geschlossenes Dreieck bildet. Man erkennt, daß sich für F_1, F_2, *C*, *B* ein geschlossenes Krafteck ergibt.

Ein anderes Beispiel zeigt Abb. 7.9. Die Seilkraft *0* ist wieder durch das Gelenk zu legen. Der Pol liegt hier im Kräfteplan zweckmäßig auf der linken Seite.

7.4 Die Polgerade beim Seileckverfahren

Zeichnet man zu einem gegebenen Kräftesystem zwei Seilecke, welche zu verschiedenen Polen im Kräfteplan gehören, so liefert die Verbindungsgerade der beiden Pole bequeme Kontrollmöglichkeiten. Man nennt diese Verbindungslinie Polarachse, Polachse oder Polgerade. *Numeriert man Seilkräfte und Polstrahlen beider Seileckverfahren in gleicher*

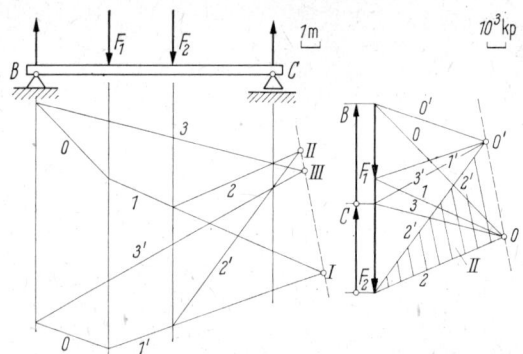

Abb. 7.11

Reihenfolge, so zeigt sich, daß die Schnittpunkte der Seilkräfte gleicher Nummer im Lageplan auf einer Geraden liegen, welche zur Polgeraden parallel läuft. Zum Beweise betrachten wir Abb. 7.11. Schnittpunkt *II* im Lageplan kann als Angriffspunkt der Kräfte *2, 2′* und einer zur Polgeraden parallelen Kraft aufgefaßt werden. Diese Kräfte bilden aber im Kräfteplan ein geschlossenes Dreieck (schraffiert). Derselbe Sachverhalt besteht für die Schnittpunkte *I* von *1* und *1′*, *III* von *3* und *3′*, sowie von *0* und *0′* (außerhalb der Zeichnung).

7.5 Der Dreigelenkbogen

Die Ermittlung der Auflagerkräfte wird erschwert, wenn es sich um zwei Träger handelt, welche miteinander gelenkig verbunden und an den äußeren Enden gelenkig gelagert sind. Ein solches Tragwerk wird wegen des Vorhandenseins von insgesamt drei Gelenken *Dreigelenkbogen* genannt. Man sieht leicht ein, daß der Dreigelenkbogen nur dann tragfähig und statisch bestimmt ist, wenn die drei Gelenke *nicht* auf einer Geraden liegen; ein Beispiel zeigt Abb. 7.12. Auf die Form der einzelnen Träger kommt es hinsichtlich der Ermittlung der Auflager-

kräfte nicht an; diese können gerade Träger, Balken oder Stäbe sein
(Abb. 7.14), Bogenträger (Abb. 7.13) oder Träger irgendeiner anderen
Form, wie z.B. in Abb. 7.15. Wird der eine Teil des Dreigelenkbogens

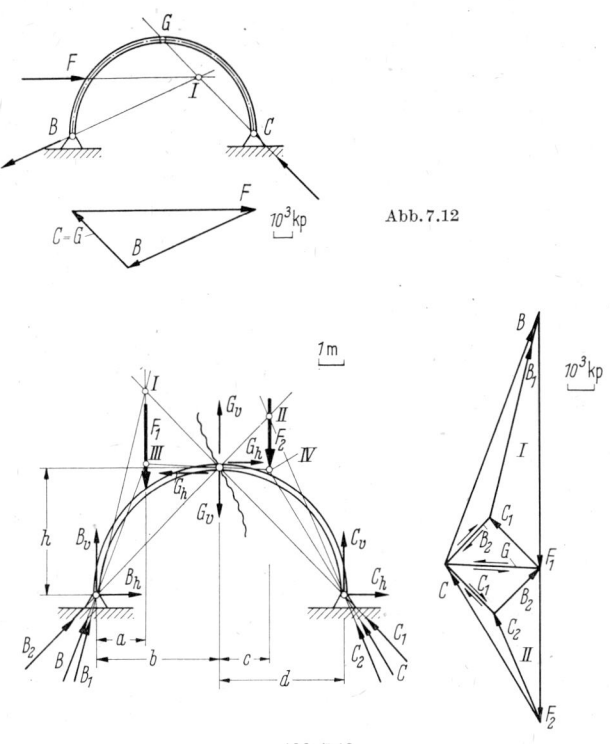

Abb. 7.12

Abb. 7.13

allein belastet, wie in Abb. 7.12, so muß die im anderen Teil übertragene
Kraft in Richtung der beiden Gelenke (C und G) liegen. Dadurch ist die
Richtung der Auflagerkraft C bekannt. Die äußere Kraft F muß mit
den beiden Auflagerkräften B und C im Gleichgewicht sein. Nach dem
Drei-Kräfte-Satz müssen sich diese drei Kräfte in einem Punkte schneiden und ein geschlossenes Kräftedreieck bilden. Die Auflagerkraft B
geht daher durch den Schnittpunkt von F und C; die Größen der Auflagerkräfte ergeben sich aus dem Kräftedreieck.

Diese Aufgabe weist noch keine Besonderheit auf. Wird aber nicht
nur der eine, sondern zugleich auch der andere Träger belastet, so kann
nicht mehr direkt auf die Richtungen der Auflagerkräfte geschlossen
werden. Einen solchen Fall zeigt Abb. 7.13. Man läßt hierbei zunächst
die Belastung F_2 des anderen Teiles außer acht und wendet dasselbe
Verfahren auf die Belastung F_1 der einen Seite an. Schnittpunkt der

Geraden CG mit F_1 ist I. Das zugehörige Kräftedreieck wird im Kräfteplan mit I gekennzeichnet. Danach läßt man F_1 außer acht und wendet
das Verfahren auf F_2 an. Schnittpunkt der Geraden BG mit F_2 ist II;
das zugehörige Kräftedreieck II wird im Kräfteplan so gezeichnet, daß
sich F_2 an F_1 anschließt. Ergänzt man B_2 und C_1 zu einem Parallelogramm, so erscheint der Gelenkdruck G als dessen Diagonale. Die außen
liegende Ecke des Parallelogramms ist Endpunkt der resultierenden
Auflagerkraft C und Anfangspunkt von B. Man erkennt die Zusammenhänge daraus, daß sowohl F_1, B und G ein Kräftedreieck bilden,
das dem Gleichgewicht in III entspricht, als auch F_2, C und G (Gleichgewicht in IV); die Punkte III und IV im Lageplan sind die Schnittpunkte der resultierenden Auflagerkraft B mit F_1 bzw. C mit F_2. Eine
weitere wichtige Kontrolle liefert die Bedingung, daß die drei Punkte
III, IV und G auf einer Geraden liegen müssen, welche zu der Gelenkkraft G (Kräfteplan) parallel verläuft. Der Geradenzug $B-III-IV-C$
ist eine sog. *Stützlinie* (vgl. 18)!

Zur rechnerischen Lösung der Dreigelenkbogenaufgabe stehen für
jeden Trägerteil drei, also zusammen sechs Gleichgewichtsbedingungen
zur Verfügung. Um die Auflagerkräfte mit möglichst wenig Rechenauf-
wand zu bestimmen, genügt außer den drei Gleichgewichtsbedingungen
des Gesamtsystems die Hinzunahme einer Momentengleichung für einen
der beiden Träger mit G als Bezugspunkt. Es ergeben sich im vorliegenden Falle folgende Beziehungen (die Auflagerkräfte werden zweckmäßig
in horizontale und vertikale Komponenten zerlegt. Indizes h und v):

$$\rightarrow \qquad\qquad B_h + C_h = 0,$$
$$\uparrow \qquad\qquad B_v + C_v - F_1 - F_2 = 0,$$
$$B) \qquad C_v(b + d) - F_1 a - F_2(b + c) = 0, \qquad (7.5/1)$$
$$G) \qquad\qquad C_v d + C_h h - F_2 c = 0.$$

Man erhält dann die Formeln:

$$C_v = \frac{1}{b + d}\,[F_1 a + F_2(b + c)],$$
$$C_h = \frac{1}{h}\,[F_2 c - C_v d],$$
$$B_v = F_1 + F_2 - C_v, \qquad\qquad (7.5/2)$$
$$B_h = -C_h.$$

Zur Berechnung der Komponenten des Gelenkdruckes genügt es, die
horizontale und vertikale Gleichgewichtsbedingung für einen der beiden
Träger aufzustellen, z. B. für den rechten Teil:

$$\rightarrow \qquad\quad G_h + C_h = 0,$$
$$\uparrow \qquad G_v + C_v - F_2 = 0. \qquad\qquad (7.5/3)$$

Man erhält hieraus

$$G_v = F_2 - C_v,$$
$$G_h = -C_h.$$

(7.5/4)

Zahlenbeispiel (entspricht der zeichnerischen Lösung in Abb.7.13)

$a = 2\,\mathrm{m}, \quad b = 5\,\mathrm{m}, \quad c = 2\,\mathrm{m}, \quad d = 5\,\mathrm{m}, \quad h = 5\,\mathrm{m}, \quad F_1 = 10\,000\,\mathrm{kp}, \quad F_2 = 6\,000\,\mathrm{kp}.$

Ergebnis: $B_v = 9\,800\,\mathrm{kp}, \quad B_h = 3\,800\,\mathrm{kp}, \quad G_v = -200\,\mathrm{kp}, \quad G_h = 3\,800\,\mathrm{kp}, \quad C_v = 6\,200\,\mathrm{kp}, \quad C_h = -3\,800\,\mathrm{kp}.$

Bemerkung: Negative Vorzeichen bedeuten stets, daß die betreffenden Kräfte entgegengesetzt gerichtet sind zu den in der Berechnungsskizze angegebenen Kraftpfeilen!

Ein anderes Beispiel zeigt Abb. 7.14. Hier handelt es sich um gerade Stäbe, welche durch ein Gelenk miteinander verbunden sind. Das Verfahren läßt sich zeichnerisch genau so durchführen wie bei der vorigen

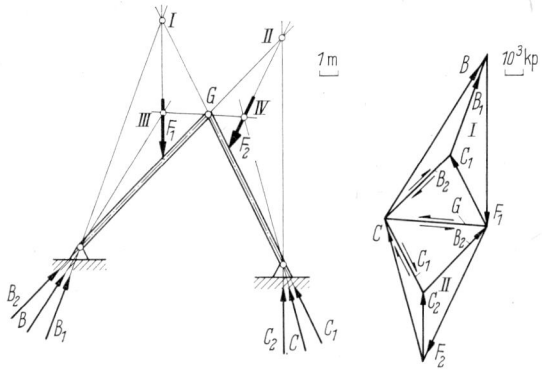

Abb. 7.14

Aufgabe; es ist lediglich zu beachten, daß die Kraft F_2 schräg gerichtet ist. Bei der rechnerischen Lösung muß F_2 in eine horizontale und eine vertikale Komponente zerlegt werden.

Als weiteres Beispiel sind in Abb. 7.15 zwei gelenkig miteinander verbundene Rahmenstäbe ersichtlich, welche teils horizontal, teils vertikal belastet sind. Das Beispiel ist besonders lehrreich, weil durch die andere Lage der Gelenkpunkte und die nach außen gerichtete Horizontalkraft ein völlig anderer Kräfteplan entsteht, obwohl die Aufgabe systematisch genau so zu lösen ist wie bisher. Der rechnerische Lösungsweg sei näher beschrieben. Die Gleichgewichtsbedingungen am gesamten System sind:

$\rightarrow \qquad B_h + C_h + F_2 = 0,$

$\uparrow \qquad B_v + C_v - F_1 = 0,$ (7.5/5)

$B) \qquad C_v d + C_h(a + b) + F_2(a + c) - F_1 e = 0.$

Die Gleichgewichtsbedingungen des unteren Trägerteiles sind:

$$\rightarrow \qquad C_h - G_h + F_2 = 0,$$

$$\uparrow \qquad\qquad C_v - G_v = 0,$$

$$G) \qquad C_h b - C_v f + F_2 c = 0.$$

(7.5/6)

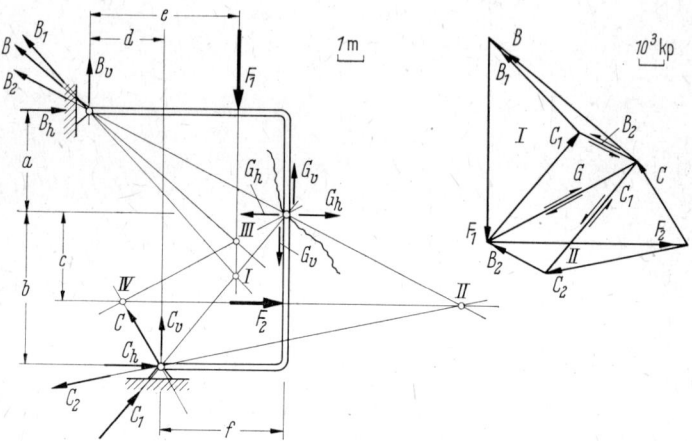

Abb. 7.15

Hieraus folgen:

$$C_h = \frac{F_1 e f - F_2[f(a + c) + cd]}{f(a + b) + db},$$

$$C_v = \frac{1}{d}\,[F_1 e - F_2(a + c) - C_h(a + b)] = \frac{1}{f}\,[F_2 c + C_h b],$$

$$B_h = -F_2 - C_h,$$

$$B_v = F_1 - C_v,$$

$$G_h = F_2 + C_h,$$

$$G_v = C_v.$$

(7.5/7)

Zahlenbeispiel (entspricht der zeichnerischen Lösung in Abb. 7.15)

$a = 4$ m, $b = 6$ m, $c = 3,5$ m, $d = 3$ m, $e = 6$ m, $f = 5$ m, $F_1 = F_2 = 8000$ kp.

Ergebnis: $C_h = -2117$ kp, $C_v = 3060$ kp, $B_h = -5883$ kp, $B_v = 4940$ kp, $G_h = 5883$ kp, $G_v = 3060$ kp.

Greifen an beiden Trägerteilen beliebige ebene Kräftegruppen an, so läßt sich jede der beiden Kräftegruppen mit Hilfe des Seileckverfahrens auf eine Resultierende zurückführen, wodurch der Anschluß an die hier behandelten Aufgaben gegeben ist. Auch bei der rechnerischen Lösung lassen sich ohne weiteres beliebig viele Kräfte berücksichtigen.

7.6 Die Ermittlung der Auflagerkräfte mit Hilfe des Culmannschen Verfahrens

Bei manchen Systemen führt die Ermittlung der Auflagerkräfte auf dieselbe Aufgabe, die bereits in 2.4.3 bei der Zerlegung einer Kraft nach drei Richtungen aufgetreten war. Nur werden jetzt nicht die Komponenten einer Kraft gesucht, sondern jene Kräfte, welche ihr auf gegebenen Wirkungslinien das Gleichgewicht halten. Der in Abb. 7.16 ersichtliche Träger ist durch drei nichtparallele Stäbe abgestützt, deren

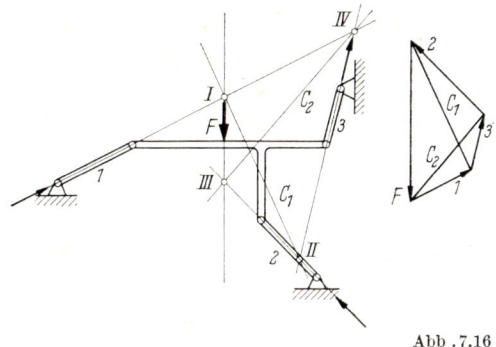

Abb. 7.16

Achsen nicht durch einen gemeinsamen Punkt gehen. Wir bringen die Wirkungslinie der Last F mit Stabachse 1 zum Schnitt (I), ferner die Stabachsen 2 und 3 miteinander (II). Die Culmannsche Gerade C_1 erscheint als Verbindungsgerade $I-II$. Im Kräfteplan bilden F, C_1 und 1 ein geschlossenes Kräftedreieck; ebenso bildet C_1 mit den beiden anderen Stützkräften 2 und 3 ein Kräftedreieck. Die Richtungen sind so einzuzeichnen, daß die vier Kräfte F, 1, 3 und 2 einen geschlossenen Umlaufsinn ergeben. Man erkennt hieraus, daß die Stäbe 1 und 2 auf Druck beansprucht sind, während Stab 3 eine Zugkraft aufnimmt. In Abb. 7.16 ist noch eine zweite Lösungsmöglichkeit eingetragen, wobei F mit 2 zum Schnitt gebracht wird (III), andererseits auch 3 mit 1 (IV); die zugehörige Culmannsche Gerade C_2 erscheint als zweite Diagonale des Kräftevierecks.

Als weiteres Beispiel ist in Abb. 7.17 ein starrer Körper mit Einzellast ersichtlich, der durch drei beliebig angeordnete Stäbe abgestützt ist. Das Verfahren läßt sich in derselben Weise anwenden; Stab 3 ist hierbei auf Druck beansprucht, während die anderen beiden Stäbe Zugkräfte aufnehmen.

Ein etwas schwieriger Fall ist in Abb. 7.18 dargestellt. Zwei Träger sind gelenkig miteinander verbunden, außerdem ist jeder durch zwei Stäbe gestützt; dadurch ergeben sich sechs Fesseln, so daß die Aufgabe

statisch bestimmt ist, denn für jeden Träger stehen drei Gleichgewichtsbedingungen zur Verfügung. Für die Lösung geht man zweckmäßig
davon aus, daß für jeden Träger durch die beiden Stützstäbe eine resultierende Auflagerkraft entsteht, welche durch den Schnittpunkt der beiden Stabachsen gehen muß. Der Schnittpunkt B der Stabachsen 1 und 2

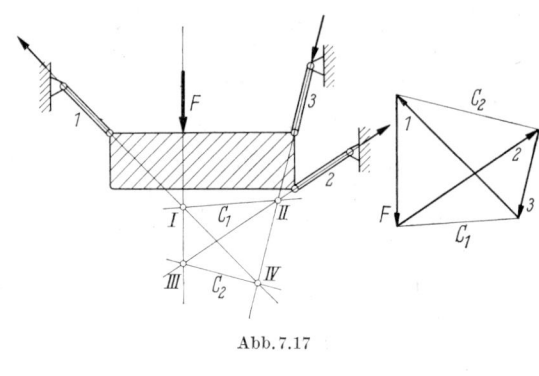

Abb. 7.17

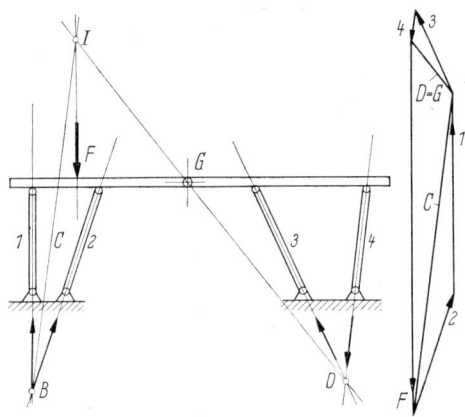

Abb. 7.18

stellt gewissermaßen ein Gelenk dar, in welchem der linke Träger gestützt ist. Ebenso liefert der Schnittpunkt D der Stabachsen 3 und 4
ein Auflagergelenk für den rechten Träger. Damit ist die Aufgabe aber
auf den Dreigelenkbogen zurückgeführt. Abb. 7.18 zeigt die Lösung
für den einfachen Fall, daß nur der linke Träger belastet ist. Die Gerade
$B-I$ kann auch als Culmannsche Gerade aufgefaßt werden.

Zur rechnerischen Lösung derartiger Aufgaben sei besonders der
Momentensatz in der Form (6.6/2) empfohlen. Die Anwendung erfolgt
analog dem in 6.5 beschriebenen Verfahren.

Weitere Einzelheiten zur Bestimmung der Auflagerkräfte bei ebenen Tragwerken werden im Zusammenhang mit den Verfahren zur Ermittlung der inneren Kräfte und Momente in den Abschnitten 8, 9 und 10 behandelt.

8 Innere Kräfte und Momente

Jedes Tragwerk, das praktischen Zwecken dient, muß so dimensioniert und konstruiert sein, daß seine Tragfähigkeit bei allen in Betracht kommenden Belastungen mit ausreichender Sicherheit gewährleistet ist, ob es sich hierbei nun um ein Bauwerk, eine Brücke, einen Kran, eine Dachkonstruktion, ein Fahrzeug, ein Transportmittel oder irgendeine Maschine handelt. Stets muß der Ingenieur den Nachweis erbringen, daß an jeder Stelle der einzelnen Bauteile eine genügende und den jeweiligen Vorschriften entsprechende Sicherheit gegenüber der Beanspruchungsgrenze des Werkstoffes besteht.

Hierzu ist es erforderlich, zu untersuchen, wie die äußeren Kräfte, zusammen mit den Auflagerreaktionen, deren Ermittlung wir bereits kennengelernt haben, durch das Tragwerk hindurch übertragen werden. Eine solche Untersuchung ist aber nur möglich, wenn von dem in 1.1 erwähnten *Zerlegungs-* oder *Schnittprinzip* Gebrauch gemacht wird, d.h. man muß das Tragwerk gedanklich in Teilkörper zerlegen oder — wie man auch sagt — zerschneiden. An den Aufteilungsstellen, auch Schnittstellen genannt, treten dann Kräfte und Momente auf, welche vor der Zerlegung noch als innere Kräfte oder innere Momente nicht in Erscheinung getreten waren, nun aber durch den Schnittvorgang zu äußeren Kräften und Momenten an den entstandenen Teilkörpern geworden sind. Für diese Kräfte und Momente gilt das Reaktionsgesetz, welches zwar im Prinzip bereits in 1.3 aus dem Gleichgewichtsaxiom entwickelt worden war, aber hier noch verallgemeinert werden muß.

8.1 Allgemeines Reaktionsgesetz der inneren Kräfte und Momente eines Trägers

Wir betrachten in Abb. 8.1 ein kurzes Trägerstück, das aus einem größeren Bauteil herausgeschnitten zu denken ist und beliebige Form haben kann. Die drei Bezugspunkte I, II, III mögen an beliebigen Stellen liegen. Die angreifenden Kräfte fassen wir in zwei Gruppen zusammen; die eine Gruppe besitzt die resultierende Kraft F_I und in bezug auf I das resultierende Moment M_I, die andere die resultierende Kraft F_{III} und in bezug auf III das resultierende Moment M_{III}. Das

5*

Zerschneiden des Trägerstückes erfolgt längs einer Schnittebene, welche durch II gelegt wird. Es wird vorausgesetzt, daß die Angriffspunkte der zur ersten Gruppe gehörenden Kräfte sich ausschließlich auf dem linken Trägerteil befinden, die Angriffspunkte der zur zweiten Gruppe gehörenden Kräfte auf dem rechten Trägerteil. Die beim Schnittvorgang frei werdenden inneren Kräfte bilden längs der Schnittfläche am linken Teil eine (nach dem Zerschneiden äußere) Kräftegruppe mit der Resultierenden $\boldsymbol{F}_L$ und dem auf II bezogenen resultierenden Moment $\boldsymbol{M}_L$. Am rechten Teil entsteht durch die zu äußeren Kräften gewordenen inneren Kräfte eine Resultierende $\boldsymbol{F}_R$ und ein auf II bezogenes resultierendes Moment $\boldsymbol{M}_R$.

Das Gleichgewicht *vor dem Zerschneiden* verlangt

$$\boldsymbol{F}_I + \boldsymbol{F}_{III} = 0 \qquad\qquad (8.1/1)$$

und (Momentensatz mit I als Bezugspunkt)

$$\boldsymbol{M}_I + \boldsymbol{M}_{III} + \boldsymbol{r}_{I\,III} \times \boldsymbol{F}_{III} = 0. \qquad\qquad (8.1/2)$$

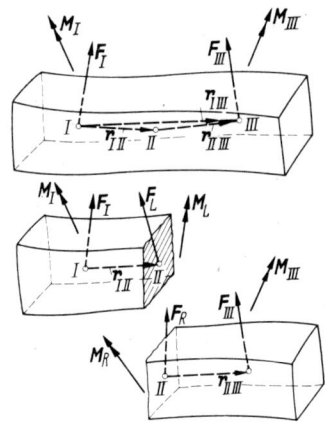

Abb. 8.1

Andererseits gilt für das Gleichgewicht *nach dem Zerschneiden* am linken Teil

$$\boldsymbol{F}_I + \boldsymbol{F}_L = 0 \qquad\qquad (8.1/3)$$

und mit I als Bezugspunkt

$$\boldsymbol{M}_I + \boldsymbol{M}_L + \boldsymbol{r}_{I\,II} \times \boldsymbol{F}_L = 0. \qquad\qquad (8.1/4)$$

Ferner am rechten Teil

$$\boldsymbol{F}_R + \boldsymbol{F}_{III} = 0 \qquad\qquad (8.1/5)$$

und mit II als Bezugspunkt

$$\boldsymbol{M}_R + \boldsymbol{M}_{III} + \boldsymbol{r}_{II\,III} \times \boldsymbol{F}_{III} = 0. \qquad\qquad (8.1/6)$$

Die Summe von (8.1/3) und (8.1/4) liefert

$$F_I + F_L + F_R + F_{III} = 0. \qquad (8.1/7)$$

Hieraus folgt mit Rücksicht auf (8.1/1)

$$F_R = -F_L. \qquad (8.1/8)$$

Die Resultierenden der Schnittkräfte sind daher rechts und links entgegengesetzt gerichtet und gleich groß.

Die Summe aus (8.1/4) und (8.1/6) liefert

$$M_I + M_L + M_R + M_{III} + r_{I\,II} \times F_L + r_{II\,III} \times F_{III} = 0. \qquad (8.1/9)$$

Beachtet man (8.1/5) und (8.1/8), so folgt

$$F_{III} = F_L. \qquad (8.1/10)$$

Ferner gilt (Abb.8.1)

$$r_{I\,II} + r_{II\,III} = r_{I\,III}. \qquad (8.1/11)$$

Mit Rücksicht auf (8.1/2), (8.1/10) und (8.1/11) geht (8.1/9) über in

$$M_R = -M_L. \qquad (8.1/12)$$

Damit ist auch für die Schnittmomente bewiesen, daß sie rechts und links entgegengesetzt gerichtet und gleich groß sind. Das Reaktionsgesetz erscheint als Folgerung aus dem Gleichgewichtsaxiom für beliebige Schnittkraftgruppen. Die Beweisführung kürzt sich ab, wenn man die drei. Bezugspunkte zusammenfallen ließe, wodurch aber die Anschaulichkeit beeinträchtigt werden würde. Das Trägerstück kann beliebig klein und aus einem Körper herausgeschnitten sein. Beim Grenzübergang zum Volumdifferential erhält man das Reaktionsgesetz der inneren Spannungen; dieses bildet die gedankliche Grundlage für den Vorgang der *Kraftübertragung im Innern der Werkstoffe* und damit für die *Elastostatik.*

8.2 Die Schnittkraftgruppe eines Trägers

Wir betrachten nunmehr jene Einzelbauteile, welche die Kraftübertragung innerhalb unserer technischen Konstruktionen ermöglichen. Es handelt sich hierbei in erster Linie um gerade oder gekrümmte Träger, Balken oder Stäbe, also stabförmige Körper, bei denen eine Dimension bevorzugt ist.

Eine zweite wichtige Gruppe der kraftübertragenden Bauteile bilden die sog. Flächentragwerke, bei welchen zwei Dimensionen bevorzugt sind. Außer den *Schalen*, welche aus didaktischen Gründen erst in der Elastostatik behandelt werden, sind innerhalb der Statik insbesondere jene Flächentragwerke zu untersuchen, welche durch Zusammenbau einzelner Träger, Balken und Stäbe entstehen, die sog.

Rahmentragwerke, sowie ebene Fachwerke und spezielle Raumfachwerke (die sog. Netz- und Flechtwerke).

Eine dritte Gruppe sind die Raumtragwerke und die allgemeinen
Raumfachwerke. Stets bildet die Untersuchung der inneren Kräfte
in stabförmigen Bauteilen eine grundlegende Voraufgabe.

Wir betrachten nun das in einem Träger auftretende Schnittkraftsystem an Hand von Abb. 8.2. Die Trägeroberfläche sei durch Bewegung einer stetig veränderlichen ebenen Kurve erzeugt. Der durch
(19.3/25) definierte *Schwerpunkt S* der von der ebenen Kurve umschlossenen *Querschnittsfläche* gleitet dabei auf einer Raumkurve, der
Stabmittellinie, wobei diese von der Querschnittsebene stets senkrecht
geschnitten wird. Der in S angreifende resultierende Kraftvektor besteht aus einer in die Richtung der Mittellinie fallenden Komponente,
der sog. *Normalkraft* oder *Stabkraft*, welche *vom Werkstoff weg positiv*
zählt; die Normalkraft N entspricht daher *bei positiven Zahlenwerten*
einer *Zugkraft, bei negativen Zahlenwerten* einer *Druckkraft*. Senkrecht zur Normalkraft steht die sog. *Querkraft*; sie hat im allgemeinen zwei Komponenten; die erste Komponente Q kann z. B. am
linken Teil nach unten, und — entsprechend dem Reaktionsgesetz —
am rechten Teil nach oben gerichtet sein. Die zweite Komponente R
kann am linken Teil nach vorn, am rechten nach hinten gerichtet sein.
Der resultierende Momentenvektor besteht aus einem sog. *Torsionsmoment M_T*, dessen Vektor um die Tangente zur Mittellinie dreht, und
zwar vom Werkstoff weg im Sinne der Rechtsschraube positiv. Senkrecht hierzu steht der Vektor des sog. *Biegemomentes*, wobei im allgemeinen wieder zwei Komponenten auftreten, welche sich am einfach-

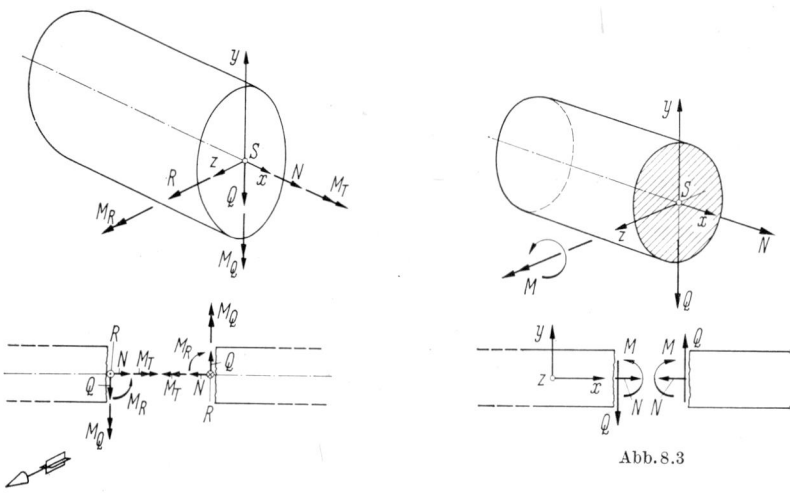

Abb. 8.3

Abb. 8.2

sten folgendermaßen definieren lassen: Der Vektor des ersten Biegemomentes M_R dreht um den Querkraftvektor R, der Vektor des zweiten
Biegemomentes M_Q um den Querkraftvektor Q im Sinne der Rechtsschraube. Dann entsteht das in Abb. 8.2 ersichtliche Kräftesystem; die
Zeichen $\odot$ bzw. $\otimes$ bedeuten nach vorn bzw. hinten laufende Pfeile
(vgl. die Pfeilskizze). Entsprechend dem Reaktionsgesetz haben die
korrespondierenden Kräfte und Momente am rechten Teil jeweils entgegengesetzte Richtung.

Bei *ebenen Trägern* (vgl. die in 9 gegebene Definition) reduzieren
sich die Schnittkraftgrößen auf N, Q und $M_R = M$; man vergleiche
hierzu Abb. 8.3.

8.3 Die Ermittlung der Schnittkraftgruppe eines Trägers mit Hilfe der Gleichgewichtsbedingungen

Durch den Zerlegungsvorgang entstehen aus einem Träger gedanklich zwei Teilstücke, wobei jedes für sich die Gleichgewichtsbedingungen erfüllt. Dabei sind die Komponenten der Schnittkraftgruppe,
soweit sie an dem jeweiligen Teilstück angreifen, wie äußere Kräfte zu
behandeln und in die Gleichgewichtsbetrachtung einzubeziehen. Im
räumlichen Falle stehen die beiden Vektorgleichungen (5.8/6) und
(5.8/10) zur Verfügung, also insgesamt sechs skalare Gleichungen; in der
ebenen Statik reduziert sich ihre Zahl auf drei. Ist der Träger statisch
bestimmt gelagert, so lassen sich die Auflagerkräfte aus den Gleichgewichtsbedingungen des ganzen Trägers ermitteln. Damit sind an
jedem Teilstück alle Kräfte außer den Schnittkraftgrößen bekannt.
Die Gleichgewichtsbedingungen für eines der beiden Teilstücke liefern
dann sechs Gleichungen für die noch unbekannten sechs Schnittkraftgrößen N, Q, R, M_T, M_Q, M_R (bzw. in der ebenen Statik drei Gleichungen für die drei Größen N, Q, M), so daß die Aufgabe ohne weiteres lösbar ist. Bei statisch bestimmt gelagerten Trägern ist es daher stets
möglich, die an jeder beliebigen Stelle übertragenen inneren Kraftgrö-
ßen mit Hilfe der Gleichgewichtsbedingungen zu berechnen. Dieses
Verfahren wird im folgenden Abschnitt für ebene Träger durchgeführt.

9 Ermittlung der inneren Kräfte und Momente ebener Träger

Unter dem Sammelbegriff *ebener Träger* ist ein Träger, Balken oder Stab zu verstehen, dessen Mittellinie in einer Ebene liegt und der nur Kräfte zu übertragen hat, welche dieser Ebene angehören. Dabei soll es sich vorwiegend um *Träger mit gerader Mittellinie* handeln. Träger, deren Mittellinie als ebene Kurve oder als geknickter Geradenzug in einer Ebene verläuft, werden unter den weiteren Begriffen *Rahmen* und *Bogenträger* zusammengefaßt und gesondert behandelt.

9.1 Die Berechnung der inneren Kräfte und Momente ebener Träger mit Vertikalbelastung

Der beiderseits abgestützte horizontal liegende Träger (Abb. 9.1) nimmt vertikal gerichtete Lasten auf und erfährt dabei innere Beanspruchungen durch Querkräfte und Biegemomente, welche für die Beurteilung der Beanspruchung des Trägerwerkstoffes und damit der Sicherheit der Konstruktion von ausschlaggebender Bedeutung sind. Die Lasten sind sowohl *Einzellasten* F_α als auch stetig längs des Trägers verteilte Lasten, sog. *Streckenlasten*, welche auf den laufenden Meter bezogen sind, daher die Dimension kp/m haben und die sog. *Belastungsfläche* bilden. Die Streckenlast $q(x)$ ist im allgemeinen eine Funktion der Trägerkoordinate x; auf das Längenelement dx des Balkens entfällt die Kraft $q(x)\,dx$. Für den gezeichneten Träger, der auch eine beliebig gekrümmte Mittellinie und veränderlichen Querschnitt haben kann,

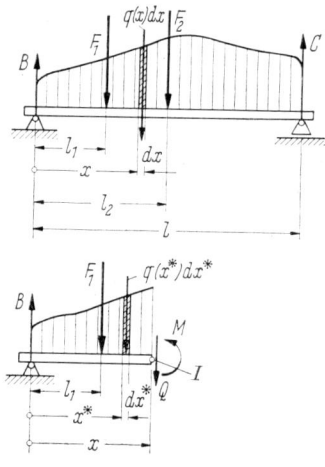

Abb. 9.1

ergibt sich die linke Auflagerkraft aus der Momentengleichung mit dem
rechten Auflager C als Bezugspunkt:

$$B = \frac{1}{l} \left(\sum_{\alpha=1}^{n} F_{\alpha}(l - l_{\alpha}) + \int_{0}^{l} q(x) \, (l - x) \, dx \right). \qquad (9.1/1)$$

Wird nun der Träger an der Stelle x zerschnitten, so folgt für das
Gleichgewicht des linken Teiles (Querkraft und Biegemoment sind jetzt
äußere Kraftwirkungen, β ist die Nummer derjenigen Kraft, die am
linken Teil als letzte Kraft angreift; bei gekrümmten Trägern tritt die
Vertikalkomponente der Schnittkraft an die Stelle der Querkraft)[1]:

$$\dagger \quad B - \sum_{\alpha=1}^{\beta} F_{\alpha} - \int_{0}^{x} q(x^*) \, dx^* - Q = 0, \qquad (9.1/2)$$

$$I) \qquad -Bx + \sum_{\alpha=1}^{\beta} F_{\alpha}(x - l_{\alpha}) + \int_{0}^{x} q(x^*) \, (x - x^*) \, dx^* + M = 0. \quad (9.1/3)$$

Die Hilfskoordinate x^* dient als Integrationsvariable. Die Momentengleichung (9.1/3) ist auf den in der Schnittstelle liegenden Punkt I bezogen, um das Biegemoment direkt errechnen zu können. Es folgt:

$$Q = B - \sum_{\alpha=1}^{\beta} F_{\alpha} - \int_{0}^{x} q(x^*) \, dx^*, \qquad (9.1/4)$$

$$M = Bx - \sum_{\alpha=1}^{\beta} F_{\alpha}(x - l_{\alpha}) - \int_{0}^{x} q(x^*) \, (x - x^*) \, dx^*. \qquad (9.1/5)$$

Wählt man zur Kontrolle das linke Auflager B als Bezugspunkt, so
folgt:

$$B) \qquad M - Qx - \sum_{\alpha=1}^{\beta} F_{\alpha} l_{\alpha} - \int_{0}^{x} q(x^*) \, x^* \, dx^* = 0. \qquad (9.1/6)$$

Diese Beziehung läßt sich durch Elimination von B aus (9.1/4) und
(9.1/5) bestätigen. Man erkennt, daß (9.1/4) durch Differentiation von
(9.1/5) entsteht, d.h. es gilt $\frac{dM}{dx} = Q$.

9.1.1 Ein Näherungsverfahren für Streckenlasten. Um bei praktischen Berechnungen die unter Umständen mühsamen Integrationen
zu umgehen, welche bei Anwendung der Formeln (9.1/1), (9.1/4) und
(9.1/5) notwendig werden, kann näherungsweise auch folgender Weg
beschritten werden. Man zerlegt die vorgegebene Belastungsfläche (s.
Abb. 9.2) durch vertikale Trennlinien in einzelne Streifen, welche näherungsweise als Dreiecke, Rechtecke oder Trapeze angesehen werden

---

[1] Wird statt $(x - l_{\alpha})$ das Föppl-Symbol $\langle x - l_{\alpha} \rangle$ verwendet [für $x > l_{\alpha}$
gleich $(x - l_{\alpha})$, für $x \leq l_{\alpha}$ gleich Null], so kann β als Gesamtzahl der Lasten definiert werden.

können. Die Schwerlinien dieser Ersatzflächen lassen sich leicht einzeichnen (Beispiel für Trapez zeigt Abb. 9.2; Teilung der Basis in drei gleiche Strecken, Zwischenpunkte G und H, Verbindungsgeraden EG und FH schneiden sich in K; vertikale Schwerlinie geht durch K, vgl. 19.4). Die Resultierende der Kräfte, die im jeweiligen Streifen der Belastungsfläche übertragen werden, wirkt längs der Schwerlinie. Der Beweis ergibt sich in Zusammenhang mit der Schwerpunkttheorie (vgl. 19) aus der Tatsache, daß es sich bei der Belastungsfläche nur um

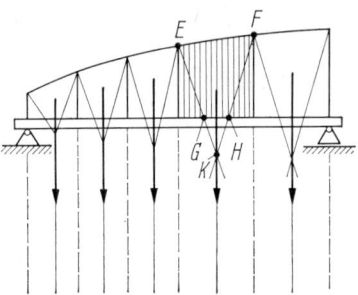

Abb. 9.2

parallele Kräfte handelt. Die jeweilige Größe der Resultierenden errechnet sich aus dem Flächeninhalt des Streifens. Auf diese Weise läßt sich die Belastungsfläche durch eine Gruppe von Einzellasten ersetzen, welche dann wie die F_α in die Berechnung eingehen. Das Verfahren ist offenbar exakt für die Ermittlung von Querkraft und Biegemoment an den Unterteilungsstellen; denn für diese Stellen als Bezugspunkte ist der Ersatz des wirklichen Kräftesystems durch die Resultierenden im Sinne des Momentensatzes richtig, d. h. es sind alle Kräfte wirklich berücksichtigt, welche jeweils auf einer Seite des Schnittes liegen. *Um daher das Biegemoment und die Querkraft an einer bestimmten Stelle genau zu berechnen, muß an der betreffenden Stelle nicht nur der Balken, sondern auch die Belastungsfläche geteilt werden.* Der Begriff genau ist hierbei vorbehaltlich der Ungenauigkeiten zu verstehen, welche noch durch die Bestimmung der Größe und Lage der Resultierenden bedingt sind.

9.1.2 Der Träger mit Einzellasten. Das Berechnungsverfahren sei an einzelnen Beispielen demonstriert. Ein besonders einfacher Fall ist in Abb. 9.3 dargestellt. Es treten keine Streckenlasten auf, so daß die Anwendung von (9.1/1), (9.1/4) und (9.1/5) besonders leicht wird. Wird die Querkraft zwischen B und F_1 mit Q_1, zwischen F_1 und F_2 mit Q_2, zwischen F_2 und F_3 mit Q_3 usw. bezeichnet, so folgt

$$Q_1 = B = \frac{1}{l} \sum_{\alpha=1}^{n} F_\alpha (l - l_\alpha), \; Q_2 = Q_1 - F_1, \; Q_3 = Q_2 - F_2 \text{ usw. (9.1/7)}$$

Werden die Werte des Biegemomentes an den Lastangriffsstellen mit M_1, M_2 usw. gekennzeichnet, so folgt weiter:

$$M_1 = Q_1 l_1, \quad M_2 = Q_2 l_2 + F_1 l_1, \quad M_3 = Q_3 l_3 + F_2 l_2 + F_1 l_1 \quad \text{usw.} \quad (9.1/8)$$

Zahlenbeispiel

$F_1 = 5\,000$ kp, $F_2 = 7\,000$ kp, $F_3 = 2\,000$ kp, $l_1 = 2{,}5$ m, $l_2 = 6{,}5$ m, $l_3 = 10$ m, $l = 12$ m.

Es ergibt sich: $B = 7\,500$ kp, $Q_1 = 7\,500$ kp, $Q_2 = 2\,500$ kp, $Q_3 = -4\,500$ kp, $Q_4 = -6\,500$ kp $= -C$, $M_1 = 1{,}875 \cdot 10^4$ mkp, $M_2 = 2{,}875 \cdot 10^4$ mkp $= M_{\text{max}}$, $M_3 = 1{,}300 \cdot 10^4$ mkp.

Die in Abb. 9.3 ersichtlichen Auftragungen von Q und M nennt man *Querkraftfläche* und *Momentenfläche*; dabei ist die Angabe des jeweiligen Maßstabes erforderlich! Man erkennt, daß die Querkraft an derselben Stelle durch Null geht, an der das Biegemoment einen Extremalwert erreicht.

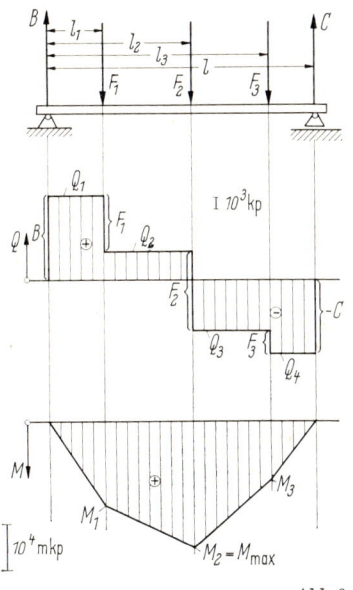

Abb. 9.3

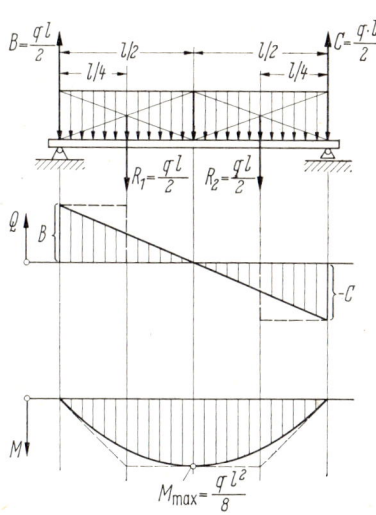

Abb. 9.4

9.1.3 Der Träger mit konstanter Streckenlast. Bei konstanter Streckenlast gilt $q = $ konst; die Beziehungen (9.1/1), (9.1/4) und (9.1/5) liefern bei Abwesenheit von Einzellasten:

$$B = \frac{ql}{2}, \quad Q = \frac{q}{2}(l - 2x), \quad M = \frac{q}{2}x(l - x). \quad (9.1/9)$$

Wieder erkennt man, daß $Q = dM/dx$ gilt.

Das maximale Biegemoment tritt in der Mitte auf (Abb. 9.4) und errechnet sich zu

$$M = \frac{ql^2}{8}.$$
(9.1/10)

Würde man von der Näherungsmethode 9.1.1 Gebrauch machen, so könnte die Belastungsfläche durch zwei Einzellasten R_1 und R_2 vom Betrage $ql/2$ ersetzt werden, welche jeweils im Abstand $l/4$ vom Auflager anzusetzen sind (bei Teilung der Belastungsfläche in der Mitte). Es ergibt sich dann von den Auflagern bis zum Abstand $l/4$ ein linearer Anstieg des Biegemomentes; darüber hinaus bleibt das Biegemoment im mittleren Bereich jedoch konstant und ist gleich dem von B und $R_1 = B$ gebildeten Kräftepaar, welches den Betrag $ql^2/8$ annimmt. Die Parabel, welche den genauen Verlauf des Biegemomentes wiedergibt, wird daher von dem Polygonzug, den die Näherungsbetrachtung liefert, an den Auflagern B und C, sowie in der Mitte berührt. *Man erkennt hieraus, daß der Ersatz von Belastungsflächen durch Teilresultierende zu einem angenäherten Momentenverlauf führt, der einem Tangentenpolygon entspricht, welches die exakte Momentenfläche in den Unterteilungsstellen berührt.* Die Ursache liegt darin, daß an der Unterteilungsstelle aus Gleichgewichtsgründen nicht nur das Biegemoment, sondern auch die Querkraft exakt richtig ist; diese ist aber mit dem Differentialquotienten des Biegemomentes identisch. Mithin ist auch die Richtung der Tangente an die Momentenfläche exakt. Bevor auf weitere Beispiele eingegangen wird, erscheint es zweckmäßig, die Theorie noch einen Schritt weiter zu führen.

9.2 Die Differentialgleichungen des Gleichgewichtes gerader Träger

Wir hatten gesehen, daß es zur Ermittlung der inneren Kräfte und Momente erforderlich ist, den Träger gedanklich zu zerschneiden. Diesen Prozeß wollen wir nun gleich zweimal nebeneinander durchführen, d.h. wir legen nicht nur einen Schnitt an einer Stelle x, sondern außerdem einen zweiten Schnitt an der unmittelbar benachbarten Stelle $x + dx$, wie es in Abb. 9.5 ersichtlich ist, und betrachten das Gleichgewicht des auf diese Weise aus dem Träger herausgetrennten Elementes von der Länge dx. Die entsprechenden Richtungen für Biegemoment und Querkraft ergeben sich in Übereinstimmung mit den in 8.2 getroffenen Vereinbarungen, bzw. gemäß Abb. 8.3. Dabei ist zu beachten, daß die unabhängige Koordinate x vom linken zum rechten Ende des Elementes um dx zunimmt, d.h. um ein Differential. Dementsprechend müssen auch alle von x abhängigen Größen am rechten Ende um Differentiale zunehmen. Wir wollen voraussetzen, daß der Träger gerade ist und Q, sowie M differenzierbare Funktionen von x sind. Am rechten

Ende des Trägerelementes sind dann Q und M Funktionen von $x + dx$, so daß zu setzen ist:

$$Q(x + dx) = Q(x) + dQ, \quad M(x + dx) = M(x) + dM. \quad (9.2/1)$$

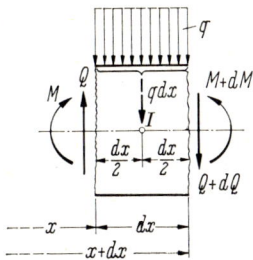

Abb. 9.5

So ergeben sich die in Abb. 9.5 rechts eingezeichneten Werte der Querkraft und des Biegemomentes. Wir formulieren nunmehr die Gleichgewichtsbedingungen und erhalten:

$$\uparrow \quad Q - q\,dx - (Q + dQ) = 0, \quad (9.2/2)$$

$$I) \quad -M - Q\frac{dx}{2} - (Q + dQ)\frac{dx}{2} + M + dM = 0. \quad (9.2/3)$$

Als Bezugspunkt der Momentengleichung wurde hierbei der Mittelpunkt I des Elementes gewählt, um so die Belastung $q\,dx$ zu eliminieren. Die Ausrechnung liefert nach Division durch dx:

$$-q - \frac{dQ}{dx} = 0, \quad (9.2/4)$$

$$-Q - \frac{dQ}{2} + \frac{dM}{dx} = 0. \quad (9.2/5)$$

In der zweiten Gleichung verschwindet die Größe $dQ/2$ als Differential gegenüber Q. Mithin ergeben sich die folgenden beiden Differentialgleichungen des Trägergleichgewichtes:

$$\frac{dQ}{dx} = -q(x), \quad (9.2/6)$$

$$\frac{dM}{dx} = Q. \quad (9.2/7)$$

Durch nochmalige Differentiation der zweiten Gleichung erhält man weiter

$$\frac{d^2M}{dx^2} = \frac{dQ}{dx}. \quad (9.2/8)$$

Wird der Differentialquotient der Querkraft noch aus (9.2/6) eingesetzt, so ergibt sich folgende Differentialgleichung zweiter Ordnung für das Biegemoment:

$$\frac{d^2M}{dx^2} = -q(x). \quad (9.2/9)$$

Von diesen Beziehungen werden wir bei analytischer Behandlung einzelner Aufgaben wiederholt Gebrauch machen können, wobei sich Kontrollmöglichkeiten ergeben.

Eine wichtige Regel geht unmittelbar aus (9.2/7) hervor, wonach der Differentialquotient des Biegemomentes mit der Querkraft identisch ist. *Geht die Querkraft durch Null hindurch, so verschwindet der Differentialquotient des Biegemomentes, d.h. das Biegemoment besitzt an dieser Stelle ein Extremum.* Diese Regel gilt sogar auch dann, wenn die Belastung nur stückweise stetig ist oder *wenn es sich um Einzellasten handelt* (vgl. Beispiel 9.1.2). Ein weiteres Hilfsmittel zur Lösung der hier gestellten Aufgabe bildet die im folgenden Abschnitt erläuterte zeichnerische Methode.

9.3 Die zeichnerische Ermittlung des Biegemomentes ebener Träger mit Vertikalbelastung

Das hier zur Anwendung kommende Verfahren steht in engem Zusammenhang mit dem in 6.4 geschilderten Verfahren zur Ermittlung des resultierenden Momentes einer ebenen Kräftegruppe. Der einzige Unterschied gegenüber der dort gestellten Aufgabe besteht darin, daß es sich jetzt nicht mehr um das resultierende Moment der gesamten am Träger wirkenden Kräftegruppe handelt, welches aus Gleichgewichtsgründen ohnehin verschwindet, sondern um das Moment der Teilgruppe, die am abgeschnittenen Trägerteil angreift. Legt man den Bezugspunkt für das Momentengleichgewicht in die Schnittstelle oder — bei vertikalen Lasten — in einen beliebigen vertikal unter der Schnittstelle befindlichen Punkt A, so entfällt die Querkraft aus dem Momentensatz. Das Biegemoment wird dann direkt gleich dem negativen Moment der Resultierenden der links vom Schnitt angreifenden Kräftegruppe in bezug auf A. Dieses Moment kann aber nach 6.4 in einfacher Weise zeichnerisch bestimmt werden. Wir betrachten hierzu das in Abb. 9.6 ersichtliche Beispiel. Zunächst werden die Auflagerkräfte nach dem Verfahren 7.3 mit Hilfe des Seilecks bestimmt. Die senkrecht unter A liegende Ordinate η des Seilecks, multipliziert mit dem Polabstand H, liefert dann das auf A bezogene Moment jener Kraft, welche mit den Seilkräften im Gleichgewicht steht, zwischen denen sich η befindet; dieser Zusammenhang ging aus der Darstellung des Verfahrens 6.4 hervor. Es bleibt hier zu untersuchen, welche Bedeutung dieser Kraft im vorliegenden Falle zukommt. Liegt die Stelle A zwischen B und F_1, so liegt η zwischen den Seilkräften *0* und *4*. Das Produkt $H\eta$ liefert daher das Moment von B; denn B steht im Kräfteplan mit *0* und *4* im Gleichgewicht; B ist aber zugleich die Resultierende am linken Trägerteil für diese Lage der Stelle A, und das Moment von B in bezug auf A ist gleich M. Liegt A zwischen F_1 und F_2, so liegt η — wie gezeichnet — zwischen 1 und 4. Als zugehörige Resultierende ergibt sich aus dem Kräfteplan $B-F_1$, also wieder die tat-

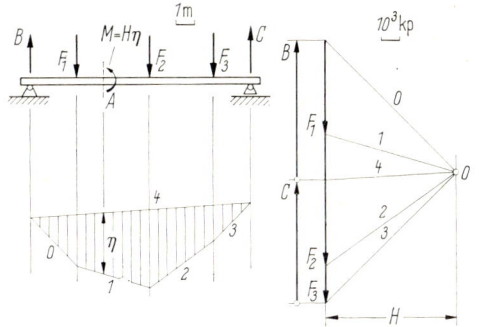

Abb. 9.6

sächlich wirksame Resultierende der links von A vorhandenen Kräftegruppe, deren Moment — identisch mit $H\eta$ — demnach auch jetzt das richtige Biegemoment liefert. So läßt sich der Beweis für jede beliebige Lage der Ordinate führen. Daher gilt der Satz:

Bei vertikaler Belastung des Trägers ist das Seileck zugleich Momentenfläche.

Der Satz gilt für alle parallelen Kräftegruppen. Die Multiplikation mit H kann durch Angabe eines entsprechenden Momentenmaßstabes ersetzt werden.

Man überzeugt sich leicht, daß die hiernach erhaltenen Momente mit der rechnerischen Methode übereinstimmen (es handelt sich um dasselbe Beispiel, das in 9.1.2 rechnerisch behandelt wurde.).

9.4 Weitere Beispiele

9.4.1 Der Träger mit linear ansteigender Belastung. Als weiteres Beispiel sei der in Abb. 9.7 ersichtliche Träger mit Dreieckbelastung untersucht. Die Streckenlast nimmt von links nach rechts linear bis zum Maximalwert q_0 für $x = l$ zu. Mithin gilt an jeder Stelle:

$$q(x) = q_0 x/l. \tag{9.4/1}$$

Die linke Auflagerkraft folgt aus (9.1/1) zu

$$B = \frac{1}{l} \int_0^l q(x)\,(l - x)\,dx = \frac{q_0}{l^2} \int_0^l (lx - x^2)\,dx = \frac{q_0 l}{6}. \tag{9.4/2}$$

Die Querkraft ergibt sich aus (9.1/4):

$$Q = B - \int_0^x q(x^*)\,dx^* = \frac{q_0 l}{6} - \frac{q_0}{l} \int_0^x x^*\,dx^* = \frac{q_0}{6l}\,(l^2 - 3x^2). \tag{9.4/3}$$

Das Biegemoment errechnet sich aus (9.1/5) zu

$$M = B \cdot x - \int_0^x q(x^*) \, (x - x^*) \, dx^*$$

$$= \frac{q_0 l x}{6} - \frac{q_0}{l} \int_0^x (xx^* - x^{*2}) \, dx^* = \frac{q_0 x}{6l} (l^2 - x^2).$$

(9.4/4)

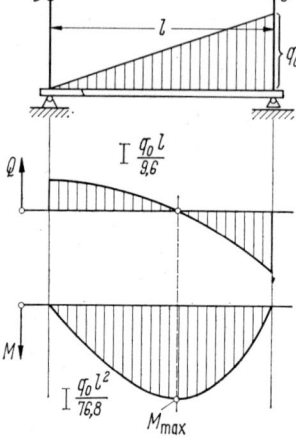

Abb. 9.7

Zur Kontrolle kann man sich überzeugen, daß die Differentialgleichungen (9.2/6) und (9.2/7) erfüllt sind. Querkraft- und Momentenfläche sind in Abb. 9.7 dargestellt. Das maximale Biegemoment tritt bei $Q = 0$, d.h. bei $x = l/\sqrt{3}$ auf und wird

$$M_{\max} = \frac{q_0 l^2}{27} \sqrt{3}.$$

(9.4/5)

Löst man ein solches Problem auf zeichnerischem Wege, so muß zunächst die Belastungsfläche in Einzellasten aufgelöst werden. Bei Aufteilung in vier gleich lange Strecken erhält man hier ein Dreieck und drei Trapeze. An der Flächenaufteilung erkennt man, daß sich die Teilresultierenden zueinander wie 1:3:5:7 verhalten. Nach Bestimmung der Lage ihrer Wirkungslinien mit dem in 9.1.1 beschriebenen Verfahren liefert die Seileckmethode das in Abb. 9.8 dargestellte Seileck, welches entsprechend 9.3 bei Berücksichtigung des Faktors H in der Maßstabangabe zugleich als Momentenfläche verwendet werden kann. Man erkennt die gute Übereinstimmung mit Abb. 9.7.

Ein weiteres Beispiel mit symmetrisch angeordneten Dreiecks- und Rechtecklasten zeigt Abb. 9.9. Für das maximale Biegemoment ergibt sich hier auf rechnerischem Wege $M_{\max} = q_0(l^2/8 - a^2/6)$. Für die zeichnerische Lösung genügt es, die Aufteilung in vier Teilflächen vorzunehmen. In Abb. 9.9 ist der Fall $a = l/4$ zeichnerisch durchgeführt.

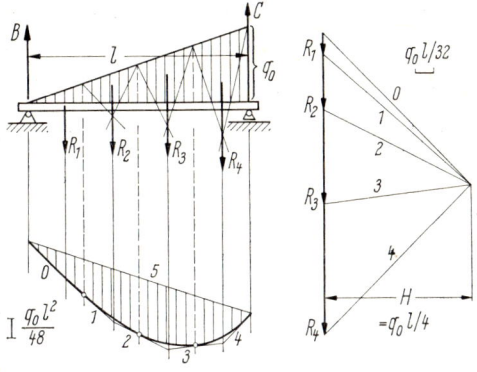

Abb. 9.8

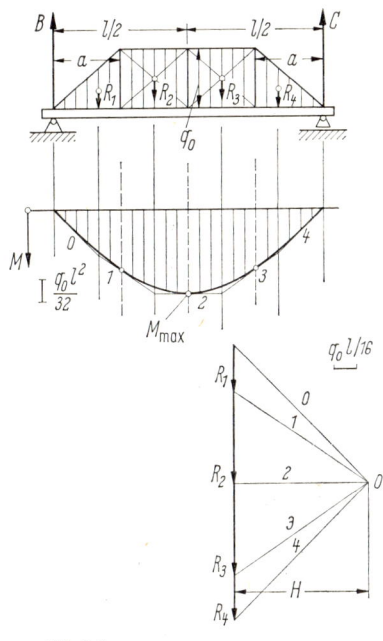

Abb. 9.9

9.4.2 Der Kragträger. Ein Träger, dessen Ende über das Auflager hinausragt, wird als Kragträger bezeichnet. Ein Beispiel zeigt Abb. 9.10. Das maximale Moment tritt bei C auf und errechnet sich aus $F_2(l_2 - l)$. Es ist negativ! Die Momentenfläche zeigt eine Überschneidung, da in

6   Neuber, Statik, 2. Aufl.

der näheren Umgebung der Last F_1 wieder positive Momente auftreten. Für die rechnerische Lösung gelten wieder die Formeln aus 9.1.2.

Es kann auch vorkommen, daß der Träger an beiden Enden übe r die Auflager hinausragt. Ein solches Beispiel zeigt Abb. 9.11. Die zeich - nerische Lösung liefert hier eine Momentenfläche mit zweifacher Über - schneidung, d.h. das Biegemoment wechselt zweimal sein Vorzeichen.

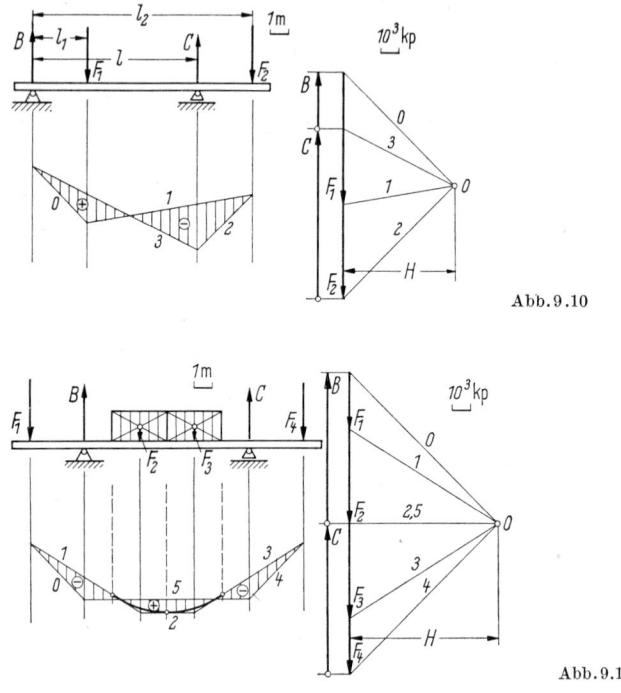

Abb. 9.10

Abb. 9.11

9.4.3 Der eingespannte Träger.

Ist der Träger an einem Ende fest eingespannt, so tritt dort außer der Auflagerkraft das sog. *Einspann- moment* auf. Einen derartigen Träger zeigt Abb. 9.12. Bei Belastung durch Einzelkräfte wächst die Querkraftfläche stufenartig zur Ein- spannstelle hin an; die Momentenfläche folgt einem immer steiler wer- denden geknickten Geradenzug. Die Werte der einzelnen Biegemo- mente ergeben sich unmittelbar aus dem Moment der rechts von der jeweiligen Schnittstelle angreifenden äußeren Kräfte. Die zugehörige zeichnerische Lösung zeigt Abb. 9.13. *Es ist bemerkenswert, daß sich das Seileck beim eingespannten Träger an der Einspannseite nicht schließt. Die dort gemessene Ordinate liefert — bei Multiplikation mit dem Pol- abstand H — das Einspannmoment.*

Zur Ergänzung der rechnerischen Grundlagen seien noch mit Bezug auf Abb. 9.14 allgemeine Formeln für Querkraft und Biegemoment beim eingespannten Balken angegeben. Das Gleichgewicht des durch Zerschneiden an der Stelle x abgetrennten Trägerteils liefert:

$$Q = \sum_{\alpha=\beta}^{n} F_\alpha + \int_{x^*=x}^{l} q(x^*) \, dx^*, \qquad (9.4/1)$$

$$M = - \sum_{\alpha=\beta}^{n} F_\alpha (l_\alpha - x) - \int_{x^*=x}^{l} q(x^*) \, (x^* - x) \, dx^*. \qquad (9.4/2)$$

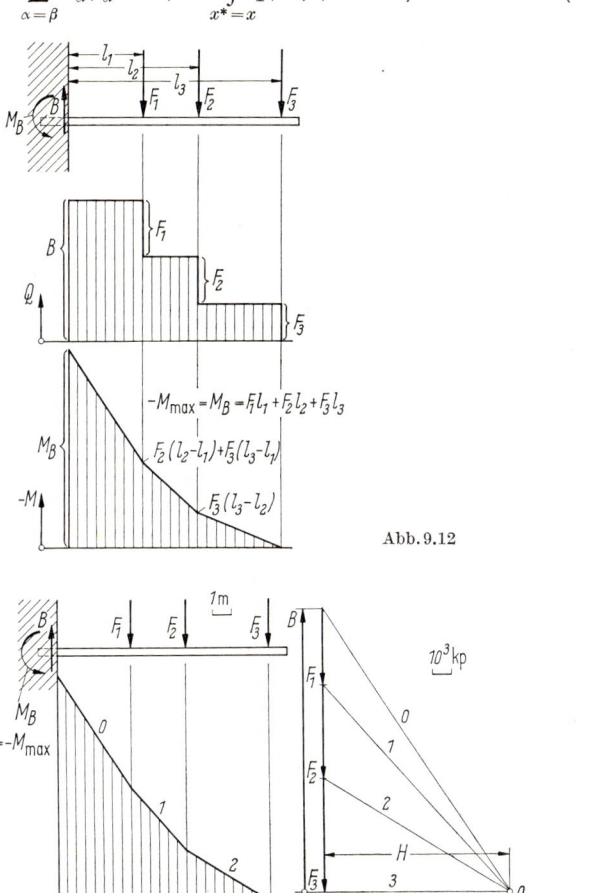

Abb. 9.12

Abb. 9.13

Hierbei ist β die Nummer der ersten rechts neben der Schnittstelle liegenden Last und n die Nummer der letzten Last. Bei Anwendung auf den in Abb. 9.12 skizzierten Fall erhält man die dort angegebenen Werte des Biegemomentes.

6*

Ein Beispiel für den eingespannten Träger mit Streckenlast zeigt Abb. 9.15. Wir wollen uns hierbei auf die rechnerische Lösung beschränken. Die Streckenlast ist

$$q = q_0 \left(1 - \frac{x}{l}\right). \tag{9.4/3}$$

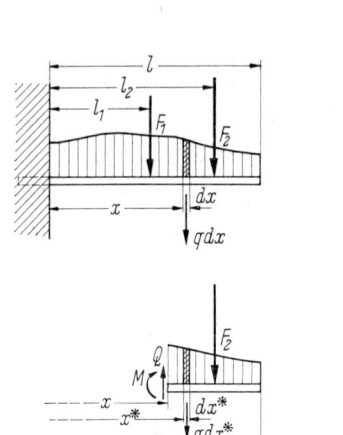

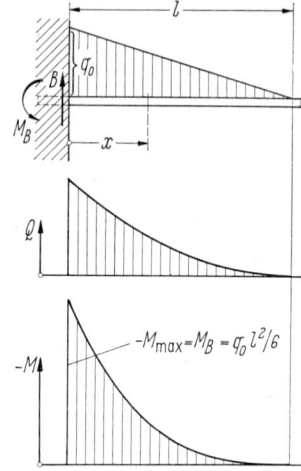

Abb. 9.14   Abb. 9.15

Aus (9.4/1) und (9.4/2) erhält man

$$Q = \frac{q_0}{2l}(l - x)^2, \tag{9.4/4}$$

$$-M = \frac{q_0}{6l}(l - x)^3. \tag{9.4/5}$$

Man hätte auch von den allgemeinen Differentialgleichungen des Trägers ausgehen können. Durch Integration von (9.2/6) hätte man zunächst

$$Q = -q_0\left(x - \frac{x^2}{2l}\right) + C_1 \tag{9.4/6}$$

erhalten und hiermit durch Integration von (9.2/7):

$$M = q_0\left(-\frac{x^2}{2} + \frac{x^3}{6l}\right) + C_1 x + C_2. \tag{9.4/7}$$

Hierbei sind C_1 und C_2 *Integrationskonstanten*, welche zur *Erfüllung weiterer Bedingungen zur Verfügung stehen*. Diese beiden Beziehungen lassen die Befestigung oder Abstützung des Trägers noch offen. Verlangt man für $x = l$ ein völlig freies Ende, wie es dem vorliegenden Fall entspricht, so müssen Q und M für $x = l$ verschwinden. Man erhält aus diesen Bedingungen $C_1 = \frac{q_0 l}{2}$, $C_2 = -\frac{q_0 l^2}{6}$ und mithin Übereinstimmung mit (9.4/4) und (9.4/5).

Würde man verlangen, daß der Träger bei $x = 0$ und bei $x = l$ frei aufliegt, so müßte an beiden Stellen M verschwinden; dies würde zu folgenden Werten der Integrationskonstanten führen: $C_1 = \frac{q_0 l}{3}$, $C_2 = 0$. Daraus folgt Übereinstimmung mit dem bereits in 9.4.1 durchgerechneten Fall (die Belastung steigt dort nach rechts an, also $l - x$ statt x). Aus dieser Betrachtung erkennt man die weittragende Bedeutung der Differentialgleichungsmethode.

9.5 Der Gerber-Träger

Bei der Konstruktion von Brücken großer Spannweite ist es für die Aufnahme der Lasten unumgänglich, eine größere Anzahl von Auflagern vorzusehen. Für einen durchlaufenden Träger ergeben sich hieraus statisch unbestimmte Belastungsfälle. Man kann aber den Grad der statischen Unbestimmtheit wesentlich herabsetzen, bzw. ganz zu Null machen, wenn man eine genügende Anzahl von Zwischengelenken vorsieht. Dann entsteht der sog. *Gerber-Träger*[1]. Abb.9.16 zeigt einen

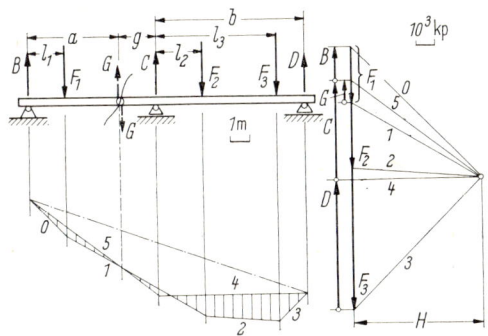

Abb.9.16

Gerber-Träger mit drei Auflagern und einem Gelenk; zwei Auflager sind als Rollenlager, eines als Gelenk ausgebildet. Die beiden Gelenke entsprechen je zwei Fesseln, die beiden Rollenlager je einer Fessel; es handelt sich daher insgesamt um sechs Fesseln. Andererseits stehen für jeden Trägerteil drei, also zusammen sechs Gleichgewichtsbedingungen zur Verfügung; daher ist der Täger statisch bestimmt.

Es sei zunächst die rechnerische Lösung beschrieben. Wir legen durch das Gelenk G einen Schnitt. Die Gelenkkraft wird dadurch zur äußeren Kraft, welche den linken Teil stützt. Ihre Reaktionskraft belastet den rechten Teil als zusätzliche Kraft. Der linke Teil stellt dann einen einfachen Träger auf zwei Stützen dar. Mit den Bezeich-

---

[1] Gottfried Heinrich Gerber (geb. 1832 in Hof, gest. 1912 in München).

nungen der Abb. 9.16 erhält man

$$B = F_1\left(1 - \frac{l_1}{a}\right), \quad G = F_1\frac{l_1}{a}. \tag{9.5/1}$$

Das bei F_1 auftretende Biegemoment wird

$$M_1 = F_1 l_1\left(1 - \frac{l_1}{a}\right). \tag{9.5/2}$$

Nachdem die Gelenkkraft G bekannt ist, kann auch der rechte Trägerteil als einfacher Träger auf zwei Stützen berechnet werden. Bei Anwendung der Formeln aus 7.2 ist G statt F_1, $-g$ statt l_1 und b statt l zu setzen. Es folgen:

$$C = \frac{1}{b}\left[G(b + g) + F_2(b - l_2) + F_3(b - l_3)\right], \tag{9.5/3}$$

$$D = \frac{1}{b}\left[-Gg + F_2 l_2 + F_3 l_3\right]. \tag{9.5/4}$$

Für die Momente bei C, F_2 und F_3 ergibt sich

$$M_c = -Gg, \quad M_2 = Cl_2 - G(l_2 + g), \quad M_3 = D(b - l_3). \tag{9.5/5}$$

Zahlenbeispiel

$F_1 = 3\,000$ kp, $F_2 = 3\,500$ kp, $F_3 = 7\,500$ kp, $l_1 = 2$ m, $a = 5$ m, $g = 2$ m, $l_2 = 2{,}5$ m, $l_3 = 6{,}5$ m, $b = 8$ m.

Es folgen: $B = 1\,800$ kp, $G = 1\,200$ kp, $C = 5\,312{,}5$ kp, $D = 6\,887{,}5$ kp, $M_1 = 3\,600$ mkp, $M_c = -2\,400$ mkp, $M_2 = 7\,860$ mkp, $M_3 = 10\,330$ mkp.

Die zeichnerische Lösung für dieselben Daten zeigt Abb. 9.16. Nach Festlegung des Poles im Kräfteplan und Ziehen der Seilstrahlen zeichnet man im Lageplan zunächst die Wirkungslinien der Seilkräfte *0, 1, 2, 3*, welche mit den äußeren Kräften F_1, F_2, F_3 gemeinsame Schnittpunkte haben. Man betrachtet nunmehr den linken Trägerteil für sich als Balken auf zwei Stützen, bringt daher Seilkraft *0* mit der Stützlinie B und Seilstrahl *1* mit der Gelenklinie (Vertikale durch G) zum Schnitt. Durch beide Schnittpunkte läuft die Schlußlinie *5* des linken Teiles, welche zugleich der ersten Seilkraft des rechten Teiles entspricht, und daher auch mit der Stützlinie C zum Schnitt zu bringen ist. Andererseits wird der letzte Seilstrahl mit der Stützlinie D zum Schnitt gebracht. Die Verbindungslinie dieser beiden Schnittpunkte liefert die Schlußlinie *4* des rechten Teiles. Parallelen zu *4* und *5* im Kräfteplan liefern mit sinngemäßer Anwendung des Drei-Kräfte-Satzes die Größen von B, G, C und D. Man hätte auch von der Tatsache ausgehen können, daß das Biegemoment im Gelenkpunkt Null werden muß; mithin muß die Ordinate des Seilecks, das ja zugleich die Momentenfläche darstellt, auf der durch G laufenden Vertikalen Null werden. Für die fehlerfreie Konstruktion, insbesondere die richtige Zuordnung der Auflagerreaktionen reicht diese Regel jedoch allein nicht aus.

Zum Vergleich sei der Fall betrachtet, daß dieselben Lasten von einem gewöhnlichen Träger aufgenommen werden, der nur bei *B* und *D* abgestützt ist. Dann würden die Seilkräfte *0, 1, 2, 3* im Lage- und

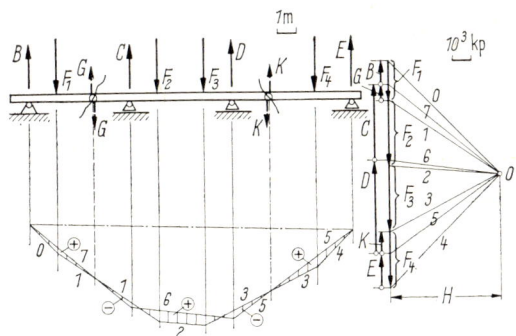

Abb. 9.17

Kräfteplan dieselben sein wie zuvor; als Schlußlinie würde aber die eingezeichnete strichpunktierte Linie gelten. Man erkennt, welche hohen Biegemomente dann auftreten.

Ein weiteres Beispiel zeigt Abb. 9.17. Der Träger ist durch das Gelenk *B* und die drei Rollenlager *C, D, E* abgestützt, besitzt aber die Gelenke *G* und *K*. Es handelt sich daher um drei Trägerteile, welche zusammen neun Gleichgewichtsbedingungen liefern, mit insgesamt neun Fesseln; der Gerber-Träger ist daher auch in dieser Form statisch bestimmt. Wir können sowohl die Auflagerkräfte als auch die inneren Querkräfte und Biegemomente aus den Gleichgewichtsbedingungen ermitteln. Da es sich wieder nur um vertikale Belastung handeln soll, sei das zeichnerische Verfahren bevorzugt. Nach Festlegung des Poles und Ziehen der Seilstrahlen im Kräfteplan werden die Wirkungslinien der Seilkräfte *0, 1, 2, 3, 4*, welche mit den gegebenen Kräften gemeinsame Schnittpunkte bilden, in den Lageplan übertragen. Durch Zerschneiden der beiden Gelenke entstehen links außen und rechts außen zwei Träger auf zwei Stützen. Links verbindet Schlußlinie *7* den Schnittpunkt von *0* und *B* mit dem Schnittpunkt von *1* und *G*; rechts verbindet Schlußlinie *5* den Schnittpunkt von *3* und *K* mit dem Schnittpunkt von *4* und *E*. Der mittlere Trägerteil ist ebenfalls Träger auf zwei Stützen, wenn die beiderseitigen Gelenkdrücke zu den äußeren Lasten gezählt werden. Schlußlinie *6* verbindet den Schnittpunkt von *7* und *C* mit dem Schnittpunkt von *5* und *D*. Die Auflager- und Gelenkkräfte ergeben sich sinngemäß mit Anwendung des Drei-Kräfte-Satzes.

Die eingezeichnete strichpunktierte Schlußlinie entspricht wieder der Momentenfläche eines gewöhnlichen Trägers, der nur bei *B* und *E* unterstützt ist. Man erkennt die hohe Entlastungswirkung, welche von den zusätzlichen Auflagern bei C und D, sowie von den Gelenken G und K ausgeht. Eine andere Ausführung zeigt Abb. 9.18. Das zweite Gelenk liegt hier zwischen dem zweiten und dritten Auflager; auf die Schlußlinie 7 folgt zuerst 6 und dann 5.

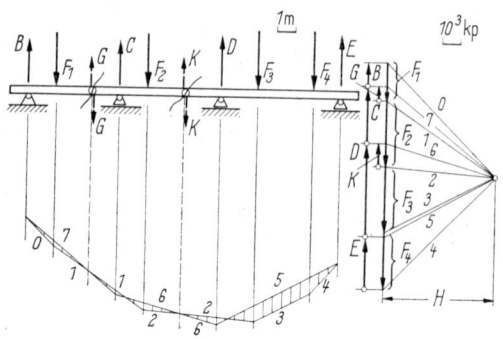

Abb. 9.18

In Abb. 9.19 ist eine weitere Variante ersichtlich. Beide Gelenke liegen hier zwischen dem zweiten und dritten Auflager. Der mittlere Trägerteil stützt sich ganz auf die beiden Gelenke ab. Man hat hier die Schlußlinie 6 des mittleren Teiles zuerst zu zeichnen, welche die Schnittpunkte von 2 und G, sowie von 3 und K miteinander verbindet; sie wird mit den Auflagern C bzw. D zum Schnitt gebracht. Durch diese Schnittpunkte gehen die Schlußlinien 7 (links) bzw. 5 (rechts).

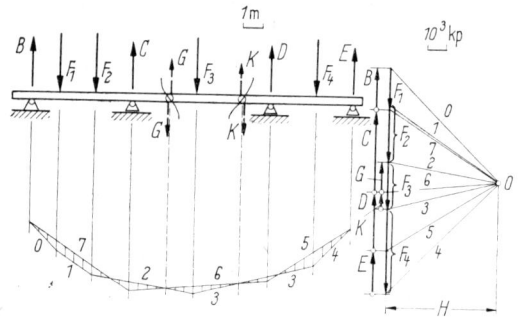

Abb. 9.19

Schließlich zeigt Abb. 9.20 einen eingespannten Träger, an dem ein weiterer Träger gelenkig angeschlossen ist. Das äußere Ende des zweiten Trägers ist durch ein Rollenlager abgestützt. Die Summe der Fesseln (Einspannung 3, Gelenk 2, Rollenlager 1) beträgt 6 und entspricht genau der Zahl der für die beiden Körper zur Verfügung stehenden Gleichgewichtsbedingungen. Die Aufgabe ist also statisch bestimmt. Wir untersuchen zeichnerisch den Momentenverlauf bei Einwirkung vertikaler Einzellasten. Durch Zerschneiden des Gelenkes erkennt man, daß der rechte Träger als Träger auf zwei Stützen behandelt werden kann. Nach Zeichnen der Seilstrahlen und der Wirkungslinien der Seilkräfte wird die Schlußlinie *4* als Verbindungslinie der

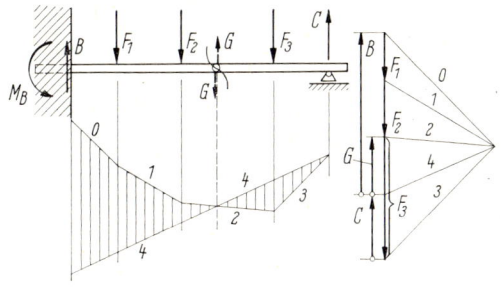

Abb. 9.20

Schnittpunkte von *3* und *C*, sowie *2* und *G* gezeichnet. Das Einspannmoment erscheint als Ordinate des Seilecks unterhalb der Einspannstelle (Multiplikator *H*).

9.6 Ebene Rahmen und Bogenträger

Als Rahmen und Bogenträger kennzeichnet man Träger, deren Mittellinie einen ebenen geknickten Geradenzug oder eine ebene Kurve bildet. Wir wollen uns wieder auf statisch bestimmte Systeme beschränken. Als erstes Beispiel sei der in Abb. 9.21 ersichtliche zweifach

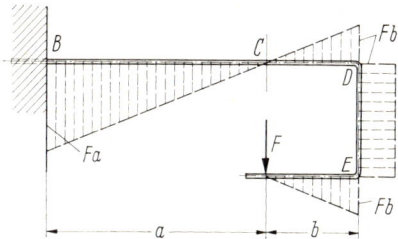

Abb. 9.21

geknickte Stab betrachtet, der am linken Ende eingespannt ist und am anderen Ende eine Einzellast *F* trägt. Vom Kraftangriffspunkt bis zur Ecke *E* wächst offenbar das Biegemoment auf den Betrag *Fb* an, wie man durch Zerschneiden des Trägers in diesem Bereich leicht nachweisen kann. Von *E* bis *D* bleibt der Abstand der Wirkungslinie der Last von der Mittellinie des Trägers konstant, so daß sich das Biegemoment nicht ändert. Von *D* bis zum Schnittpunkt *C* des Trägers mit der Wirkungslinie nimmt das Moment wegen Verkürzung des Hebelarmes wieder bis auf Null ab; darüber hinaus wächst es bis zur Einspannstelle mit entgegengesetztem Vorzeichen an. Das Biegemoment wurde jeweils senkrecht zur Stabachse aufgetragen (gestrichelt, um eine Verwechslung mit Belastungsflächen zu vermeiden). Durch Gleich-

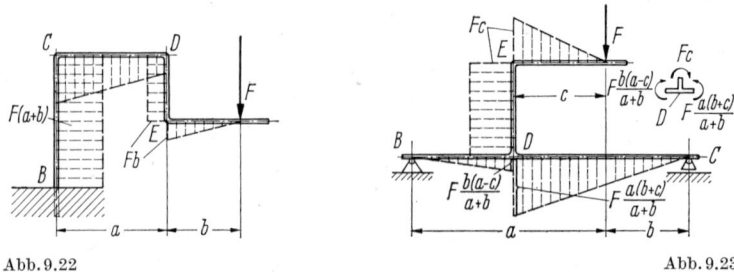

Abb. 9.22   Abb. 9.23

gewichtsbetrachtung am jeweils abgeschnittenen Stabteil erhält man ferner den Verlauf der Normalkraft und der Querkraft. Es zeigt sich, daß die Last F vom Angriffspunkt bis E als Querkraft, von E bis D als Zugkraft und von D bis B wieder als Querkraft übertragen wird. Um die Übersichtlichkeit nicht zu beeinträchtigen, wurde auf die Einzeichnung der zugehörigen Diagramme verzichtet.

Einen ähnlichen Fall zeigt Abb. 9.22. Auch hier genügt es, zu beachten, daß für das jeweilige Biegemoment der Abstand des betreffenden Querschnittspunktes von der Wirkungslinie der Last maßgebend ist.

Der in Abb. 9.23 skizzierte Träger ist insofern etwas komplizierter als er eine Verzweigungsstelle (D) aufweist. An dieser Stelle müssen sich

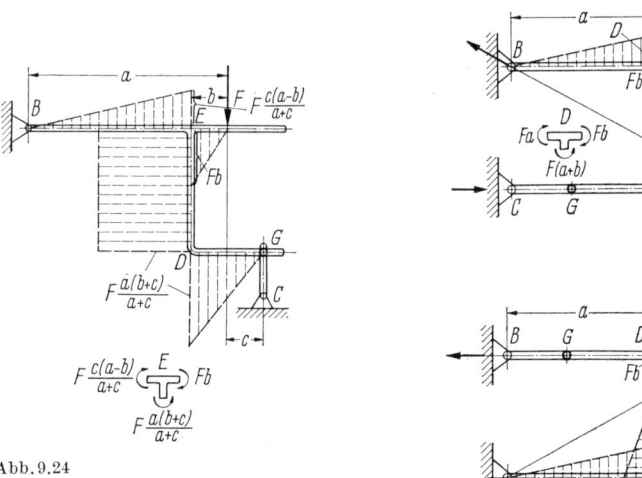

Abb. 9.24   Abb. 9.25

                                                                Abb. 9.26

die von den drei Ästen des Trägers übertragenen Biegemomente das Gleichgewicht halten (s. den gesondert herausgezeichneten Punkt D). Bestimmt man zunächst die Auflagerkräfte $B = Fb/(a + b)$ und $C = Fa/(a + b)$, so ergibt sich der Momentenverlauf längs jedes Astes ganz analog zur vorigen Aufgabe. Ähnliche Träger mit etwas anderer Auflagerung zeigen die Abb. 9.24, 9.25 und 9.26.

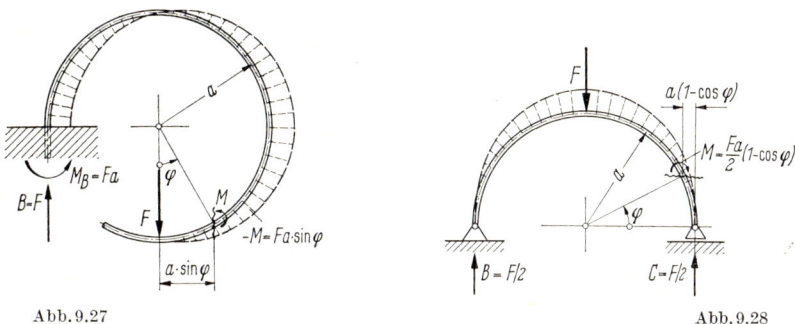

Abb. 9.27   Abb. 9.28

Ein Bogenträger mit kreisförmiger Mittellinie ist in Abb. 9.27 dargestellt; er ist an einem Ende eingespannt und nimmt am anderen Ende eine Last auf. Der Hebelarm ist in bezug auf den jeweiligen Trägerquerschnitt $a \sin \varphi$; daraus ergibt sich der eingezeichnete Verlauf des Biegemomentes.

Bei einem Halbkreisbogen, der wie in Abb. 9.28 aufgelagert und belastet ist, werden beide Auflagerkräfte gleich groß; der Hebelarm wird $a(1 - \cos \varphi)$, hieraus folgt der eingezeichnete Momentenverlauf.

10 Allgemeine Eigenschaften ebener Tragwerke

Das in Abb. 7.18 dargestellte System ist bereits ein Beispiel aus der großen Gruppe der ebenen Tragwerke, das sich nicht mehr direkt in die schon gelösten Probleme einordnen läßt, sondern zusätzliche Überlegungen und Schnittbetrachtungen erforderlich macht. Weitere Beispiele solcher Art zeigen die Abb. 10.3, 10.4, 10.5 und 10.6. Vor der Lösung einer derartigen Aufgabe muß stets zuerst die Frage der statischen Bestimmtheit untersucht werden.

10.1 Die Bedingung der statischen Bestimmtheit ebener Tragwerke

Die Zahl f der Freiheitsgrade eines ebenen Tragwerkes errechnet sich aus der Summe f_0 jener Freiheitsgrade, welche der freien Beweglich-

keit der einzelnen Tragwerksteile entsprechen, vermindert um die
Summe z der Zwangsbedingungen, welche von den Verbindungs- und
Auflagerungselementen herrühren:

$$f = f_0 - z. \tag{10.1/1}$$

Es sind drei Fälle zu unterscheiden:

$f < 0$: Das Tragwerk ist statisch unbestimmt, wenn kein Ausnahmefall vorliegt (s. hierzu S. 93); der Grad der statischen Unbestimmtheit ist $-f$.

$f = 0$: Das Tragwerk ist statisch bestimmt, wenn kein Ausnahmefall vorliegt.

$f > 0$: Das System ist nicht tragfähig, sondern ein Getriebe oder
Mechanismus.

Besteht das Tragwerk aus n starren Tragwerksteilen (Scheiben) und
s Stäben, so folgt, da jeder starre Körper in der Ebene 3 Freiheitsgrade
besitzt, denen die drei Gleichgewichtsbedingungen (6.6/1) gegenüberstehen, nach Zerlegung:

$$f_0 = 3n + 3s. \tag{10.1/2}$$

Die Zwangsbedingungen beziehen sich einerseits auf die an den Enden
der einzelnen Stäbe befindlichen Gelenke, andererseits auf die übrigen
Verbindungs- und Auflagerorgane. Die Anzahl der Zwangsbedingungen
der ersten Art sei mit z_s, die der zweiten Art mit z_t bezeichnet. Jedes
der $2\,s$ Stabenden unterliegt infolge des dort befindlichen Gelenkes zwei
Zwangsbedingungen; diejenigen Gelenke, welche nur Stäbe miteinander
verbinden (*Knotenpunkte*, Anzahl k), besitzen aber als Punkte in der
Ebene zusätzlich je zwei Freiheitsgrade (Gelenkbolzen!), welche bei z_s
in Abzug zu bringen sind. Es folgt daher

$$z_s = 4s - 2k; \quad z = 4s - 2k + z_t. \tag{10.1/3}$$

Diese Überlegung liefert stets Übereinstimmung mit einer Abzählung
der Zwangsbedingungen nach den in 7.1 angegebenen Regeln. Ein
Gelenk hat nämlich mit Bezug auf Abb. 13.8 in der Ebene $2q - 2$
Zwangsbedingungen, wenn q die Zahl der verbundenen Teile angibt.
Ist m die Zahl der auf starren Tragwerksteilen befindlichen Gelenke,
so ist $k + m$ die Gesamtzahl der Gelenke und $2s + m$ die Gesamtzahl
der Anschlußpunkte der verbundenen Teile. Für die Summe der mit
den Stäben zusammenhängenden Zwangsbedingungen ergibt sich somit
$z_s = 2(2s + m) - 2(k + m)$ und damit (10.1/3). Durch Einsetzen in
(10.1/1) ergibt sich nunmehr

$$f = 3n + 2k - s - z_t. \tag{10.1/4}$$

Zu demselben Ergebnis gelangt man auch bei Behandlung der Stäbe als
reine Verbindungsorgane mit je einer Zwangsbedingung, d.h. mit

$$z_s = s; \quad z = s + z_t. \tag{10.1/5}$$

Bei dieser Auffassung müssen aber die Freiheitsgrade der Knotenpunkte bei f_0 mitgezählt werden, während die Freiheitsgrade der Stäbe entfallen:

$$f_0 = 3n + 2k. \qquad (10.1/6)$$

Durch Einsetzen von (10.1/5) und (10.1/6) in (10.1/1) erkennt man die Übereinstimmung mit (10.1/4).

Als Beispiel für die Anwendung der Formel (10.1/4) betrachten wir Abb. 7.18. Die beiden biegesteifen Balken liefern $n = 2$, das Verbindungsgelenk entspricht $z_t = 2$. Dazu kommen die vier Auflagerstäbe: $s = 4$. Ein Knotenpunkt ist nicht vorhanden, also gilt $k = 0$. Durch Einsetzen in (10.1/4) folgt $f = 0$, d. h. das System ist statisch bestimmt.

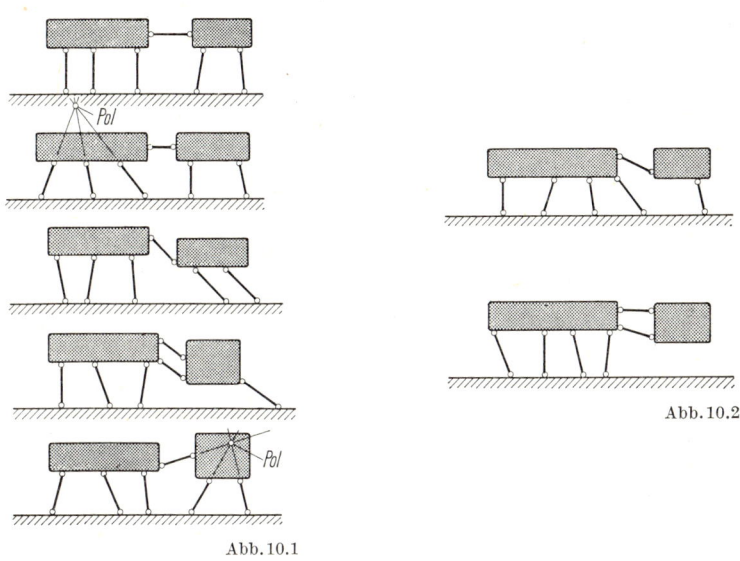

Abb. 10.2

Abb. 10.1

Zur Erläuterung des anfangs erwähnten Begriffes *Ausnahmefall* mögen die in Abb. 10.1 dargestellten Systeme dienen. In allen Fällen gilt $n = 2$ (zwei Scheiben) und $z = 6$ (die Zahl der Auflager- und Verbindungsstäbe beträgt zusammen sechs); ferner gilt $k = 0$ und $z_t = 0$, so daß aus (10.1/4) die Bedingung der statischen Bestimmtheit $f = 0$ folgt. Dennoch erkennt man, daß die Systeme sämtlich wackelig sind; entweder laufen drei an einer Scheibe angreifende Stäbe parallel, verhindern also nicht eine Verschiebung senkrecht zu dieser gemeinsamen Richtung; oder sie haben einen gemeinsamen Schnittpunkt, so daß eine Drehung um diesen Punkt als Drehpol möglich ist. In der rechnerischen Behandlung stellt sich in solchen Fällen heraus, daß eine der Gleichgewichtsbedingungen die Folge der anderen ist. Entsprechend der Theo-

rie der linearen Gleichungen hat dies zur Folge, daß die im System
der Gleichgewichtsbedingungen auftretende Determinante der Koeffizienten der unbekannten Kräfte verschwindet, so daß keine brauch-
bare Lösung des Problems möglich ist (vgl. hierzu 11.2 und 11.3).

Eine zweite Möglichkeit wird durch die Abb. 10.2 demonstriert.
Hier ist die eine der beiden Scheiben durch vier Stäbe abgestützt, also
durch einen Stab zuviel, während die andere nur durch zwei Stäbe gehalten werden soll, also durch einen Stab zu wenig. Zwar folgt $f = 0$,
dennoch ist die Aufgabe nicht lösbar. Die zu viel abgestützte Scheibe
ist statisch unbestimmt, die andere ein Mechanismus.

10.2 Beispiele statisch bestimmter ebener Tragwerke

Abb. 10.3 zeigt ein ebenes Tragwerk, bestehend aus drei gelenkig
verbundenen Scheiben. Die beiden äußeren Scheiben sind durch je ein
Gelenk, die mittlere Scheibe durch ein Rollenlager abgestützt. Aus den

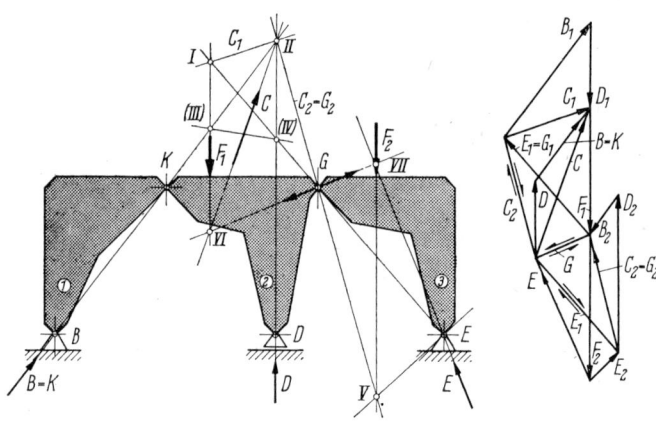

Abb. 10.3

insgesamt vier Gelenken ergeben sich acht Fesseln; das System hat
daher zusammen mit dem Rollenlager neun Zwangsbedingungen, denen
pro Scheibe drei, zusammen neun Gleichgewichtsbedingungen gegenüberstehen; das Tragwerk ist folglich statisch bestimmt, was auch
aus (10.1/4) mit $n = 3$, $k = 0$, $s = 0$, $z_t = 9$ hervorgeht. Da Scheibe 1
unbelastet ist, müssen sich die bei B und K übertragenen Gelenkkräfte
gegenseitig das Gleichgewicht halten, d. h. auf einer gemeinsamen
Wirkungslinie liegen, die mithin in die Verbindungsgerade BK fällt.
Die Resultierende aus dieser Kraft und der im Rollenlager D übertragenen (vertikalen) Auflagerkraft geht durch den Schnittpunkt II dieser
Geraden mit der Vertikalen durch D. Der durch die Anschlüsse bei B

und K, sowie durch das Rollenlager D auf Scheibe 2 ausgeübte Zwang entspricht einer in II übertragenen resultierenden Auflagerkraft, welche die Rolle einer Culmannschen Kraft übernimmt und mit C bezeichnet sei (wäre Scheibe 2 bei G nicht an Scheibe 3 angeschlossen, so könnte sie eine ebene Bewegung ausführen, bei welcher Punkt II der momentane Drehpol wäre). Durch diese Auffassung ist es möglich, das Tragwerk mit einem Dreigelenkbogen zu vergleichen, bestehend aus den Scheiben 2 und 3, verbunden durch das Gelenk G, wobei Scheibe 2 in II und

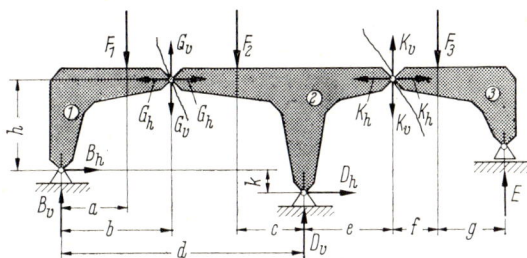

Abb. 10.4

Scheibe 3 in E gelenkig aufgelagert sind. Denkt man sich nunmehr zunächst F_1 allein wirkend, so ist die Wirkungslinie von F_1 mit der Verbindungsgeraden EG zum Schnitt zu bringen (Schnittpunkt I); die resultierende Auflagerkraft C_1 von Scheibe 2 infolge F_1 liegt dann auf der Geraden $I-II$. Bei der entsprechenden Konstruktion im Kräfteplan kann C_1 auch nach B_1 und D_1 zerlegt werden. Wirkt F_2 allein, so ist die Wirkungslinie von F_2 mit der Verbindungsgeraden $II-G$ zum Schnitt zu bringen (Schnittpunkt V). Die entsprechende Konstruktion im Kräfteplan liefert die zugehörigen Anteile der Auflagerkräfte und Gelenkkräfte. Die Zusammenfassung der aus F_1 und F_2 hervorgehenden Reaktionen erfolgt wie beim Dreigelenkbogen. Eine Kontrolle bietet die Einzeichnung der Wirkungslinie der resultierenden Gelenkkraft G in den Lageplan, Schnittpunkte VI und VII. Es muß dann $II-VI$ parallel zu C und $E-VII$ parallel zu E laufen (die zugehörigen Linien sind gestrichelt eingezeichnet).

Zu Beginn der Konstruktion hätte man auch die Wirkungslinie von F_1 mit der Verbindungsgeraden BK zum Schnitt bringen und diesen Punkt (III) mit dem Schnittpunkt (IV) der durch D gehenden Vertikalen mit der Geraden EG verbinden können. Diese Verbindungsgerade wär dann eine zweite Culmannsche Gerade. Um den Kräfteplan nicht zu überlasten, wurde auf die Einzeichnung verzichtet.

Ein anderes Beispiel zeigt Abb. 10.4. Hier ist nicht die mittlere Scheibe, sondern die rechte durch ein Rollenlager abgestützt. Die erste und zweite Scheibe sind durch das Gelenk G miteinander verbunden und gelenkig aufgelagert, bilden daher einen Dreigelenkbogen. Die dritte

Scheibe stützt sich im Gelenk K auf diesen Dreigelenkbogen ab, wodurch die resultierende äußere Kraft an der zweiten Scheibe beeinflußt wird. Die Aufgabe sei zunächst allgemein rechnerisch gelöst (horizontale Kraftkomponenten werden mit dem Index h, vertikale mit dem Index v gekennzeichnet).

Wir beginnen bei Scheibe 3. Die drei Gleichgewichtsbedingungen (6.6/1) liefern wegen $E_h = 0$ (Rollenlager):

$$\rightarrow \qquad K_h = 0,$$
$$\uparrow \quad E - F_3 + K_v = 0, \qquad (10.3/1)$$
$$K\rangle \quad E(f + g) - F_3 f = 0.$$

Hieraus folgen:

$$E = F_3 f / (f + g),$$
$$K_v = F_3 g / (f + g), \quad K_h = 0. \qquad (10.3/2)$$

Die Anwendung der Gleichgewichtsbedingungen auf die Scheiben 1 und 2 als Ganzes ergibt:

$$\rightarrow \qquad B_h + D_h = 0,$$
$$\uparrow \qquad B_v + D_v - F_1 - F_2 - K_v = 0, \qquad (10.3/3)$$
$$D\rangle \quad -B_v d - B_h k + F_1(d - a) + F_2 c - K_v e = 0.$$

Hierzu kommen die Gleichgewichtsbedingungen der Scheibe 1:

$$\rightarrow \qquad B_h - G_h = 0,$$
$$\uparrow \qquad B_v - G_v - F_1 = 0, \qquad (10.3/4)$$
$$G\rangle \quad B_h h - B_v b + F_1(b - a) = 0.$$

Die Auflösung liefert

$$B_v = \frac{F_1[k(b - a) + h(d - a)] + F_2 hc - K_v he}{hd + kb},$$

$$B_h = \frac{1}{k}\,[F_1(d - a) + F_2 c - K_v e - B_v d]$$

$$\qquad = \frac{1}{h}\,[-F_1(b - a) + B_v b], \qquad (10.3/5)$$

$$G_v = B_v - F_1,$$

$$G_h = B_h,$$

$$D_v = F_1 + F_2 + K_v - B_v,$$

$$D_h = -B_h.$$

Zahlenbeispiel (entspricht der zeichnerischen Lösung)

$a = 3$ m, $b = 5$ m, $c = 3$ m, $d = 11$ m, $e = 4$ m, $f = 2$ m, $g = 3$ m, $h = 4$ m, $k = 1$ m, $F_1 = 5000$ kp, $F_2 = 8000$ kp, $F_3 = 4000$ kp.

Lösung: $B_h = 3310$ kp, $B_v = 4650$ kp, $G_h = 3310$ kp, $G_v = -350$ kp, $D_h = -3310$ kp, $D_v = 5950$ kp, $K = 2400$ kp, $E = 1600$ kp.

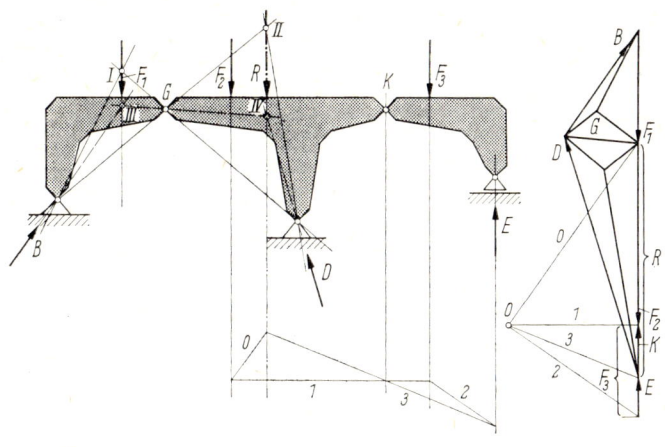

Abb. 10.5

Zur zeichnerischen Lösung (Abb. 10.5) wird zweckmäßig die resultierende äußere Kraft für Scheibe 2 mit Hilfe eines Seilecks ermittelt.

Zunächst werden F_1, F_2 und F_3 hintereinander im Kräfteplan aufgetragen. Zu den Anfangs- bzw. Endpunkten von F_2 und F_3 laufen die Seilstrahlen 0, 1, 2. Die Schlußlinie 3 ist im Lageplan so zu legen, daß die Ordinate des Seilecks vertikal unter dem Gelenk K Null wird (Verschwinden des Moments); sie schneidet 0 auf der Wirkungslinie der Resultierenden R, welche die Kräfte F_2 und K für Scheibe 2 ersetzt. Nunmehr handelt es sich um eine reine Dreigelenkbogenaufgabe mit den Gelenken B, G, D und den Kräften F_1, R.

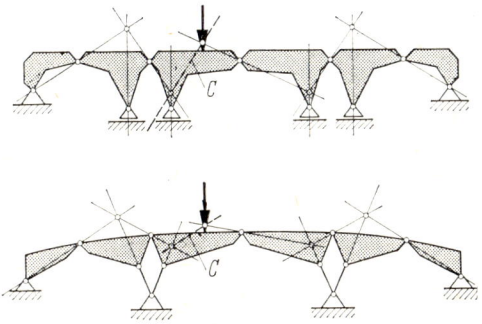

Abb. 10.6

Weitere Beispiele sind die beiden sechsgliedrigen Tragwerke in Abb. 10.6. Das obere Tragwerk weist sieben Gelenke und vier Rollenlager auf, d. h. $z = 18$ Zwangsbedingungen, denen für die sechs Scheiben 18 Gleichgewichtsbedingungen gegenüberstehen; es ist daher statisch bestimmt. Beim zweiten Tragwerk treten an die Stelle der Rollenlager vier Stäbe, so daß die Zahl der Zwangsbedingungen dieselbe bleibt. Die Auflagerkräfte werden in solchen Fällen für jede äußere Last separat ermittelt. Die Richtungen der Gelenkkräfte lassen sich, von den beiden Enden ausgehend, aus Gleichgewichtsbetrachtungen an den nicht von außen belasteten Scheiben leicht ermitteln. Schließlich führt an der belasteten Scheibe das Culmannsche Verfahren zum Ziel. In den Abb. 10.6 sind die Wirkungslinien der Gelenkkräfte und der Culmannschen Kraft eingezeichnet.

11 Ebene Fachwerke

Ein Bauteil, das aus geraden Stäben beliebiger Länge so zusammengesetzt ist, daß es beliebige Kräfte aufnehmen kann, wird als Fachwerk bezeichnet. Um die in den einzelnen Stäben auftretenden Kräfte in möglichst einfacher Weise ermitteln zu können, werden folgende Annahmen gemacht:

1. Die Stäbe sind in ihren Endpunkten miteinander durch reibungsfreie Gelenke verbunden (Knotenpunkte des Fachwerks).

2. Die äußeren Kräfte (Belastungen, Auflagerreaktionen) greifen nur in den Knotenpunkten des Fachwerks an.

In Wirklichkeit sind die Stabenden miteinander, bzw. mit Knotenblechen verschweißt, vernietet oder verschraubt, so daß auch Biegemomente übertragen werden können. Diese Effekte, welche zu den sog. Nebenspannungen führen, werden in der hier behandelten einfachen Fachwerkstatik vernachlässigt. Streckenlasten, wie Eigengewicht, Schneelast oder Winddruck greifen in Wirklichkeit längs der einzelnen Stäbe an. Ersetzt man ihre Resultierenden durch statisch äquivalente Kräftegruppen an den benachbarten Knotenpunkten; so entstehen jedoch nur geringfügige Ungenauigkeiten.

Der durch diese Annahmen erzielte rechnerische Vorteil besteht vor allem darin, daß alle Stäbe auf diese Weise nur noch auf Zug oder Druck beansprucht sind und keine Biege- oder Torsionsmomente zu übertragen haben.

Das *ebene Fachwerk* ist dadurch gekennzeichnet, daß alle Stäbe und auch alle äußeren Kräfte, sowie die Auflagerkräfte in einer gemeinsamen Ebene liegen.

11.1 Das einfache ebene Fachwerk

Das einfachste Fachwerk entsteht, wenn man an einem Stab zwei weitere Stäbe so anschließt, daß man ein Stabdreieck erhält. Zu den beiden Endpunkten bzw. Knotenpunkten des ersten Stabes kommt durch Anschluß der beiden Stäbe ein weiterer Knotenpunkt hinzu, (Abb. 11.1). Schließt man an zwei beliebige Knotenpunkte dieses Dreiecks zwei weitere Stäbe an, dann erhält man einen weiteren Knotenpunkt, usw. Fährt man so fort, so ist die Zahl der hinzukommenden Stäbe stets doppelt so groß wie die Zahl der neue entstehenden Knotenpunkte. Wird die Zahl der Stäbe mit s und die Zahl der Knotenpunkte mit k bezeichnet, so gilt:

$$s - 1 = 2(k - 2) \qquad (11.1/1)$$

und hieraus

$$s = 2k - 3. \qquad (11.1/2)$$

$s=1, k=2 \qquad s=3, k=3 \qquad s=5, k=4$

Abb. 11.1

Die so entstehenden Dreieckfachwerke nennt man *einfache Fachwerke*; sie sind offenbar kinematisch starr und daher tragfähig. Wir wollen die Frage der statischen Bestimmtheit näher untersuchen. Hierzu ist es am einfachsten, das Gleichgewicht an einem herausgeschnittenen Knotenpunkt zu betrachten. Nachdem keine Momente auftreten, gehen alle Stabkräfte durch Knotenpunkte. Das Gleichgewicht der an einem Knotenpunkt angreifenden Kräfte führt auf die ersten beiden Gleichungen (6.6/1). Die Momentengleichung ist für den Knotenpunkt als Bezugspunkt von selbst erfüllt, für einen anderen Bezugspunkt liefert sie eine Bestätigung der ersten beiden Bedingungen (6.6/1); man vergleiche hierzu 6.2! Wir haben daher an jedem Knotenpunkt zwei, also an k Knoten $2k$ Gleichgewichtsbedingungen zur Verfügung, welche zur Bestimmung der s unbekannten Stabkräfte und der z_t Auflagerkräfte ausreichen müssen. Daraus folgt als Bedingung für das statisch bestimmte ebene Fachwerk:

$$s + z_t = 2k. \qquad (11.1/3)$$

Man erkennt, daß alle in Abb. 11.2 ersichtlichen Fachwerke bei $z_t = 3$ Auflagerbedingungen statisch bestimmt sind; denn es gilt im ersten Falle $s = 3$, $k = 3$; im zweiten Falle $s = 5$, $k = 4$; im dritten Falle $s = 7$, $k = 5$. Zu demselben Ergebnis wäre man natürlich auch bei Anwendung der Theorie der ebenen Tragwerke gelangt. Da keine Schei-

7*

ben vorhanden sind, gilt $n = 0$; dann folgt aus (10.1/4) für $f = 0$ Über-einstimmung mit (11.1/3). *Es ist somit bewiesen, daß alle einfachen Fachwerke mit drei Auflagerbedingungen statisch bestimmt sind.* Darüber hinaus sind aber auch Fachwerke mit beliebigem Aufbau statisch be-

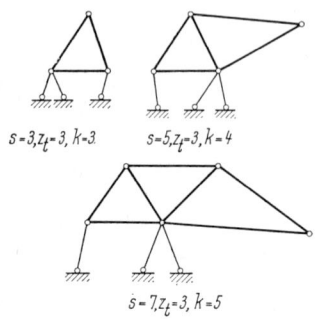

$s=3, z_t=3, k=3$ $s=5, z_t=3, k=4$

$s=7, z_t=3, k=5$

Abb. 11.2

stimmt, wenn (11.1/3) erfüllt ist und kein Ausnahmefall vorliegt (siehe 11.2); insbesondere gilt (11.1/3) auch dann, wenn das Fachwerk selbst nicht tragfähig ist, sondern erst durch zusätzliche Auflagerbedingungen tragfähig wird.

11.2 Ebene Ausnahmefachwerke

Außer den einfachen Fachwerken, die sich aus Stabdreiecken zu-sammensetzen, gibt es unendlich viele andere Fachwerkformen, welche ebenfalls statisch bestimmt sind, d.h. (11.1/3) erfüllen. Es ist dabei aber zu beachten, daß die Erfüllung von (11.1/3) zwar notwendig, aber bei nicht einfachem Aufbau nicht mehr hinreichend ist, um auch die Tragfähigkeit zu gewährleisten. Wir betrachten hierzu einige Beispiele. Abb. 11.3 zeigt vier Fachwerke, welche nicht einfachen Aufbau haben

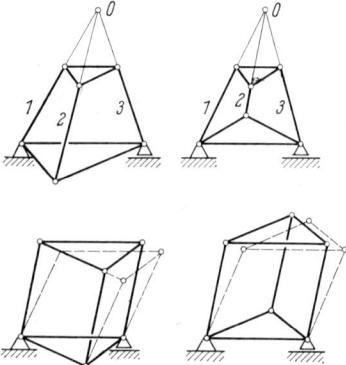

Abb. 11.3

und der Bedingung (11.1/3) genügen, aber dennoch nicht tragfähig sind. Im ersten und zweiten Falle liegt eine sog. *Wackligkeit*, d.h. eine kleine (mathematisch unendlich kleine) Beweglichkeit vor, welche einer Drehung der drei Stäbe *1*, *2* und *3* um den gemeinsamen Pol *0* entspricht. Im dritten und vierten Falle handelt es sich sogar um eine endliche Beweglichkeit; denn hier sind drei Stäbe gleich lang und parallel, derart

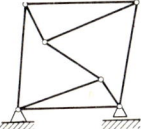 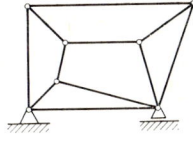 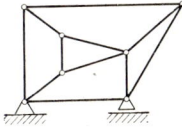

Abb. 11.4

daß sie sich unter Beibehaltung ihrer Parallelität um jeden beliebigen Winkel drehen können. Man nennt derartige Fachwerke *Ausnahmefachwerke*. Eine kleine Änderung der Stabanordnung genügt, um ein tragfähiges Fachwerk herzustellen, wie die erste der Abb. 11.4 zeigt. Die zweite und dritte der Abb. 11.4 zeigen weitere nichteinfache Fachwerke, welche tragfähig sind.

11.3 Die Berechnung der Stabkräfte ebener Fachwerke nach dem Knotenpunktverfahren

Wie in 11.1 bereits erläutert wurde, liefert die Formulierung der Gleichgewichtsbedingungen an den einzelnen herausgeschnittenen Knotenpunkten des statisch bestimmten Fachwerks genügend viele Gleichungen zur Berechnung der unbekannten Stabkräfte und der Auflagerreaktionen. Dieses Verfahren nennt man *Knotenpunktverfahren*. Der in Abb. 11.5 ersichtliche einfache Fachwerkträger möge als Anwendungsbeispiel dienen. Die Knotenpunkte sind herausgeschnitten gezeichnet. Die an den durchschnittenen Stäben angreifenden Stabkräfte werden so eingezeichnet, als ob sie am Knotenpunkt ziehen würden, d.h. als ob die Stäbe auf Zug beansprucht wären. Die wirkliche Richtung der jeweiligen Stabkraft ergibt sich aus der Rechnung; dabei gilt wieder die Regel, daß ein positives Vorzeichen die in der Systemskizze angenommene Richtung der betreffenden Kraft bestätigt, während ein negatives Vorzeichen darauf hinweist, daß die Kraft entgegengesetzte Richtung hat. Wenn wir also beim Fachwerk die Stabkräfte so einzeichnen, als ob die Stäbe auf Zug beansprucht wären, so bedeutet eine *positiv* errechnete Stabkraft *Zugbeanspruchungen*, eine *negative* Stabkraft *Druckbeanspruchung*. Die auftretenden Winkel werden von einer nach rechts weisenden Bezugsachse (x-Achse) aus entgegen dem Uhrzeigersinn positiv gezählt und durch die römische Zahl des Knotenpunktes sowie durch die Stabnummer gekennzeichnet. Die Tangenswerte lassen sich leicht aus der Zeichnung ablesen, die zugehörigen Sinus- und Cosinuswerte

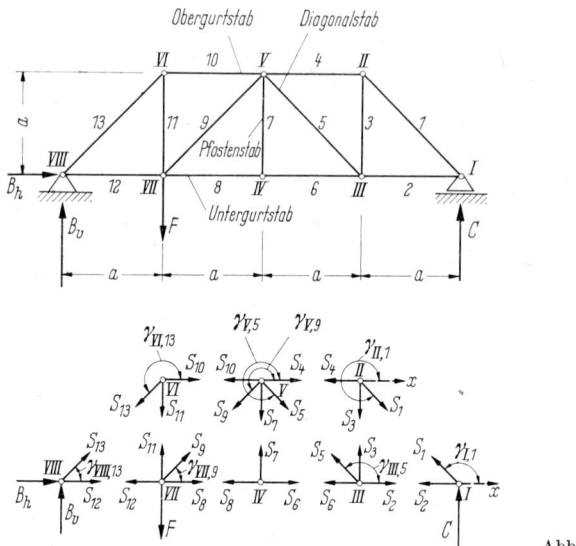

Abb. 11.5

werden trigonometrischen Tabellen entnommen, wobei sich das Vorzeichen nach dem jeweiligen Quadranten richtet. Im vorliegenden Falle vereinfacht sich diese Rechnung insofern, als es sich nur um Winkel von 0°, 45° und 90° handelt. Man erhält z. B.

$$\cos \gamma_{I,1} = -1/\sqrt{2}, \ \sin \gamma_{I,1} = 1/\sqrt{2},$$

$$\cos \gamma_{II,1} = 1/\sqrt{2}, \ \sin \gamma_{II,1} = -1/\sqrt{2} \text{ usw.} \qquad (11.3/1)$$

Für die horizontalen und vertikalen Gleichgewichtsbedingungen der einzelnen Knoten erhält man:

Für Knoten I: → $S_1 \cos \gamma_{I,1} - S_2 = 0,$

↑ $S_1 \sin \gamma_{I,1} + C = 0.$

Für Knoten II: → $S_1 \cos \gamma_{II,1} - S_4 = 0,$

↑ $S_1 \sin \gamma_{II,1} - S_3 = 0.$

$$(11.3/2)$$

usw. Statt alle diese linearen Gleichungen ausführlich anzuschreiben, ist es zweckmäßiger, für die auftretenden Koeffizienten eine übersichtliche Tabelle anzulegen. Bei dem hier behandelten Beispiel ergibt sich die Tabelle auf S. 103.

Knoten	S_1	S_2	S_3	S_4	S_5	S_6	S_7	S_8	S_9	S_{10}	S_{11}	S_{12}	S_{13}	B_h	B_v	C	F
I	$-1/\sqrt{2}$	-1														1	
II	$1/\sqrt{2}$			-1													
III	$1/\sqrt{2}$	1	-1		$-1/\sqrt{2}$	-1											
IV	$-1/\sqrt{2}$		1		$1/\sqrt{2}$	1	1	-1									
V				1	$1/\sqrt{2}$		-1		$-1/\sqrt{2}$	-1			$-1/\sqrt{2}$				
VI					$-1/\sqrt{2}$			1	$-1/\sqrt{2}$	1	-1		$-1/\sqrt{2}$				
VII									$1/\sqrt{2}$		1	-1	$1/\sqrt{2}$	1			
VIII									$1/\sqrt{2}$			1	$1/\sqrt{2}$		1		1

$$(11.3/3)$$

Die Auflösung dieses inhomogenen Gleichungssystems (die letzte Spalte entspricht den rechten Gleichungsseiten) liefert:

$$S_1 = -F\sqrt{2}/4, \ S_2 = F/4, \ S_3 = F/4, \ S_4 = -F/4,$$

$$S_5 = -F\sqrt{2}/4, \ S_6 = F/2, \ S_7 = 0, \ S_8 = F/2,$$

$$S_9 = F\sqrt{2}/4, \ S_{10} = -3F/4, \ S_{11} = 3F/4, \ S_{12} = 3F/4,$$

$$S_{13} = -3F\sqrt{2}/4, \ B_h = 0, \ B_v = 3F/4, \ C = F/4. \qquad (11.3/4)$$

Man hätte von vornherein erkennen können, daß Stab 7 keine Kraft übertragen kann, d. h. ein sog. *Nullstab* ist, da am Knoten *IV* die Stäbe *6* und *8* auf derselben Geraden liegen und mithin für den seitwärts gerichteten Stab *7* keine Gegenkraft vorhanden ist. Ferner hätte man noch vor Ermittlung der Stabkräfte die Auflagerkräfte bestimmen können. Da *F* vertikal wirkt und auch bei *C* nur eine Vertikalkraft übertragen werden kann, mußte auch die Auflagerkraft im Gelenk *B* vertikal gerichtet sein. Die Größe von *B* und *C* hätte sich sofort aus Momentengleichungen für *B* und *C* als Bezugspunkte ergeben. Es sollte aber gerade durch dieses Beispiel demonstriert werden, daß beim Knotenpunktverfahren grundsätzlich alle Unbekannten, Stabkräfte wie Auflagerkräfte, durch die Knotenpunktgleichungen allein, d. h. ohne Anwendung von Momentengleichungen ermittelt werden können. Der stark eingerahmte Teil der Tabelle stellt die sog. *Koeffizientenmatrix* dar, welche für alle Belastungen des Fachwerks gemeinsam gilt; die äußere Belastung erscheint erst in der letzten Spalte, also außerhalb des eingerahmten Teiles. Die Koeffizientenmatrix besteht bei $s + z_t = 2k$ stets aus $2k$ Spalten und $2k$ Reihen; sie ist für den Aufbau und die Tragfähigkeit des Fachwerks charakteristisch. Je einfacher der Aufbau des Fachwerkes ist, um so mehr Koeffizienten werden gleich Null. *Bei Ausnahmefachwerken wird die Determinante der Matrix gleich Null*; dieser Fall entspricht dem in 10.1 erwähnten Ausnahmefall bei ebenen Tragwerken.

Der Vorteil des Knotenpunktverfahrens liegt im systematischen Aufbau der verwendeten Gleichungen, welche auf ein allgemeines Rechenschema zurückgeführt werden können und zur Programmierung von Rechenautomaten geeignet sind. Im allgemeinen ist das Verfahren jedoch bei komplizierteren Fachwerken dem sog. *Schnittverfahren* unterlegen, welches meist auf einfachere Gleichungen führt.

11.4 Die Berechnung der Stabkräfte ebener Fachwerke nach dem Schnittverfahren

Während beim Knotenpunktverfahren keine Momentengleichung verwendet wird, handelt es sich beim Schnittverfahren, das ebenso wie

das in 6.5 angegebene Verfahren zur Zerlegung einer Kraft nach drei
Richtungen auf AUGUST RITTER zurückgeht, vorwiegend um die Anwendung von Momentengleichungen. In 5.7 wurde bewiesen, daß die
Momentengleichung die übrigen Gleichgewichtsbedingungen ersetzt,
sofern sie für genügend viele Bezugspunkte aufgestellt wird. Dabei hat
man den großen Vorteil der freien Wahl der Bezugspunkte. Bei Anwendung auf Fachwerke sind durch geeignete Schnitte Teile des Fachwerks abzutrennen. Der Bezugspunkt für die Momentengleichung ist
so zu legen, daß die Kräfte möglichst aller geschnittenen Stäbe außer
der jeweils gesuchten Stabkraft durch ihn hindurchgehen; dann liefert
die Momentengleichung unmittelbar die gesuchte Stabkraft. Für die
Anwendung ist es am günstigsten, wenn höchstens drei Stäbe geschnitten werden und diese nicht durch einen Punkt gehen (Ritter-*Schnitt*).
Ein Sonderfall tritt ein, wenn zwei von den drei Stäben parallel laufen
und die dritte Stabkraft berechnet werden soll; dann liefert die Gleichgewichtsbedingung in Richtung senkrecht zu den beiden parallelen
Stäben unmittelbar die dritte Stabkraft. Das Verfahren sei auf den
Fachwerkträger in Abb. 11.5 angewandt. Die durch die einzelnen
Schnitte abgetrennten Fachwerkteile sind in Abb. 11.6 gesondert heraus-
gezeichnet. Zur Kennzeichnung der Schnitte werden stets links neben
den zugehörigen Gleichgewichtsbedingungen in Klammern die Num-
mern der geschnittenen Stäbe angegeben; der Buchstabe r oder l gibt

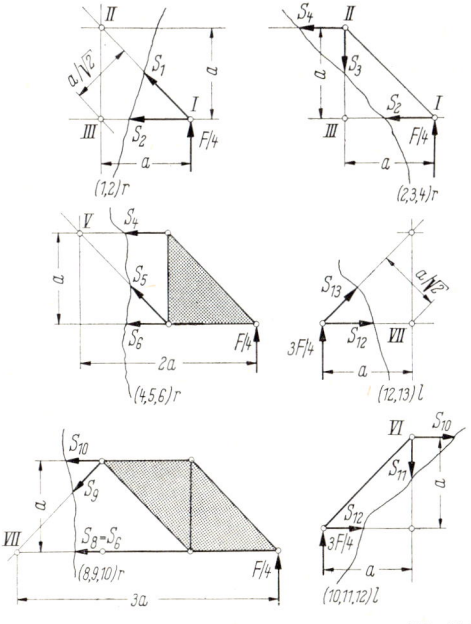

Abb. 11.6

an, ob sich die Gleichgewichtsbedingung auf den rechten oder linken Teilkörper bezieht. Wir gehen hier davon aus, daß die Auflagerreaktionen bereits durch Gleichgewichtsbetrachtungen am ganzen Fachwerk bestimmt sind ($B_h = 0$, $B_v = 3F/4$, $C = F/4$), Stab 7 als Nullstab nachgewiesen ist und mithin die Stabkräfte S_6 und S_8 als identisch angesehen werden können. Dann erhält man folgendes Gleichungssystem (zur Abkürzung wurde bei den Momentengleichungen durch a dividiert):

$$(1, 2)\ r \quad \begin{cases} III\rangle & S_1\sqrt{2}/2 + F/4 = 0, \\ II\rangle & -S_2 + F/4 = 0, \end{cases}$$

$$(2, 3, 4)\ r \quad \begin{cases} III\rangle & S_4 + F/4 = 0, \\ \uparrow & -S_3 + F/4 = 0, \end{cases}$$

$$(4, 5, 6)\ r \quad \begin{cases} V\rangle & -S_6 + F/2 = 0, \\ \uparrow & S_5\sqrt{2}/2 + F/4 = 0, \end{cases} \qquad (11.4/1)$$

$$(8, 9, 10)\ r \quad \begin{cases} VII\rangle & S_{10} + 3F/4 = 0, \\ \uparrow & -S_9\sqrt{2}/2 + F/4 = 0, \end{cases}$$

$$(10, 11, 12)\ l \quad \begin{cases} VI\rangle & S_{12} - 3F/4 = 0, \\ \uparrow & -S_{11} + 3F/4 = 0, \end{cases}$$

$$(12, 13)\ l \quad VII\rangle \quad -S_{13}\sqrt{2}/2 - 3F/4 = 0.$$

Man erkennt, daß diese Gleichungen die direkte Errechnung aller Unbekannten gestatten, wobei sich Übereinstimmung mit (11.3/4) ergibt. Das Schnittverfahren führt demnach schneller zum Ziel als das Knotenpunktverfahren; nur müssen die Bezugspunkte für die Momentengleichungen geschickt gewählt werden, wenn alle erzielbaren Vorteile ausgenützt werden sollen. Für einfache Fachwerke ist der Unterschied der beiden Verfahren nicht sehr groß, wie das durchgerechnete Beispiel zeigt. Anders ist es bei nichteinfachen Fachwerken; dort führt das Knotenpunktverfahren zu verwickelteren Gleichungssystemen, während das Schnittverfahren meist einen verhältnismäßig kurzen Rechnungsweg ermöglicht.

Bevor wir auf weitere Beispiele eingehen, wollen wir noch den zeichnerischen Lösungsweg zur Bestimmung der Stabkräfte näher untersuchen.

11.5 Die zeichnerische Ermittlung der Stabkräfte ebener Fachwerke (Cremonaplan)

Wie in 11.3 nachgewiesen wurde, reichen die Gleichgewichtsbedingungen an den Knoten zur Bestimmung der Stabkräfte aus. Das Gleichgewicht von Kräften, die an einem gemeinsamen Angriffspunkt angreifen, ist aber nach 1.6 gewährleistet, wenn sich das zugehörige Krafteck

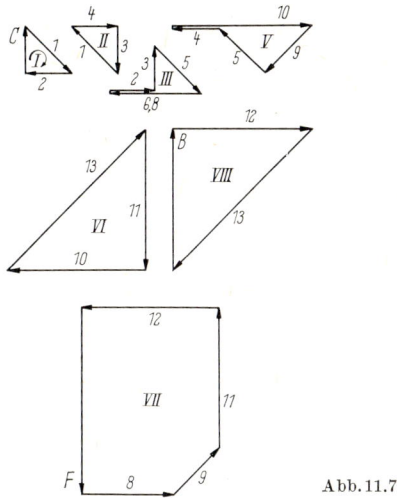

Abb. 11.7

schließt. Daraus ergibt sich der Grundgedanke für die zeichnerische Ermittlung der Stabkräfte beim ebenen Fachwerk: Es ist zu jedem Knoten das zugehörige Krafteck zu zeichnen. Wir betrachten als Beispiel wieder Abb. 11.5. Sind zuvor die Auflagerkräfte ermittelt, so kann das Verfahren offenbar an einem Knotenpunkt begonnen werden, an welchem nur zwei Stäbe angeschlossen sind (hier Knoten I und VIII). Wir wollen mit I beginnen und verabreden, daß stets die Kräfte so aneinander gesetzt werden, wie es einer Umkreisung des Knotens entgegen dem Uhrzeigersinn entspricht. Dann ergibt sich das erste der in Abb. 11.7 gezeichneten Kräftedreiecke. Die Pfeilfolge liefert den angegebenen Umlaufsinn und läßt erkennen, daß Stabkraft 1 auf Knoten I drückt, während Stabkraft 2 am Knoten I zieht (vgl. auch die in Abb. 11.8 eingezeichneten Pfeile). Stab 1 ist daher auf Druck, Stab 2 auf Zug beansprucht. Dies Ergebnis zeigt, ebenso wie die aus dem Kräftedreieck zu entnehmenden Größen dieser Stabkräfte Übereinstimmung mit der rechnerischen Lösung. Wir wollen auch bei der zeichnerischen Lösung an der Vereinbarung festhalten, daß Stabkräfte bei Zug mit positivem, bei Druck mit negativem Vorzeichen zu versehen sind, was bei Zusammenstellung der Ergebnisse in tabellarischer Form

zu beachten ist. Es ist für den Statiker vorteilhaft, Druckstäbe im
Fachwerk hervorzuheben, z. B. durch Einzeichnung einer gestrichelten
Linie, weil sie nach besonderen Festigkeitsvorschriften gegen Knick-
gefahr dimensioniert werden müssen (vgl. Abb. 11.8). Am anderen Ende
von Stab *1* drückt die nunmehr bekannte Stabkraft *1* gegen Knoten *II*
und kann dort nach den Richtungen der Stäbe *3* und *4* zerlegt werden.

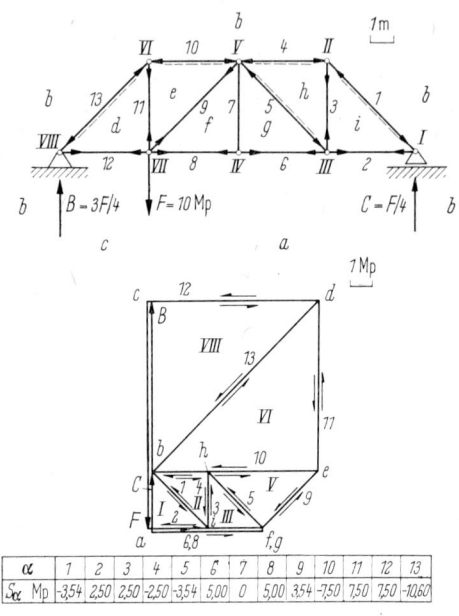

α	1	2	3	4	5	6	7	8	9	10	11	12	13
S_α Mp	-3,54	2,50	2,50	-2,50	-3,54	5,00	0	5,00	3,54	-7,50	7,50	7,50	-10,60

Abb. 11.8

Bei Beachtung der Regel für die Reihenfolge ergibt sich das zweite
Kräftedreieck (Abb. 11.7). Aus dem Umlaufsinn der Kraftrichtungen
erkennt man, daß Stab *3* am Knoten *II* zieht, während Stab *4* auf
Knoten *II* drückt (Druckstab). Diese Pfeilrichtungen sind wieder in
Abb. 11.8 eingezeichnet (entsprechend dem Reaktionsgesetz sind die
Pfeilrichtungen an den beiden Enden eines jeden Stabes einander
entgegengesetzt). Wir kommen zum Knoten *III*, an welchem Stab *2*
und Stab *3* ziehen. Wir setzen die bekannten Kräfte *2* und *3* aneinander
und vervollständigen sie durch Kräfte, die zu *5* und *6* parallel laufen, zu
einem geschlossenen Krafteck. Die sinngemäße Anwendung derselben
Überlegungen wie an den anderen Knoten zeigt, daß Stab *5* auf Druck
beansprucht ist, Stab *6* auf Zug. Das Gleichgewicht am Knoten *IV* zeigt
— wie erwähnt —, daß Stab *7* ein Nullstab ist und Stabkraft *8* mit *6*
identisch ist. Am Knoten *V* sind die Stabkräfte *4* und *5* bekannt, können aneinander gesetzt und mit *9* und *10* zu einem geschlossenen Kraft-

eck vereinigt werden. Die Untersuchung der Pfeilfolge zeigt, daß Stab *9* auf Zug und *10* auf Druck beansprucht ist. Stabkraft *10* kann bei *VI* nach *11* und *13* zerlegt werden, schließlich *13* bei *VIII* nach *B* und *12* (Kontrolle bezüglich *B*). Eine weitere Kontrolle liefert das Gleichgewicht am Knoten *VII* (Stabkräfte *8*, *9*, *11*, *12* und Last *F*). Die Kraftecke für sämtliche acht Knotenpunkte zeigt Abb. 11.7. Die sich daraus ergebenden Richtungen der Stabkräfte an den einzelnen Knotenpunkten sind in Abb. 11.8 gekennzeichnet, Druckstäbe sind durch gestrichelte Linien hervorgehoben. Die Ergebnisse stimmen mit der rechnerischen Lösung überein (Druckkräfte zählen negativ). Es stellt sich nun heraus, daß alle diese Kraftecke in einer einzigen Figur, dem sog. reziproken Kräfteplan zusammengefaßt werden können, wie Abb. 11.8 zeigt. Dann erscheint jede Stabkraft und jede Auflagerkraft nur noch einmal, während sie beim Zeichnen der einzelnen Kraftecke von einem Krafteck zum anderen nach Größe und Richtung übertragen werden mußte. Man erkennt, daß nicht nur den Knotenpunkten im Lageplan Polygone im Kräfteplan entsprechen, sondern auch umgekehrt; d. h. Eckpunkten im Kräfteplan entsprechen Polygone im Lageplan. Um diesen Zusammenhang zu erkennen, wurden die einzelnen Polygone, in welche die Lageplanebene durch die Fachwerkstäbe, die äußere Kraft und die Auflagerkräfte zerlegt wird, mit kleinen lateinischen Buchstaben bezeichnet; dabei ist zu beachten, daß diese Polygone sich z. T. sektorartig ins Unendliche erstrecken, wie hier die Polygone *a*, *b*, *c*. Die Stabkräfte oder Auflagerkräfte, welche jeweils ein Polygon im Lageplan eingrenzen, laufen im Kräfteplan in einem Eckpunkt zusammen, der mit demselben Buchstaben bezeichnet ist wie das zugehörige Polygon im Lageplan. Aus diesem Grunde spricht man von einem reziproken Kräfteplan; eine andere sehr gebräuchliche Bezeichnung ist *Cremonaplan*[1].

Für das Zeichnen reziproker Kräftepläne sind folgende Einzelschritte durchzuführen:

1. Das Fachwerk wird in einem geeigneten Lageplanmaßstab gezeichnet; die Knoten werden mit römischen, die Stäbe mit arabischen Ziffern versehen.

2. Die Auflagerkräfte werden rechnerisch oder zeichnerisch bestimmt und im Kräfteplan mit geeignetem Kräftemaßstab mit den äußeren Kräften in *der* Reihenfolge zu einem geschlossenen Krafteck aneinander gesetzt, wie sie bei der Umkreisung des ganzen Fachwerkes entgegen dem Uhrzeigersinn aufeinander folgen.

3. Nullstäbe werden besonders gekennzeichnet.

---

[1] Der reziproke Kräfteplan wurde unabhängig voneinander durch Luigi Cremona (geb. 1830 in Pavia, gest. 1903 in Rom) und James Clerk Maxwell (geb. 1831 in Edinburg, gest. 1879 in Cambridge) eingeführt.

4. Das gezeichnete Krafteck wird zum reziproken Kräfteplan ergänzt, wobei man mit einem Knoten beginnt, an welchem nur zwei Stäbe
angeschlossen sind; die an den einzelnen Knoten angreifenden Kräfte
werden jeweils so aneinander gesetzt; wie sie bei Umkreisung des Knotens entgegen dem Uhrzeigersinn aufeinander folgen.

5. Zur Kontrolle kann man die im Lageplan entstandenen Polygone
noch durch kleine lateinische Buchstaben kennzeichnen; die Kräfte,
welche den Seiten dieser Polygone entsprechen, müssen in den entsprechenden Eckpunkten des Kräfteplans zusammenlaufen.

Bezüglich des Auftretens von *Nullstäben* sind drei Fälle zu unterscheiden:

1. Sind an einem Knoten zwei Stäbe angeschlossen, welche nicht
in gleicher Richtung liegen, und greift an diesem Knoten weder eine
äußere Kraft, noch eine Auflagerkraft an, so sind beide Stäbe Nullstäbe.

2. Sind an einem Knoten zwei Stäbe angeschlossen, welche nicht
in gleicher Richtung liegen, und greift eine äußere Kraft oder Auflagerkraft in Richtung des einen Stabes an, so ist der andere Stab ein Nullstab.

3. Sind an einem Knotenpunkt drei Stäbe angeschlossen, von denen
zwei in gleicher Richtung liegen, und greift weder eine äußere Kraft
noch eine Auflagerkraft an, so ist der dritte Stab ein Nullstab.

Die drei Fälle sind bei dem in Abb. 11.9 gezeichneten Fachwerk ersichtlich. Bei Anwendung der Gleichgewichtsbedingung am Knoten *I*
in Richtung senkrecht zu einem der beiden Stäbe erkennt man, daß
der andere ein Nullstab sein muß, ebenso umgekehrt. Bei Knoten *II*

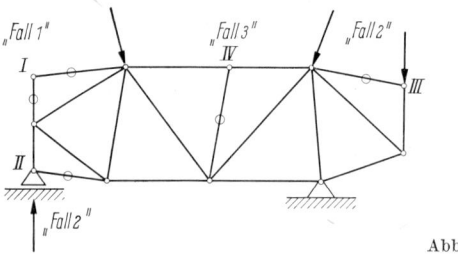

Abb. 11.9

und *III* liegt die Auflagerkraft bzw. die äußere Kraft in Richtung des
einen Stabes; die Gleichgewichtsbedingung in der dazu senkrechten
Richtung fordert, daß der andere Stab ein Nullstab ist. Am Knoten *IV*
handelt es sich um denselben Fall, der schon bei dem in 11.3 behandelten
Beispiel aufgetreten war: Zwei Stäbe liegen in einer Richtung; folglich
verlangt die Gleichgewichtsbedingung in der dazu senkrechten Richtung bei Abwesenheit äußerer Kräfte, daß der dritte Stab ein Nullstab

ist. Der reziproke Kräfteplan wird so gezeichnet, als ob die Nullstäbe nicht vorhanden wären.

Greifen auch an innen liegenden Knoten des Fachwerkes äußere Kräfte an, so wird dadurch die Reziprozität gestört. Man nimmt in solchen Fällen an den benachbarten außen liegenden Knoten (den sog. *Gurtknoten*) eine statisch äquivalente Belastung an und kann dann den Cremonaplan zeichnen. In einem zweiten Kräfteplan werden die Anteile der Stabkräfte ermittelt, welche durch die Kräfteverlagerung bedingt sind. Äußere Belastung des Fachwerks für den zweiten Belastungsfall sind die an den Innenknoten wirklich angreifenden Kräfte und die mit ihnen im Gleichgewicht befindlichen Gegenkräfte der an den Nachbarknoten eingeführten Ersatzkräfte. Ein Beispiel zeigt Abb. 11.14. Die wirklichen Stabkräfte ergeben sich durch Addition der Anteile aus beiden Kräfteplänen unter Beachtung der Vorzeichen.

11.6 Beispiele

Wir wollen nun die Verfahren auf einige Beispiele anwenden. Abb.11.10 zeigt ein Kranfachwerk von einfachem Aufbau. Nachdem die Last vertikal gerichtet

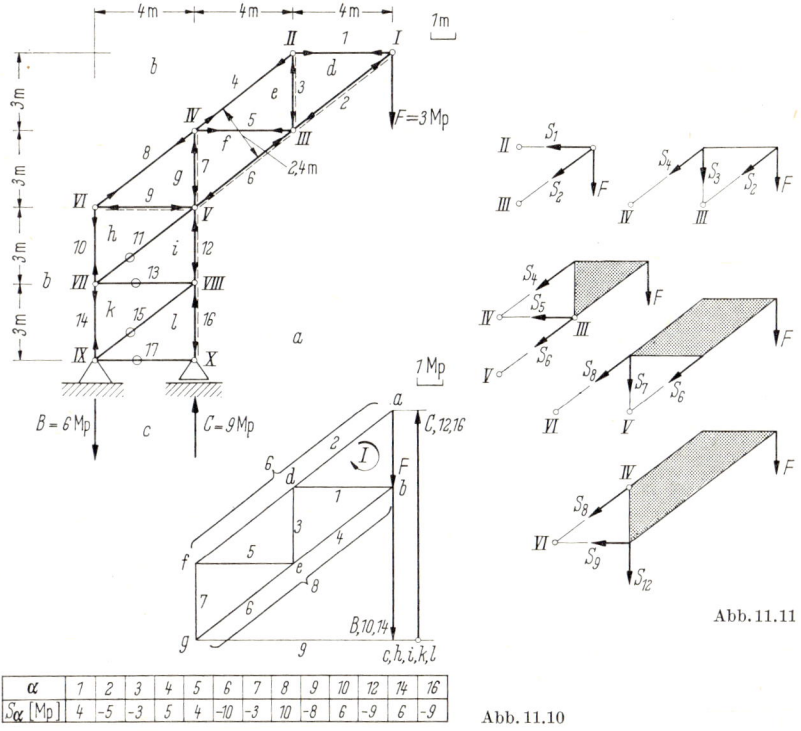

Abb. 11.11

Abb. 11.10

α	1	2	3	4	5	6	7	8	9	10	12	14	16
S_α [Mp]	4	-5	-3	5	4	-10	-3	10	-8	6	-9	6	-9

ist und das bei C befindliche Rollenlager nur eine vertikale Kraft übertragen kann, ist auch die Auflagerkraft B vertikal gerichtet. Da Stab 16 in Richtung der Auflagerkraft C liegt, wird Stab 17 ein Nullstab (Fall 2). Daraus folgt weiter, daß bei B derselbe Sachverhalt vorliegt und auch Stab 15 ein Nullstab sein muß. Bei VIII liegen die Stäbe 12 und 16 in derselben Richtung, so daß Stab 13 ein Nullstab ist (Fall 3). Schließlich liegt derselbe Sachverhalt bei VII vor, so daß auch Stab 11 ein Nullstab ist. Nach Ermittlung der Auflagerkräfte läßt sich der Cremonaplan ohne Schwierigkeit zeichnen, beginnend mit dem Knoten I. Bei der rechnerischen Lösung nach dem Schnittverfahren erhält man folgende Gleichgewichtsbedingungen der abgeschnittenen Fachwerkteile (Abb.11.11; die Stabkräfte werden beim rechnerischen Verfahren als *Zugkräfte* an den Knoten eingeführt):

$$
\begin{array}{llll}
(1, 2)\ r & III) & -4F + 3S_1 = 0 & \\
& II) & -4F - 2{,}4S_2 = 0 & \\
(2, 3, 4)\ r & IV) & -8F - 4S_3 - 2{,}4S_2 = 0 & \\
& III) & -4F + 2{,}4S_4 = 0 & \\
(4, 5, 6)\ r & V) & -8F + 2{,}4S_4 + 3S_5 = 0 & \\
& IV) & -8F - 2{,}4S_6 = 0 & (11.6/1) \\
(6, 7, 8)\ r & VI) & -12F - 2{,}4S_6 - 4S_7 = 0 & \\
& V) & -8F + 2{,}4S_8 = 0 & \\
(8, 9, 12)\ r & IV) & -8F - 3S_9 = 0 & \\
& VI) & -12F - 4S_{12} = 0. &
\end{array}
$$

Man erkennt die Übereinstimmung der Stabkräfte mit den Ergebnissen aus dem Kräfteplan.

Abb.11.12 zeigt einen gewöhnlichen Dachbinder (Polonceau-Träger). Die vom Dach aufzunehmende Schneelast wird auf die Obergurtknoten abgesetzt. Infolge des symmetrisch aufgebauten Fachwerks und der symmetrischen Belastung sind beide Auflagerkräfte gleich groß. Zunächst wird der geschlossene Linienzug der äußeren Kräfte und der Auflagerkräfte gezeichnet, anschließend der Cremonaplan, beginnend mit dem Knoten I oder VII. Die Stabkräfte sind wieder nach Größe und Vorzeichen in einer Tabelle übersichtlich zusammengestellt. Zur Kontrolle sei Stab 6 durch Anwendung des in Abb.11.12 eingezeichneten Ritterschnittes berechnet:

$$
(4, 5, 6)\ r \qquad IV) \qquad 6C - 3F - 4S_6 = 0. \qquad (11.6/2)
$$

Man erkennt die Übereinstimmung mit dem zeichnerisch gefundenen Wert von S_6.

Wird das Fachwerk noch weiter ausgesteift, wie es in Abb.11.13 gezeichnet ist, so entsteht aus den Stäben 7 bis 21 ein nichteinfaches Fachwerk oder, wie man auch sagt, eine *Grundfigur*.

Der Cremonaplan läßt sich zunächst nur für die Stabkräfte 1 bis 6 und 22 bis 27 zeichnen. Dann muß eine zusätzliche Schnittbetrachtung angewandt werden. Am einfachsten ist hier wieder die Anwendung des Ritterschnittes. Es folgt:

$$
(11, 12, 14)\ r \qquad VIII) \qquad 6C - 4{,}5F - 3F - 1{,}5F - 4S_{14} = 0. \qquad (11.6/3)
$$

Hieraus erhält man S_{14} und hat damit den Abstand des Punktes q von a im Kräfteplan, so daß der Cremonaplan fertig gezeichnet werden kann. Die zusätzlich verwendete Bedingung (11.6/3) wirkt sich am Schluß als zeichnerische Kon trolle aus. Wegen der Symmetrie genügt es, den Kräfteplan für eine Hälfte des Fachwerks zu zeichnen. Weitere nichteinfache Fachwerke werden in 11.7 und 11.8 behandelt.

Abb. 11.14 zeigt ein Fachwerk mit Innenknotenbelastung. Um den Cremonaplan zeichnen zu können, müssen zunächst an zwei benachbarten Gurtknoten Ersatzkräfte angebracht werden; wir wählen hierzu die Knoten *II* und *III*. Die

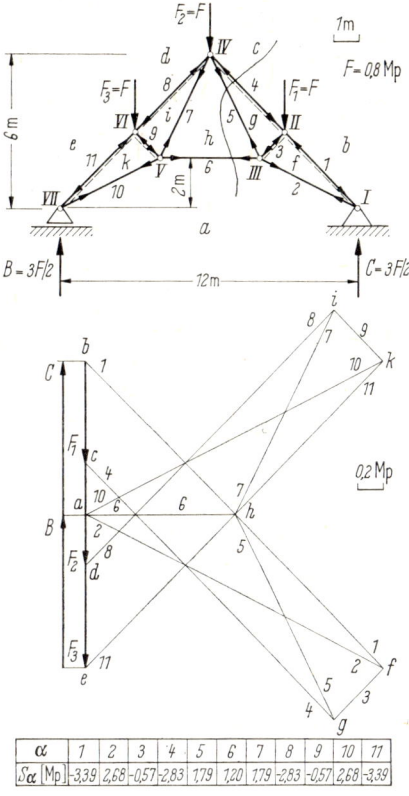

Abb. 11.12

Ersatzkräfte müssen Komponenten der wirklichen Last *F* sein. Für den so entstehenden *ersten Belastungsfall* zeigt Abb. 11.15 den Cremonaplan. Durch die Kräfteverlagerung sind zusätzliche Stabkräfte entstanden, welche durch einen *zweiten Belastungsfall* erfaßt werden (Abb. 11.16). Zu der wirklichen Last *F*, welche am Innenknoten *VI* angreift, kommen zwei an den Knoten *II* und *III* angreifende Kräfte, welche die beim ersten Belastungsfall eingeführten Ersatzkräfte wieder aufheben und als deren Gegenkräfte mit der Last *F* eine Gleichgewichtsgruppe bilden, durch welche nur das aus den Stäben *3*, *4*, *5* bestehende Dreieck belastet wird. Die wirklichen Stabkräfte ergeben sich schließlich durch Addition der Anteile aus beiden Belastungsfällen.

Versucht man, diese Aufgabe mit *einem* Kräfteplan zu lösen, so muß man sich auf die Zusammensetzung jener Kraftecke beschränken, welche zu den Außenknoten (*I* bis *V*) gehören (Abb. 11.17). Man kann zwar widerspruchsfrei die Kraftecke *I* bis *V* aneinandersetzen; auf *V* folgt aber wieder *I*, und hierbei zeigt sich, daß sich dieser Kräfteplan nicht zu einem Cremonaplan zusammenfügt;

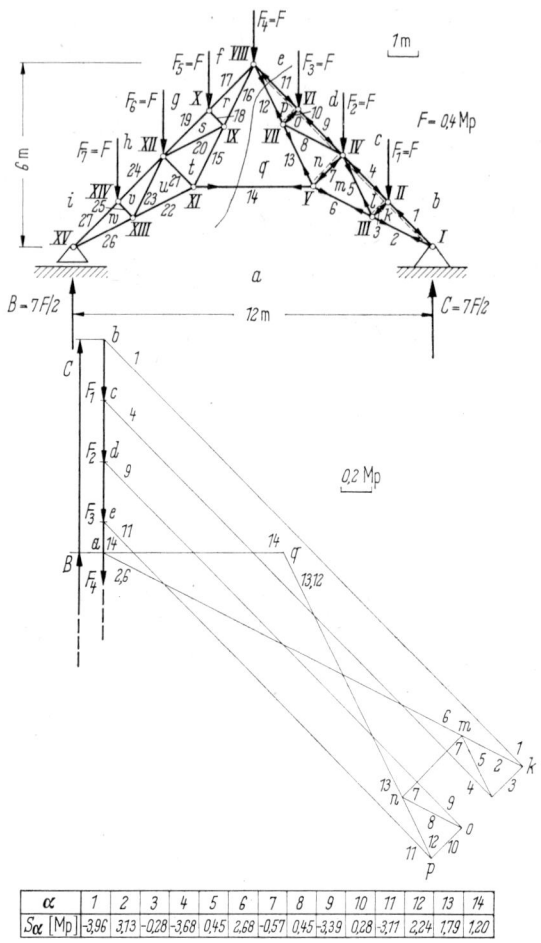

α	1	2	3	4	5	6	7	8	9	10	11	12	13	14
S_α [Mp]	-3,96	3,13	-0,28	-3,68	0,45	2,68	-0,57	0,45	-3,39	0,28	-3,11	2,24	1,79	1,20

Abb. 11.13

denn das Krafteck *I* erscheint um den Vektor **F** gegenüber seiner Anfangslage verschoben. Ist nur ein Innenknoten belastet — wie bei diesem Beispiel —, so lassen sich die Zusammenhänge bei Fachwerken einfacher Art noch übersehen. Sind aber mehrere Innenknoten belastet, so kann die zeichnerische Lösung nur mit Hilfe der Kräfteverlagerung, d. h. mit zwei oder auch mehr Kräfteplänen durchgeführt werden.

In Abb. 11.18 ist ein Fachwerkträger dargestellt, der eine horizontale und zwei vertikale Kräfte aufzunehmen hat. Die im Gelenk *B* übertragene Auflagerkraft geht durch den Schnittpunkt der Resultierenden mit der vertikal gerichteten

Auflagerkraft beim Rollenlager C; daraus ergibt sich eine Kontrolle für den Cremonaplan, der am rechten Trägerende begonnen werden kann (Stab 1 ist Nullstab). Für die rechnerische Lösung können durchweg Ritterschnitte verwendet werden, z.B.:

$$(10, 11, 12)\,r \qquad V)\quad 3S_{10} - 4F_1 + 8C = 0. \qquad\qquad (11.6/4)$$

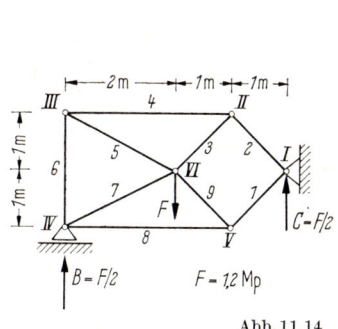

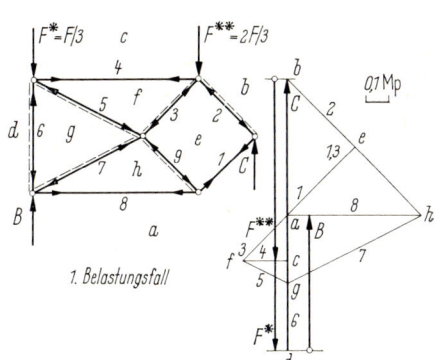

Abb. 11.14   Abb. 11.15

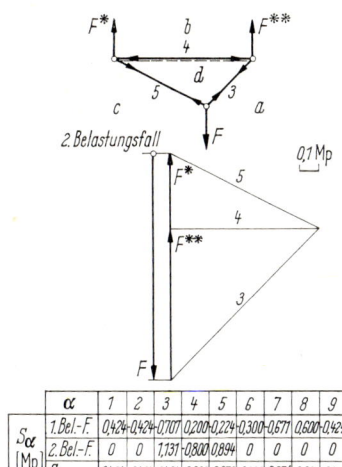

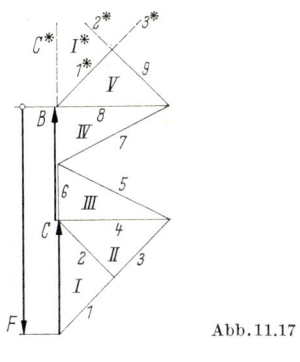

Abb. 11.17

α		1	2	3	4	5	6	7	8	9
S_α [Mp]	1.Bel.-F.	0,424	0,424	0,707	0,200	0,224	0,300	0,671	0,600	0,424
	2.Bel.-F.	0	0	1,131	0,800	0,894	0	0	0	0
	Summe	0,424	0,424	0,424	0,600	0,670	0,300	0,671	0,600	0,424

Abb. 11.16

Abb. 11.19 zeigt einen im Eisenbahnbrückenbau vielfach verwendeten Träger, dessen Cremonaplan besonders übersichtlich wird. Die rechnerische Lösung erfolgt auch hier zweckmäßig mit Ritterschnitten.

Eine andere Fachwerkträgerart ist in Abb. 11.20 ersichtlich. Für den gezeichneten symmetrischen Belastungsfall genügt es, eine Trägerhälfte zu untersuchen. Die Stäbe 1, 5, 6 sind Nullstäbe. Der Cremonaplan kann am Trägerende begonnen werden. Für die analytische Lösung empfiehlt sich hier eine interessante

8*

Kombination des Knotenpunktverfahrens mit dem Schnittverfahren:

			$S_2 = -C = -2F$
$(3, 4)\, r$	$VI \rangle$	$-2\sqrt{2}\,S_3 + 2C = 0$	$S_3 = F\sqrt{2}$
	$IV \rangle$	$2\sqrt{2}\,S_4 + 2C = 0$	$S_4 = -F/\sqrt{2}$
$(7, 8, 11, 12)\, r$	$IV \rangle$	$4S_7 + 2C = 0$	$S_7 = -F$
	$VI \rangle$	$-4S_{12} + 2C = 0$	$S_{12} = F$
	$\rightarrow$	$-S_7 - S_{12} = 0$ (Kontrolle!)	
	$VI \uparrow$	$-S_8 - S_4/\sqrt{2} - F_1 = 0$	$S_8 = 0$
	$IV \uparrow$	$S_{11} + S_3/\sqrt{2} = 0$	$S_{11} = -F$
$(13, 14, 17, 18)\, r$ $IX \rangle$		$-4S_{13} - 2F_1 + 4C = 0$	$S_{13} = 3F/2$
	$VII \rangle$	$4S_{18} - 2F_1 + 4C = 0$	$S_{18} = -3F/2$
	$\rightarrow$	$-S_{13} - S_{18} = 0$ (Kontrolle!)	
	$IX \rightarrow$	$S_9/\sqrt{2} + S_7 - S_{18} = 0$	$S_9 = -F\sqrt{2}/2$
	$\uparrow$	$-S_{17} - S_9/\sqrt{2} = 0$	$S_{17} = F/2$
	$VII \rightarrow$	$-S_{13} + S_{12} + S_{10}/\sqrt{2} = 0$	$S_{10} = F\sqrt{2}/2$
	$\uparrow$	$S_{14} + S_{10}/\sqrt{2} = 0$	$S_{14} = -F/2$
$(19, 20, 23, 24)\, r$ $X \rangle$		$4S_{19} - 4F_1 + 6C = 0$	$S_{19} = -2F$
	$XII \rangle$	$-4S_{24} - 4F_1 + 6C = 0$	$S_{24} = 2F$
	$\rightarrow$	$-S_{19} - S_{24} = 0$ (Kontrolle!)	
	$XII \rightarrow$	$S_{16}/\sqrt{2} + S_{18} - S_{19} = 0$	$S_{16} = -F\sqrt{2}/2$
	$\uparrow$	$-S_{20} - S_{16}/\sqrt{2} - F_2 = 0$	$S_{20} = -F/2$
	$X \rightarrow$	$-S_{24} + S_{13} + S_{15}/\sqrt{2} = 0$	$S_{15} = F\sqrt{2}/2$
	$\uparrow$	$S_{23} + S_{15}/\sqrt{2} = 0$	$S_{23} = -F/2$
	$XI \rightarrow$	$-S_{21}/\sqrt{2} - S_{22}/\sqrt{2} = 0$	$S_{21} = 0$
	$\uparrow$	$S_{20} + S_{21}/\sqrt{2} - S_{22}/\sqrt{2} - S_{23} = 0$	$S_{22} = 0$

$$(11.6/5)$$

Schließlich ergibt sich aus Symmetriegründen auch Stab *25* als Nullstab, nachdem an den Knoten *XIII* und *XIV* alle Diagonalstäbe ohne Kraft bleiben.

    Die kombinierte Anwendung des Knotenpunktverfahrens und des Schnittverfahrens, welche hier zu einem direkten Lösungsweg führte, ist besonders leistungsfähig und eignet sich deshalb auch für kompliziertere Fachwerke; wir wollen diese Methode *allgemeines Schnittverfahren* nennen.

    Bei ebenen *nichteinfachen* Fachwerken, auch Grundfiguren genannt, sind an jedem Knotenpunkt mindestens drei Stäbe miteinander gelenkig verbunden, sodaß die Zeichnung des Cremonaplanes nicht direkt möglich ist. Nachstehend sind die für derartige Fachwerke gebräuchlichen Verfahren zusammengestellt; sie werden an Hand geeigneter Beispiele näher erläutert.

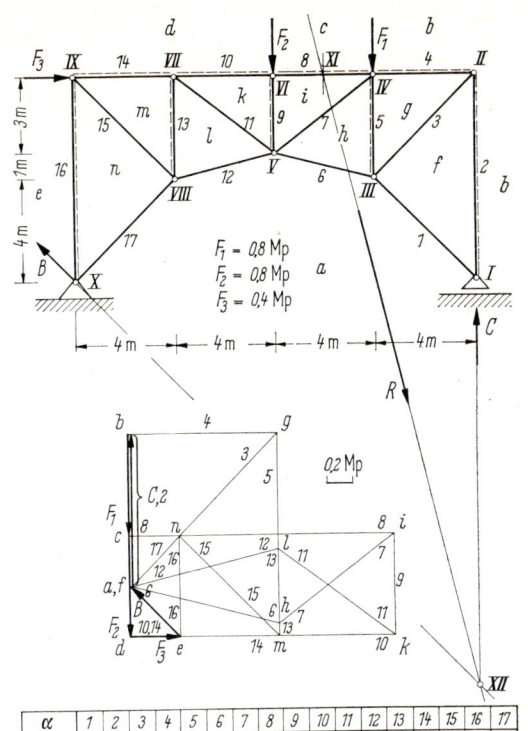

$F_1 = 0{,}8$ Mp
$F_2 = 0{,}8$ Mp
$F_3 = 0{,}4$ Mp

α	1	2	3	4	5	6	7	8	9	10	11	12	13	14	15	16	17
S_α [Mp]	0	-1,20	1,70	-1,20	-1,50	1,24	1,17	-2,13	-0,80	-2,13	1,77	1,24	0,70	-1,20	1,13	-0,80	0,57

Abb. 11.18

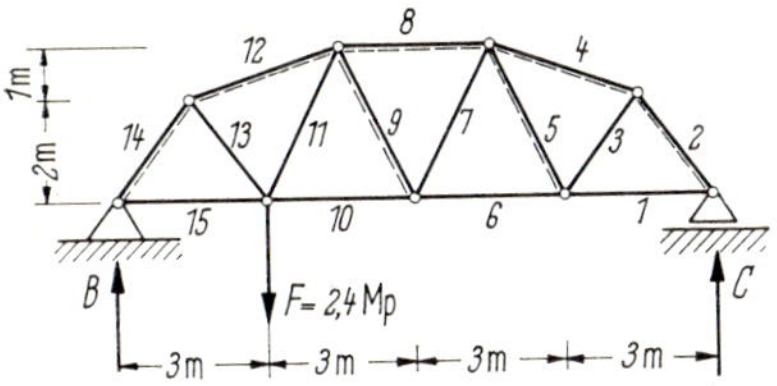

$F = 2{,}4$ Mp

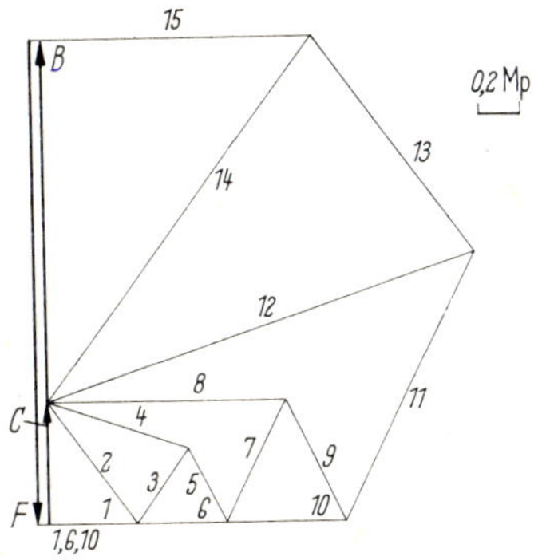

α	1	2	3	4	5	6	7	8	9	10	11	12	13	14	15
S_α [Mp]	0,45	-0,75	0,45	-0,75	-0,42	0,90	0,67	-1,20	-0,67	1,50	1,48	-2,28	1,35	-2,25	1,35

Abb. 11.19

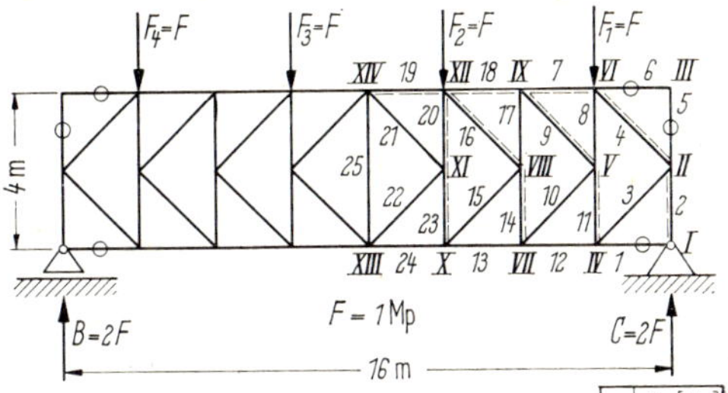

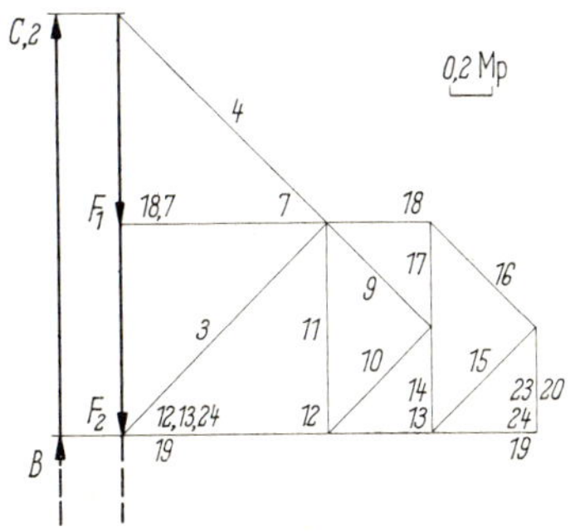

$F_4 = F$ $F_3 = F$ $F_2 = F$ $F_1 = F$

$B = 2F$ $F = 1$ Mp $C = 2F$

α	S_α [Mp]
1	0
2	-2,00
3	1,41
4	-1,41
5	0
6	0
7	-1,00
8	0
9	-0,71
10	0,71
11	-1,00
12	1,00
13	1,50
14	-0,50
15	0,71
16	-0,71
17	0,50
18	-1,50
19	-2,00
20	-0,50
21	0
22	0
23	-0,50
24	2,00
25	0

Abb. 11.20

11.7 Die Verfahren zur Ermittlung der Stabkräfte bei nichteinfachen ebenen Fachwerken

11.7.1 Rechnerische Verfahren. Je nach Art des Fachwerkes ist eines der unter 11.3 und 11.4 beschriebenen Verfahren anzuwenden; in den meisten Fällen ist eine geschickte Kombination beider Verfahren, das allgemeine Schnittverfahren am vorteilhaftesten.

11.7.2 Rechnerisch-zeichnerische Verfahren. Ein geeigneter Schnitt liefert ein Teilsystem, aus dessen Gleichgewichtsbedingungen die für den Cremonaplan noch erforderlichen Stabkräfte errechnet werden (meist genügt eine Stabkraft, weitere Stabkräfte liefern Kontrollen); anschließend wird der Cremonaplan gezeichnet.

11.7.3 Zeichnerisches Verfahren mittels Schnittkräfteplan und Cremonaplan. Wie in 11.7.2 wird ein Teilsystem herausgeschnitten, für dessen Gleichgewicht eines der Verfahren zur Anwendung kommt, die bei Ermittlung der Auflagerreaktionen ebener Tragwerke behandelt wurden; in einfachen Fällen führt die Anwendung des Culmannschen Verfahrens zum Ziel. Dann wird der Cremonaplan gezeichnet.

11.7.4 Verfahren des unbestimmten Maßstabes. Wenn nur *eine* äußere Kraft angreift, kann in vielen Fällen der Cremonaplan gezeichnet werden, indem eine Stabkraft als bekannt aufgefaßt wird; dabei ist der Kräftemaßstab zunächst unbestimmt. Die äußere Kraft erscheint dann in bestimmter Länge im Cremonaplan; aus dem Vergleich mit ihrer wirklichen Größe wird nachträglich der Kräftemaßstab errechnet.

11.7.5 Verfahren der Stabvertauschung nach Henneberg[1]. Durch Herausnehmen eines Stabes (Abb. 11.21) und Einsetzen eines Ersatzstabes e an geeigneter Stelle läßt sich das Fachwerk meist in ein einfaches Fachwerk verwandeln[2]. Ein erster Cremonaplan (T-Plan mit $T_1 = 0$) berücksichtigt die äußeren Kräfte. Ein zweiter Cremonaplan (U-Plan) erfaßt die Kräfteverlagerung, welche durch die Stabvertauschung entstanden ist; hierbei dient die in beliebiger Größe angenommene Stabkraft U_1 des herausgenommenen Stabes oder eine andere Stabkraft als einzige äußere Kraft. Da die wirkliche Größe dieser Stabkraft nicht bekannt ist, müssen die U-Kräfte noch mit einem Faktor x multipliziert werden. Das Superpositionsgesetz liefert

$$S_\alpha = T_\alpha + xU_\alpha. \tag{11.7/1}$$

---

[1] ERNST LEBRECHT HENNEBERG (geb. 1850 in Wolfenbüttel, gest. 1933 in Darmstadt).

[2] Falls dies nicht möglich ist, müssen zwei oder mehr Stabvertauschungen vorgenommen werden. Das Verfahren führt dann auf drei oder mehr Kräftepläne, welche sinngemäß zu kombinieren sind.

Der Faktor x errechnet sich aus der Bedingung, daß der in Wirklichkeit nicht vorhandene Stab e keine Kraft aufnimmt ($S_e = T_e + xU_e = 0$); es folgt:

$$x = -T_e/U_e. \qquad (11.7/2)$$

Durch Einsetzen dieses Wertes in (11.7/1) ergeben sich die endgültigen Stabkräfte.

11.8 Beispiele nichteinfacher ebener Fachwerke

Als erstes Beispiel betrachten wir das in Abb. 11.21 ersichtliche Fachwerk. Wir wenden zunächst das allgemeine Schnittverfahren an und erhalten (der Zusatz oben bedeutet oberes Teilsystem):

$(1, 5, 9)$ oben $\quad VII\rangle \qquad\qquad\qquad -5S_1 - 4F = 0$

$\qquad\qquad\qquad\rightarrow \qquad\qquad\qquad\quad F - 2S_9/\sqrt{5} = 0$

$\qquad\qquad\qquad\uparrow \qquad\qquad\quad -S_5 - S_9/\sqrt{5} - S_1 = 0$

$(1, 2, 4, 5)$ oben $\quad V\rangle \qquad\qquad\qquad\quad -4S_2 - 5S_1 = 0$

$\qquad\qquad\qquad\rightarrow \qquad\qquad\quad F + 0{,}8S_4 - 0{,}6S_2 = 0$

$\qquad\qquad\qquad\uparrow \quad -S_5 - 0{,}6S_4 - 0{,}8S_2 - S_1 = 0 \text{ (Kontrolle)}$

$II \qquad\qquad\qquad\rightarrow \qquad\qquad\qquad -S_3 - 0{,}6S_2 = 0$

$\qquad\qquad\qquad\uparrow \qquad\qquad\quad -0{,}8S_2 - S_1 = 0 \text{ (Kontrolle)}$

$(5, 6, 8, 1)$ oben $\quad VI\rangle \qquad\qquad -5{,}5F - 3S_8 - 5S_1 = 0$

$\qquad\qquad\qquad\rightarrow \qquad\qquad\quad F + 0{,}8S_8 - 0{,}6S_6 = 0$

$(3, 4, 6, 7)$ rechts $\quad\rightarrow \quad -S_3 - 0{,}8S_4 - 0{,}6S_6 - S_7 = 0.$

$$(11.8/1)$$

Hieraus erhält man sämtliche Stabkräfte. Die Werte sind für $F = 1M_p$ in Abb. 11.22 eingetragen.

Wählt man zur Lösung das rechnerisch-zeichnerische Verfahren, so genügt die Berechnung von S_1 aus der ersten dieser Gleichungen (Ritterschnitt), um den Cremonaplan zu beginnen.

Will man rein zeichnerisch vorgehen, so läßt sich die Aufgabe mit Hilfe des Culmannschen Verfahrens lösen. Das durch den Ritterschnitt abgetrennte Stabdreieck 2, 3, 4 ist unter der Einwirkung der Kräfte F, S_5, S_9, S_1 im Gleichgewicht. Bringt man S_5 mit S_9 zum Schnitt, Schnittpunkt VII, so geht durch VII und II (Schnittpunkt von F und S_1) die Culmannsche Gerade C_1. Durch Zerlegung von F nach C_1 und S_1 ist S_1 bekannt und der Cremonaplan kann begonnen werden.

Auch das Verfahren des unbestimmten Maßstabes ist bei dieser Aufgabe anwendbar. Beginnt man mit einer angenommenen Stabkraft S_1, so kann man ohne Schwierigkeit den ganzen Cremonaplan, wie er in Abb. 11.22 ersichtlich ist, zeichnen. Dabei erscheint auch die Kraft F, aus deren Länge in der Zeichnung sich der Kräftemaßstab errechnet.

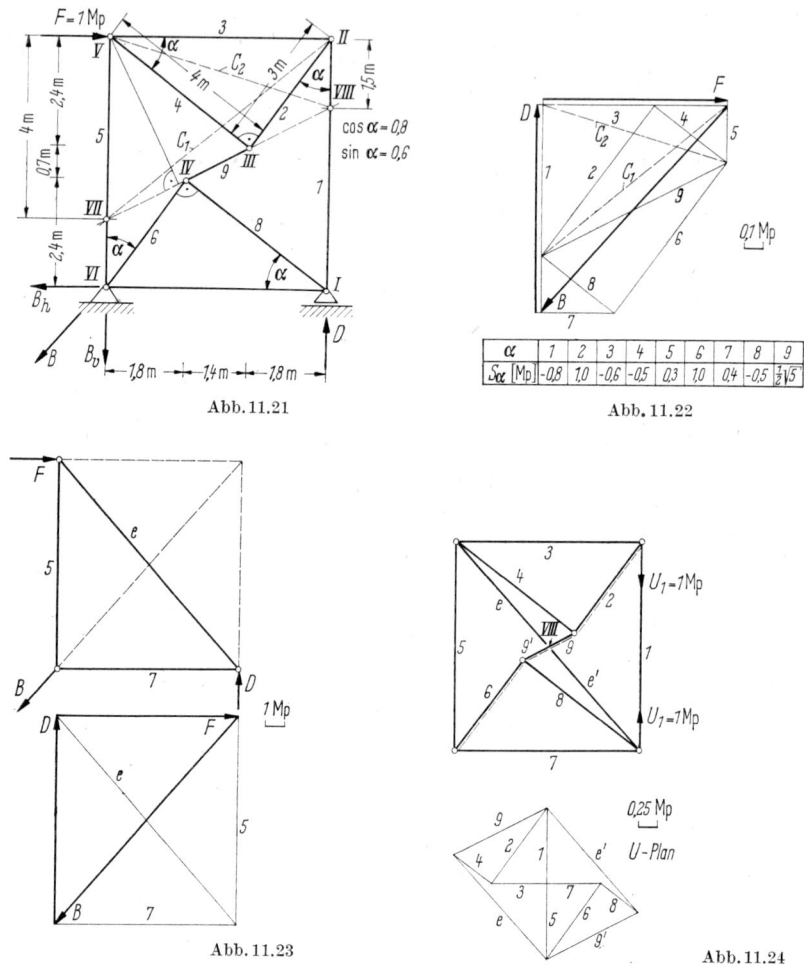

Abb. 11.21

α	1	2	3	4	5	6	7	8	9
S_α [Mp]	-0,8	1,0	-0,6	-0,5	0,3	1,0	0,4	-0,5	$\frac{1}{2}\sqrt{5}$

Abb. 11.22

Abb. 11.23

Abb. 11.24

Fast ebenso einfach ist hier das Stabvertauschungsverfahren. Nimmt man Stab 1 heraus ($T_1 = 0$), so ergibt sich aus dem Gleichgewicht am Knoten II, daß die Stäbe 2 und 3 Nullstäbe sind, ferner sind am Knoten III die Stäbe 4 und 9, am Knoten IV die Stäbe 6 und 8 Nullstäbe. Die Kraftaufnahme ist gewährleistet, wenn der Ersatzstab e

in der aus Abb. 11.23 ersichtlichen Weise eingesetzt wird. Der T-Plan besteht dann nur aus zwei Dreiecken. Der U-Plan ist mit $U_1 = 1 M_p$ in Abb. 11.24 gezeichnet. Hierbei tritt der Fall auf, daß zwei Stäbe (9 und e) sich überschneiden, ohne miteinander verbunden zu sein. Denkt

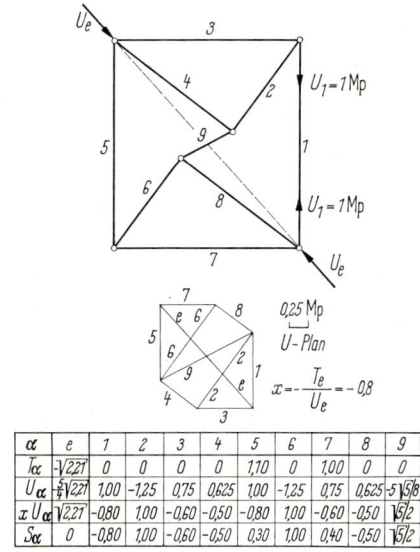

α	e	1	2	3	4	5	6	7	8	9
T_α	$-\sqrt{2,27}$	0	0	0	0	1,10	0	1,00	0	0
U_α	$\tfrac{1}{3}\sqrt{2,27}$	1,00	-1,25	0,75	0,625	1,00	-1,25	0,75	0,625	$-5\sqrt{5}/8$
$x\,U_\alpha$	$\sqrt{2,27}$	-0,80	1,00	-0,60	-0,50	-0,80	1,00	-0,60	-0,50	$\sqrt{5}/2$
S_α	0	-0,80	1,00	-0,60	-0,50	0,30	1,00	0,40	-0,50	$\sqrt{5}/2$

$$x = -\frac{T_e}{U_e} = -0,8$$

Abb. 11.25

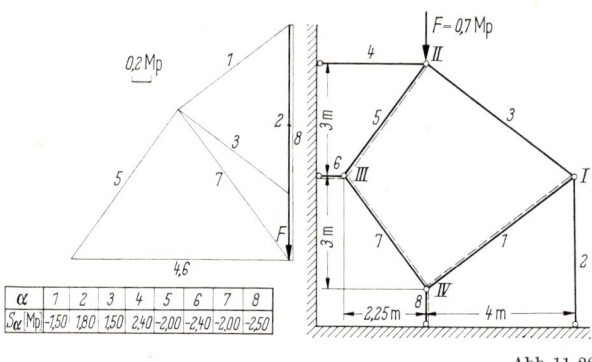

α	1	2	3	4	5	6	7	8
S_α [Mp]	-1,50	1,80	1,50	2,40	-2,00	-2,40	-2,00	-2,50

Abb. 11.26

man sich an der Kreuzungsstelle ein Gelenk, an welchem die (nunmehr dort geteilten) Stäbe angeschlossen sind, so wird dadurch das Fachwerk nicht gestört; denn aus den Gleichgewichtsbedingungen an dem so entstandenen Knoten folgt, daß jeder Teilstab die gleiche Kraft überträgt, welche auch vorher durch den betreffenden ganzen Stab übertragen wurde (hier: $S_9 = S_9'$ folgt aus dem Gleichgewicht bei VIII in Richtung senkrecht zu e; $S_e = S_e'$ folgt aus dem Gleichgewicht in Richtung senkrecht zu *9*). Dennoch können solche gleich großen und auf derselben Wirkungslinie liegenden Stabkräfte an *verschiedenen* Stellen im Cremonaplan erscheinen, wie es in Abb. 11.24 der Fall ist.

Will man diese Überschneidung vermeiden, so kann man sich dadurch helfen, daß man die Kräfte U_e von außen her angreifen läßt, wie es in Abb. 11.25 ersichtlich ist. Dabei ist zu beachten, daß sie auf die Knoten *I* und *V* drücken müssen, um den nach innen gerichteten Stabkraftreaktionen zu entsprechen. Der U-Plan wird dadurch etwas einfacher. Die Berechnung des Faktors x und der endgültigen Stabkräfte ist aus Abb. 11.25 zu ersehen.

Das in Abb. 11.26 abgebildete Stabviereck ist mit weiteren vier Stäben abgestützt; es ist zwar statisch bestimmt, aber nicht für die direkte Anwendung des Cremonaplanes geeignet. Auch bei diesem Beispiel sollen die Vor- und Nachteile der einzelnen Methoden demonstriert werden.

Die Anwendung des Schnittverfahrens bietet hier kaum Vorteile gegenüber dem Knotenpunktverfahren, welches zu folgendem Gleichungssystem führt:

		S_1	S_2	S_3	S_4	S_5	S_6	S_7	S_8	F
I	→	−0,8		−0,8						
	↑	−0,6	−1	0,6						
II	→			0,8	−1	−0,6				
	↑			−0,6		−0,8				
III	→					0,6	−1	0,6		1
	↑					0,8		−0,8		
IV	→	0,8						−0,6		
	↑	0,6						0,8	−1	

$$(11.8/2)$$

Bei der Auflösung müssen zunächst alle Stabkräfte durch eine, z. B. S_1 ausgedrückt werden. Erst bei der vorletzten Gleichung läßt sich dann S_1 errechnen. Das Ergebnis zeigt die in Abb. 11.26 angegebene Tabelle (für $F = 0{,}7\,Mp$). Da hier keine der Stabkräfte aus einer Schnittgleichung allein bestimmt werden kann, kommt das Verfahren 11.7.2 nicht in Betracht. Auch das Verfahren 11.7.3 würde sehr umständlich werden; außerdem liegen die Schnittpunkte von *3* und *7*, ebenso von *1* und *5* außerhalb der Zeichenebene. Dagegen führt das Verfahren des unbestimmten Maßstabes sofort zum Ergebnis. Man kann mit einer angenommenen Kraft S_2 beginnen und den Cremonaplan zeichnen, wobei sich der

Maßstab aus der Länge von *F* ergibt (Abb. 11.26). Auch das Stab-vertauschungsverfahren führt hier sehr schnell zum Ziel. Nimmt man Stab *2* heraus und setzt den Ersatzstab so ein, wie es Abb. 11.27 zeigt, so sind außer *8* und *e* alle Stäbe Nullstäbe. Beim *U*-Plan muß allerdings noch die Culmannsche Gerade in der aus Abb. 11.28 ersichtlichen Weise zu Hilfe genommen werden, um bei *II* weiter zu kommen.

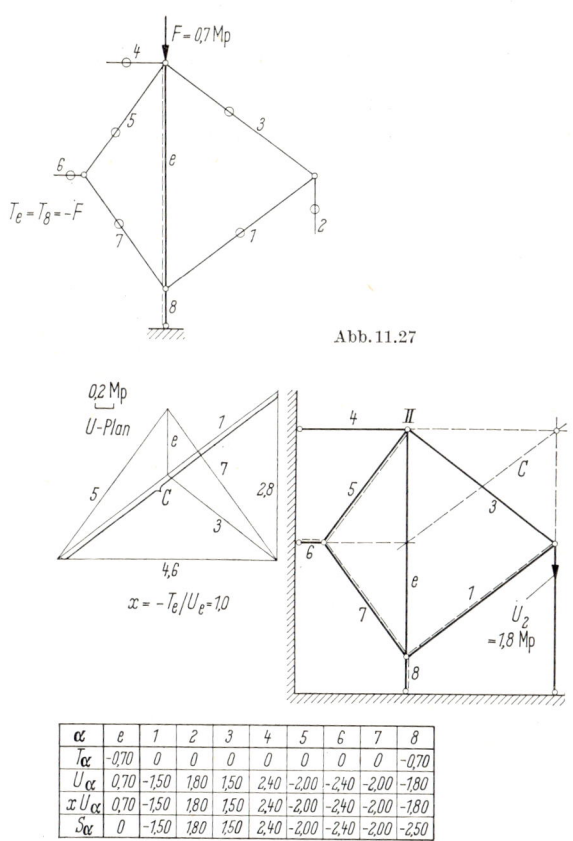

Abb. 11.27

$x = -T_e/U_e = 1{,}0$

Abb. 11.28

α	e	1	2	3	4	5	6	7	8
T_α	-0,70	0	0	0	0	0	0	0	-0,70
U_α	0,70	-1,50	1,80	1,50	2,40	-2,00	-2,40	-2,00	-1,80
$x\,U_\alpha$	0,70	-1,50	1,80	1,50	2,40	-2,00	-2,40	-2,00	-1,80
S_α	0	-1,50	1,80	1,50	2,40	-2,00	-2,40	-2,00	-2,50

12 Grundlagen der Raumstatik

Wir verlassen nun das Spezialgebiet der ebenen Statik und wenden uns den Grundaufgaben der Raumstatik zu. In 5.5 wurde gezeigt, daß sich jede beliebige Kräftegruppe auf eine resultierende Kraft und ein resultierendes Moment zurückführen läßt; beide Vektoren wurden unter dem übergeordneten Begriff *Dyname* zusammengefaßt.

12.1 Die Dyname als Kraftschraube oder Kraftkreuz

In 5.4 wurde nachgewiesen, daß der Momentenvektor beliebig im Raum parallel verschoben werden kann. Wie in 5.5 sei B der Bezugspunkt der Dyname; dann geht die Wirkungslinie des resultierenden Kraftvektors F durch B, ferner ist M_B die Vektorsumme der auf B bezogenen Momente aller Kräfte der Gruppe einschließlich aller eventuell vorhandenen Einzelmomente entsprechend der Definitionsgleichung (5.5/2). Mit Bezug auf Abb. 12.1 verschieben wir den resultierenden Momentenvektor M_B so, daß er durch B geht. Für die weiteren Überlegungen seien drei Einheitsvektoren eingeführt, e_1 in Richtung

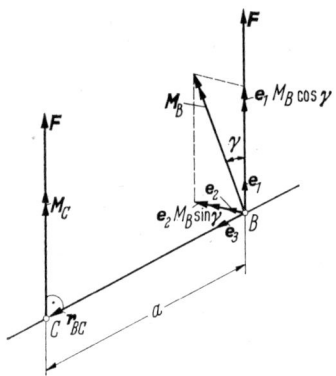

Abb. 12.1

von F, e_2 senkrecht zu e_1 in der von F und M_B gebildeten Ebene (nach der Seite von M_B), ferner e_3 senkrecht zu e_1 und e_2, so daß ein Rechtssystem entsteht. Der Winkel zwischen F und M_B sei γ; dann gilt

$$M_B = e_1 M_B \cos \gamma + e_2 M_B \sin \gamma. \qquad (12.1/1)$$

Mit Anwendung der Beziehung (5.7/5) gilt für einen weiteren Bezugspunkt C, der im Abstand a von B in Richtung e_3 liegt:

$$M_C = M_B - r_{BC} \times F. \qquad (12.1/2)$$

Nach Einsetzen von (12.1/1) folgt:

$$M_C = e_1 M_B \cos \gamma + e_2 M_B \sin \gamma - r_{BC} \times F. \qquad (12.1/3)$$

Wegen

$$\boldsymbol{r}_{BC} = \boldsymbol{e}_3 a;\; \boldsymbol{F} = \boldsymbol{e}_1 F \qquad\qquad (12.1/4)$$

ergibt sich mit Bezug auf (3.3/1):

$$\boldsymbol{M}_C = \boldsymbol{e}_1 M_B \cos\gamma + \boldsymbol{e}_2 (M_B \sin\gamma - aF). \qquad (12.1/5)$$

Setzt man

$$a = M_B \sin\gamma / F;\quad \text{also}\quad \boldsymbol{r}_{BC} = \frac{\boldsymbol{F} \times \boldsymbol{M}_B}{F^2} \qquad (12.1/6)$$

so erhält man

$$\boldsymbol{M}_C = \boldsymbol{e}_1 M_B \cos\gamma = p\boldsymbol{F};\quad \text{mit}\quad p = \frac{\boldsymbol{F} M_B}{F^2}. \qquad (12.1/7)$$

Durch die Verschiebung der Wirkungslinie von $\boldsymbol{F}$ in Richtung $\boldsymbol{e}_3$ um die durch (12.1/6) gegebene Strecke wird mithin ein neuer Momentenvektor $\boldsymbol{M}_C$ erhalten, der parallel zur Kraft $\boldsymbol{F}$ liegt. Damit ist allgemein bewiesen, daß sich jede beliebige Kräftegruppe auf eine sog. *Kraftschraube* zurückführen läßt, welche aus einem Kraftvektor und einem zu ihm parallelen Momentenvektor besteht. Die Achse der Kraftschraube heißt *Zentralachse der Kräftegruppe*.

Eine andere Art der Kräftezusammenfassung besteht in der Zurückführung auf ein sog. *Kraftkreuz*. Denkt man sich das resultierende Moment $\boldsymbol{M}_B$ durch ein Kräftepaar ersetzt und setzt eine Kraft dieses Kräftepaares mit $\boldsymbol{F}$ zu einer neuen Resultierenden zusammen, so steht diese im allgemeinen windschief zur zweiten Kraft des Kräftepaares und bildet mit ihr ein sog. *Kraftkreuz*, das — ebenso wie die Kraftschraube — als Repräsentant der Kräftegruppe angesehen werden kann.

12.2 Beispiel zur rechnerischen Ermittlung einer Kraftschraube

Gegeben seien folgende drei Kräfte (Abb. 12.2, Kraft- und Längeneinheiten sind hier weggelassen):

$$\boldsymbol{F}_1 = \{0;\, 3;\, 0\},$$
$$\boldsymbol{F}_2 = \{0;\, 0;\, 4\}, \qquad\qquad (12.2/1)$$
$$\boldsymbol{F}_3 = \{5;\, 0;\, 0\}.$$

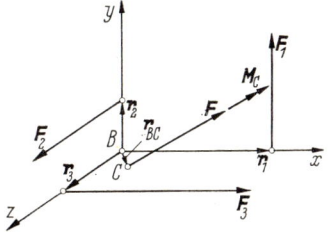

Abb. 12.2

Ihre Angriffspunkte liegen in den Endpunkten der folgenden drei, vom Nullpunkt des Koordinatensystems x, y, z ausgehenden Ortsvektoren:

$$r_1 = \{3; 0; 0\},$$
$$r_2 = \{0; 1; 0\}, \qquad (12.2/2)$$
$$r_3 = \{0; 0; 2\}.$$

Wir bilden zunächst die Resultierende $F = \sum_{\alpha=1}^{3} F_\alpha$ und erhalten

$$F = \{5; 3; 4\}; \quad |F| = \left|\sqrt{50}\right|. \qquad (12.2/3)$$

Das resultierende Moment in bezug auf den Koordinatenursprung, der mit B zusammenfallen möge, ergibt sich zu

$$M_B = \sum_{\alpha=1}^{3} r_\alpha \times F_\alpha = \sum_{\alpha=1}^{3} \begin{vmatrix} e_x & e_y & e_z \\ r_{x\alpha} & r_{y\alpha} & r_{z\alpha} \\ F_{x\alpha} & F_{y\alpha} & F_{z\alpha} \end{vmatrix} = \{4; 10; 9\}. \qquad (12.2/4)$$

Der auf F senkrecht stehende Ortsvektor des Punktes C errechnet sich zu:

$$r_{BC} = F \times M_B / F^2 = \frac{1}{F^2} \begin{vmatrix} e_x & e_y & e_z \\ F_x & F_y & F_z \\ M_{Bx} & M_{By} & M_{Bz} \end{vmatrix} = \{-0{,}26; -0{,}58; 0{,}76\}.$$
$$(12.2/5)$$

Für den Parameter p folgt:

$$p = F M_B / F^2 = 1{,}72. \qquad (12.2/6)$$

Der auf C bezogene Momentenvektor wird daher

$$M_C = pF = \{8{,}60; 5{,}16; 6{,}88\}. \qquad (12.2/7)$$

Zur Kontrolle kann man die von C ausgehenden Ortsvektoren der Kraftangriffspunkte

$$r_{C\alpha} = r_\alpha - r_{BC} \qquad (12.2/8)$$

berechnen und die Beziehung

$$M_C = \sum_{\alpha=1}^{3} r_{C\alpha} \times F_\alpha \qquad (12.2/9)$$

anwenden; ferner muß

$$r_{BC} F = 0 \qquad (12.2/10)$$

erfüllt sein.

12.3 Die Resultierende einer Kräftegruppe mit gemeinsamem Angriffspunkt

Greifen mehrere Kräfte an einem gemeinsamen Punkt an, so ist ihre Resultierende durch die Vektorgleichung

$$\sum_{\alpha=1}^{n} \boldsymbol{F}_{\alpha} = \boldsymbol{F} \tag{12.3/1}$$

bestimmt, bzw. durch die drei Gleichungen

$$\sum_{\alpha=1}^{n} F_{x\alpha} = F_x; \quad \sum_{\alpha=1}^{n} F_{y\alpha} = F_y; \quad \sum_{\alpha=1}^{n} F_{z\alpha} = F_z. \tag{12.3/2}$$

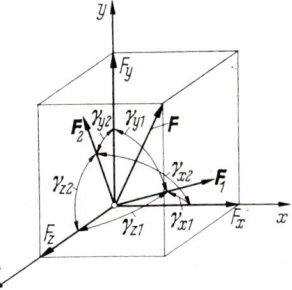

Abb. 12.3

Werden die Winkel, welche die einzelnen Kraftvektoren mit den Koordinatenachsen bilden, mit $\gamma_{x\alpha}$, $\gamma_{y\alpha}$, $\gamma_{z\alpha}$ bezeichnet (Abb. 12.3), so erhält man mit Anwendung der Beziehungen (3.2/7):

$$\sum_{\alpha=1}^{n} F_{\alpha} \cos \gamma_{x\alpha} = F_x; \quad \sum_{\alpha=1}^{n} F_{\alpha} \cos \gamma_{y\alpha} = F_y; \quad \sum_{\alpha=1}^{n} F_{\alpha} \cos \gamma_{z\alpha} = F_z \tag{12.3/3}$$

oder mit der Abkürzung (4.1/6)

$$\sum_{\alpha=1}^{n} F_{\alpha} c_{k\alpha} = F_k \text{ mit } k = x, y, z. \tag{12.3/4}$$

12.4 Das Gleichgewicht einer Kräftegruppe mit gemeinsamem Angriffspunkt

Ist die Kräftegruppe im Gleichgewicht, so gilt $\boldsymbol{F} = 0$ und es folgen:

$$\sum_{\alpha=1}^{n} \boldsymbol{F}_{\alpha} = 0 \tag{12.4/1}$$

oder

$$\sum_{\alpha=1}^{n} F_{\alpha} c_{k\alpha} = 0; \text{ mit } k = x, y, z. \tag{12.4/2}$$

12.5 Die rechnerische Zerlegung einer Kraft in drei Komponenten mit gemeinsamem Angriffspunkt

Gegeben sei eine Kraft $\boldsymbol{F}$, sowie drei Wirkungslinien, welche nicht in einer Ebene liegen und sich mit der Wirkungslinie von $\boldsymbol{F}$ in einem Punkt schneiden. Die Kraft $\boldsymbol{F}$ soll in Richtung dieser Wirkungslinien in die drei Komponenten $\boldsymbol{F}_\lambda$ (mit $\lambda = 1, 2, 3$) zerlegt werden. $\boldsymbol{F}$ ist dann Resultierende der $\boldsymbol{F}_\lambda$, so daß mit Bezug auf 12.3 folgende Beziehungen gelten:

$$\sum_{\lambda=1}^{3} F_\lambda c_{k\lambda} = F_k \quad \text{mit} \quad k = x, y, z. \tag{12.5/1}$$

Die Aufgabe ist statisch bestimmt, und es ergibt sich folgendes Schema von drei Gleichungen mit drei Unbekannten (die letzte Spalte entspricht der rechten Gleichungsseite):

k	F_1	F_2	F_3	F_k
x	c_{x1}	c_{x2}	c_{x3}	F_x
y	c_{y1}	c_{y2}	c_{y3}	F_y
z	c_{z1}	c_{z2}	c_{z3}	F_z

$$\tag{12.5/2}$$

Der dick eingerahmte Teil stellt die Matrix der Koeffizienten dar, welche allein durch die Wirkungslinien der gesuchten Kräfte festgelegt ist. Die Auflösung nach den unbekannten Kräften liefert:

$$F_\lambda = \sum_{k=x,y,z} c_k^\lambda F_k \quad \text{mit} \quad \lambda = 1, 2, 3. \tag{12.5/3}$$

Die neuen Koeffizienten errechnen sich aus

$$c_k^\lambda = (\text{algebraisches Komplement von } c_{\lambda k})/D. \tag{12.5/4}$$

Hierbei ist D die Determinante der Matrix. Durch Einsetzen von (12.5/3) in (12.5/1) erhält man [mit dem Summationsindex l statt k in (12.5/3)]:

$$\sum_{\lambda=1}^{3} \sum_{l=x,y,z} c_l^\lambda c_{k\lambda} F_l = F_k. \tag{12.5/5}$$

Diese Beziehungen müssen identisch erfüllt sein; hieraus folgen

$$\sum_{\lambda=1}^{3} c_l^\lambda c_{k\lambda} = \delta_{kl} = \begin{cases} 1 \text{ für } k = l \\ 0 \text{ für } k \neq l. \end{cases} \tag{12.5/6}$$

Hierbei ist δ_{kl} das Kroneckersymbol (vgl. 4.1). Setzt man andererseits (12.5/1) in (12.5/3) ein, so ergibt sich [mit μ statt λ in (12.5/1)]:

$$\sum_{k=x,y,z} \sum_{\mu=1}^{3} c_k^\lambda c_{k\mu} F_\mu = F_\lambda. \tag{12.5/7}$$

Auch diese Bedingungen müssen identisch erfüllt sein, woraus

$$\sum_{k=x,y,z} c_k^\lambda c_{k\mu} = \delta_{\lambda\mu} = \begin{cases} 1 \text{ für } \lambda = \mu \\ 0 \text{ für } \lambda \neq \mu \end{cases} \tag{12.5/8}$$

folgen. Die Erfüllung der Bedingungen (12.5/6) und (12.5/8) ist zwar durch die Rechenvorschrift (12.5/4) gewährleistet; sie bieten aber wichtige Kontrollmöglichkeiten für die numerische Rechnung.

Wie in 4.1 gezeigt wurde, lassen sich die Richtungskosinus als Komponenten von Einheitsvektoren auffassen. Führen wir in Richtung der Wirkungslinien der drei gesuchten Kräfte die Einheitsvektoren e_1, e_2, e_3 ein (Abb. 12.4), so entsprechen die Spalten der Koeffizientenmatrix (12.5/2) ihren Komponenten. Ferner lassen sich die c_k^λ als Komponenten der Vektoren $\sum_k c_k^\lambda e_k$ auffassen; wir untersuchen als Beispiel den Vektor mit den Komponenten c_k^1 und erhalten mit Anwendung der Rechenvorschrift (12.5/4)

$$\sum_{k=x,y,z} c_k^1 e_k = \frac{1}{D} \begin{vmatrix} e_x & c_{x2} & c_{x3} \\ e_y & c_{y2} & c_{y3} \\ e_z & c_{z2} & c_{z3} \end{vmatrix} = \frac{1}{D} \begin{vmatrix} e_x & e_y & e_z \\ c_{x2} & c_{y2} & c_{z2} \\ c_{x3} & c_{y3} & c_{z3} \end{vmatrix}. \tag{12.5/9}$$

Die zweite und dritte Zeile der rechts stehenden Determinante enthalten die Komponenten der Einheitsvektoren e_2 und e_3, so daß von der Determinantendarstellung des Vektorproduktes Gebrauch gemacht werden kann:

$$\sum_k c_k^1 e_k = \frac{1}{D} e_2 \times e_3. \tag{12.5/10}$$

Der dargestellte Vektor steht daher auf der Ebene, welche durch e_2 und e_3 gebildet wird, senkrecht. Ist γ_1 der von beiden Einheitsvektoren eingeschlossene Winkel und bezeichnet N_1 den auf ihnen senkrecht stehenden Einheitsvektor, der mit ihnen eine Rechtsschraube bildet, so folgt:

$$e_2 \times e_3 = N_1 \sin \gamma_1. \tag{12.5/11}$$

Die drei Spalten der Koeffizientenmatrix entsprechen den Komponenten der drei Einheitsvektoren; deshalb kann zur Berechnung von D die Formel (3.4/5) für das Spatprodukt angewandt werden:

$$D = [e_1, e_2, e_3] = \sin \gamma_1 \sin \delta_1. \tag{12.5/12}$$

Hierbei wurde der Winkel zwischen e_1 und N_1 mit $\pi/2 - \delta_1$ bezeichnet; mithin geht (12.5/10) über in

$$\sum_k c_k^1 e_k = N_1 / \sin \delta_1. \tag{12.5/13}$$

Bei Orthogonalität $(\gamma_1 = \pi/2,\ \delta_1 = \pi/2)$ würde sich $D = 1$, $c_k^\lambda = c_{k\lambda}$ und $N_\lambda = e_\lambda$ ergeben, in Übereinstimmung mit der in 4.1 durchgeführten Transformation auf ein orthogonales Achsensystem.

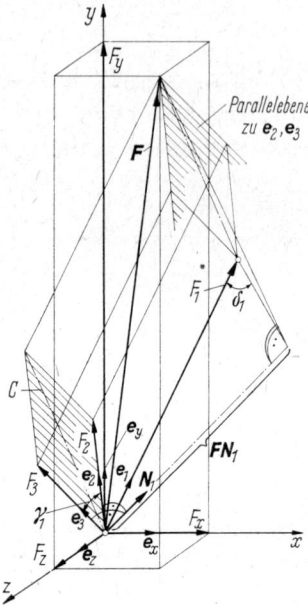

Abb. 12.4

Setzen wir in (12.5/3)

$$F_k = e_k F,\qquad\qquad(12.5/14)$$

so folgt für $\lambda = 1$:

$$F_1 = \sum_{k=x,y,z} c_k^1 e_k F\qquad\qquad(12.5/15)$$

oder mit Bezug auf (12.5/13):

$$F_1 = N_1 F/\sin \delta_1.\qquad\qquad(12.5/16)$$

Legt man durch den Endpunkt des Vektors F eine zu e_2 und e_3 parallele Ebene (Abb. 12.4), so geht die Komponente F_1 vom Kraftangriffspunkt bis zu dieser Ebene; daraus ergibt sich folgender Sachverhalt:

> *Die Kraft F ist Raumdiagonale des von ihren drei Komponenten F_λ gebildeten Parallelepipeds.*

Dieses Ergebnis läßt sich auch als unmittelbare Folgerung aus dem Axiom des Kräfteparallelogramms deuten. Die in 4.1 gegebenen Rechenregeln sind durch diese Überlegungen insofern ergänzt worden, als es sich bei den e_λ um ein *nichtorthogonales* System von Einheitsvektoren handelt; dabei sind *zwei Arten von Komponenten* eines Vektors A zu unterscheiden: Die durch orthogonale Projektion entstehenden voll-ständigen oder *kovarianten* Komponenten $Ae_\lambda = \sum\limits_k A_k c_{k\lambda}$, sowie die als Kanten des Parallelepipeds mit der Raumdiagonalen A entstehenden sog. *kontravarianten* Komponenten $AN_\lambda/\sin \delta_\lambda = \sum\limits_k A_k c_k^\lambda$; hierbei sind c_k^λ die kontravarianten Komponenten der Einheitsvektoren. Während die kovarianten Komponenten für jede Richtung unabhängig von den anderen Richtungen gebildet werden können, sind die kontravarianten Komponenten nur bestimmbar, wenn alle drei Richtungen festgelegt sind (vgl. hierzu 2.4.1). Für die Statik sind die kontravarianten Kraft-komponenten wesentlich.

Die Bezeichnungen kovariant und kontravariant, welche hier nur in bezug auf ein nichtorthogonales Achsensystem eingeführt wurden, haben in der Tensoranalysis allgemeinere Bedeutung, wenn beliebige krummlinige Koordinatensysteme Verwendung finden.

Das Ergebnis kann nunmehr in der folgenden Feststellung zusam-mengefaßt werden:

Die Zerlegung einer Kraft nach drei durch einen Punkt gehenden Wirkungslinien liefert ihre kontravarianten Komponenten.

12.6 Beispiel für die rechnerische Zerlegung einer Kraft nach drei durch einen Punkt gehenden Wirkungslinien

Gegeben ist eine Kraft $F = \{2{,}25;\; -7{,}5;\; -2{,}25\}$, welche im Koor-dinatenursprung angreift (Abb. 12.5); sie ist in drei Komponenten zu zerlegen, deren Wirkungslinien mit den Ortsvektoren

$$r_1 = \{4;\; -5;\; -0{,}5\},\quad r_2 = \{-3{,}5;\; -5;\; 2{,}5\},\quad r_3 = \{0{,}5;\; -5;\; -5{,}5\}$$

zusammenfallen; diese liegen nicht in einer Ebene, da ihr Spatprodukt nicht verschwindet (bei diesem Beispiel haben alle Kräfte die Dimen-sion M_p und alle Längen die Dimension m).

Zunächst werden die Größen dieser Vektoren berechnet, wobei (3.2/6) zur Anwendung kommt:

$$F = \sqrt{F_x^2 + F_y^2 + F_z^2} = 1{,}5\sqrt{29{,}5} = 8{,}15;\quad r_1 = \sqrt{41{,}25} = 6{,}42;$$

$$r_2 = \sqrt{43{,}5} = 6{,}60;\; r_3 = \sqrt{55{,}5} = 7{,}45.$$

Die Richtungskosinus ergeben sich entsprechend (3.2/7):

k \ λ		1	2	3
$c_{k\lambda} =$	x	$4/r_1$	$-3{,}5/r_2$	$0{,}5/r_3$
	y	$-5/r_1$	$-5/r_2$	$-5/r_3$
	z	$-0{,}5/r_1$	$2{,}5/r_2$	$-5{,}5/r_3$

Die Determinante wird

$$D = \frac{240}{r_1 r_2 r_3}.$$

Nach der Rechenvorschrift (12.5/4) erhält man weiter:

$k \diagdown \lambda$	1	2	3
$c_k^\lambda = \quad x$	$40 r_1 / 240$	$-25 r_2 / 240$	$-15 r_3 / 240$
y	$-18 r_1 / 240$	$-21,75 r_2 / 240$	$-8,25 r_3 / 240$
z	$20 r_1 / 240$	$17,5 r_2 / 240$	$-37,5 r_3 / 240$

Man überzeugt sich leicht, daß die Bedingungen (12.5/6) und (12.5/8) erfüllt sind. Schließlich liefert (12.5/3):

$$F_1 = 4,81; \quad F_2 = 1,86; \quad F_3 = 3,49.$$

12.7 Zeichnerisches Verfahren zur Zerlegung einer Kraft nach drei durch einen Punkt gehenden Wirkungslinien

Bei dem in 12.5 entwickelten rechnerischen Verfahren wurde die Komponente F_1 durch Bildung der Komponente von F senkrecht zu der von F_2 und F_3 gebildeten Ebene gewonnen. Ein ähnlicher Gedanke liegt der auf CULMANN zurückgehenden zeichnerischen Methode zugrunde. Die Resultierende der Kräfte F_2 und F_3, welche in der von den Wirkungslinien dieser Kräfte gebildeten Ebene liegt (Abb. 12.5) liefert bei Zusammensetzung mit F_1 wieder F; sie muß daher auch in der von F_1 und F gebildeten Ebene liegen, d. h. sie fällt in die Schnittgerade beider Ebenen! Ihre Wirkungslinie nennt man *Culmannsche Gerade*; sie ist Diagonale des von den Kräften F_2 und F_3 gebildeten Parallelogramms, das eine Seitenfläche des von allen drei Komponenten gebildeten Parallelepipeds bildet (im Aufriß strichpunktiert eingezeichnet).

Das hierauf beruhende zeichnerische Verfahren besteht in folgenden Einzelschritten: Man zeichnet die vier Geraden F, r_1, r_2 und r_3 in Aufriß und Grundriß. Die Spur der von r_2 und r_3 gebildeten Ebene ergibt sich als Verbindungslinie der Fußpunkte dieser Vektoren im Grundriß; ebenso erhält man die Spur der von r_1 und F gebildeten Ebene; beide Spurgeraden sind gestrichelt eingezeichnet. Die Culmannsche Gerade C liegt in beiden Ebenen, geht daher durch den Schnittpunkt beider Spuren (strichpunktiert). Durch Hilfskonstruktionen werden nunmehr beide Ebenen und ihre Spuren in die Grundrißebene gedreht, so daß sie in wahrer Größe erscheinen. Hierzu wird die Höhe h des Kraftangriffspunktes über der Grundrißebene parallel zur jeweiligen Spur abgetragen. Die auf die Spuren gefällten Lote erscheinen so in ihren wah-

ren Längen und liefern die Höhen der beiden Dreiecke mit den Wirkungslinien von F, F_1, C, bzw. C, F_2, F_3, welche für die Kräftezerlegung
maßgebend sind. Das durchgeführte Beispiel entspricht der in 12.6 gegebenen rechnerischen Lösung.

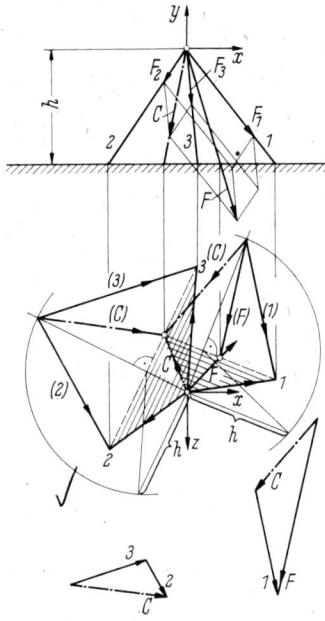

Abb. 12.5

12.8 Das Gleichgewicht von vier Kräften mit gemeinsamem Angriffspunkt

Führt man in den vorhergehenden Abschnitten an Stelle der Kraft
F eine Kraft $F_4 = -F$ ein, so bildet diese mit den drei Kräften F_1,
F_2 und F_3 eine Gleichgewichtsgruppe; es gilt

$$\sum_{\alpha=1}^{4} F_\alpha = 0 \qquad (12.8/1)$$

oder

$$\sum_{\alpha=1}^{4} F_\alpha c_{k\alpha} = 0. \qquad (12.8/2)$$

Man erkennt, daß *für das Gleichgewicht von vier Kräften im Raum mit
gemeinsamem Angriffspunkt* folgende Bedingung erfüllt sein muß:

Durch Aneinandersetzen der vier Kraftvektoren entsteht ein geschlossener räumlicher Geradenzug.

Diese Bedingung kann auch so formuliert werden: *Jede der vier
Kräfte ist Gegenkraft der Resultierenden der drei übrigen.*

Die Ermittlung von drei Kräften, welche mit einer gegebenen Kraft
bei gemeinsamem Angriffspunkt eine Gleichgewichtsgruppe bilden,
stellt ein Grundproblem der Raumstatik dar, welches in derselben Weise
zu lösen ist wie die in den vorigen Abschnitten behandelte Zerlegungs-
aufgabe; nur sind bei der rechnerischen Lösung die Vorzeichen, bei der

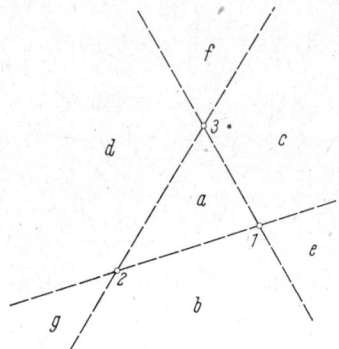

Abb. 12.6

zeichnerischen Lösung die Pfeilrichtungen von F_1, F_2 und F_3 umzukeh-
ren. Hierzu denken wir uns die Grundrißebene in Abb. 12.5 als feste
Unterlage, an welche drei Stäbe gelenkig angeschlossen sind; diese sind
im Kraftangriffspunkt als Knotenpunkt miteinander gelenkig verbunden. Durch die Spuren der drei Ebenen, welche von den Stäben gebildet
werden (Abb. 12.6), wird die Grundrißebene in ein Dreieck (a), drei
offene Dreiecke (b, c, d) und drei Sektoren (e, f, g) aufgeteilt. Liegt der
Durchstoßpunkt A des Vektors F innerhalb a, so sind alle drei Stäbe
Druckstäbe — wie im behandelten Beispiel. Liegt A in b, c oder d, so
ist der jeweils gegenüberliegende Stab auf Zug beansprucht; liegt A
in e, f oder g, so ist nur der zunächst liegende Stab auf Druck beansprucht, die anderen beiden sind Zugstäbe. Man erkennt dies durch
Anwendung des Momentensatzes mit den Spuren als Drehachsen.
Zeigt der Pfeil von F nach oben, d.h. von der Grundrißebene weg, so
sind die Stabbeanspruchungen umgekehrt. Diese Aufgabe ist grundlegend für die Ermittlung der Stabkräfte in Raumfachwerken (s. 14).

13 Raumtragwerke

Tragwerke, welche räumlich verteilte Kräfte aufzunehmen haben und infolgedessen auch räumlich abgestützt werden müssen, bezeichnet man als Raumtragwerke.

13.1 Räumliche Stützungs- und Verbindungsarten

Ein im Raum frei beweglicher starrer Körper kann sich in drei Richtungen verschieben und um drei Achsen drehen; er besitzt daher sechs Freiheitsgrade. Durch kardanische Aufhängung oder Befestigung mittels Kugelgelenk können die drei Verschiebungen eines Körperpunktes verhindert werden, so daß sich der Körper nur noch um Achsen drehen kann, welche durch diesen Punkt gehen; der Körper hat dann

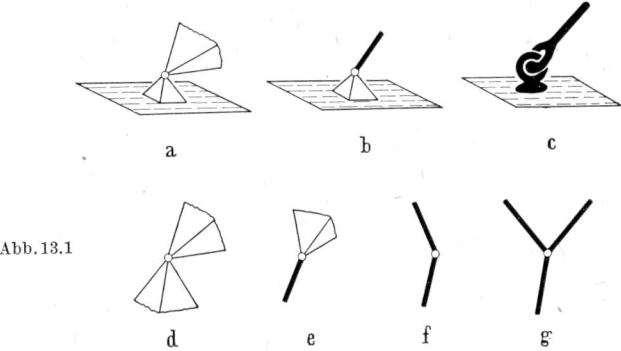

Abb. 13.1

nur noch $6 - 3 = 3$ Freiheitsgrade. Die Zahl der durch ein Kugelgelenk bewirkten Zwangsbedingungen ist mithin gleich 3. Wird der Körper durch das Kugelgelenk nicht an einen Festpunkt, sondern an einen anderen Körper angeschlossen, so reduziert sich die Summe der Freiheitsgrade beider Körper ebenfalls um 3. Einige der wichtigsten räumlichen Stützungs- und Verbindungsarten sind in Abb. 13.1 symbolisch dargestellt: a) Gelenkige Auflagerung einer Körperecke, b) gelenkige Auflagerung eines Stabendes, d) gelenkige Verbindung zweier Bauteile, e) gelenkiger Stabanschluß an ein Bauteil, f) gelenkige Verbindung zweier Stäbe, g) gelenkige Verbindung dreier Stäbe. Im letzten Fall verdoppelt sich die Zahl der Zwangsbedingungen; allgemein gilt für die Zahl z_g der Zwangsbedingungen eines Kugelgelenkes, in welchem die Anschlußpunkte von n_g Bauteilen miteinander verbunden sind:

$$z_g = 3n_g - 3. \tag{13.1/1}$$

Die in Abb. 13.1c dargestellte Verbindung entspricht 4 Zwangsbedingungen, wenn außer den Verschiebungen auch die Drehung um die Stabachse verhindert wird.

Abb. 13.2 zeigt die Abstützung eines Bauteiles durch einen gelenkig angeschlossenen Stab. Würde man den Stab als Körper, d. h. mit sechs Freiheitsgraden auffassen, so würden sich diese durch die beiden Anschlußgelenke auf $6 - 6 = 0$ reduzieren; *ein* Freiheitsgrad des Stabes, und zwar die Drehung um seine Achse, ist aber für das Bauteil ohne Rückwirkung. *Die Zahl der bei einem beiderseits gelenkig angeschlossenen Stab ursprünglich vorhandenen Freiheitsgrade darf daher nur mit fünf eingesetzt werden.* Ein solcher Stab hat in bezug auf das Tragwerk dieselbe Beweglichkeit wie eine Gerade im Raum; so ergibt sich $5 - 6 = -1$, d. h. *eine* Zwangsbedingung (negative Freiheitsgrade sind Zwangsbedingungen, ebenso umgekehrt). Die zugehörige Kraft, welche den Zwang bewirkt, ist die in Richtung der Verbindungsgeraden beider Anschlußgelenke wirkende Stabkraft.

Bei Abstützung des Bauteiles durch ein in der Auflagerfläche frei verschiebliches Gleitlager oder einen Gleitfuß (Abb. 13.2) handelt es sich ebenfalls um nur *eine* Zwangsbedingung.

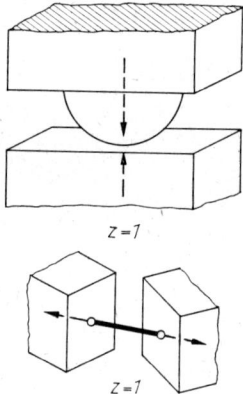

$z = 1$

$z = 1$ Abb. 13.2

Bei zwei gelenkig angeschlossenen Stäben entstehen *zwei* Zwangsbedingungen, ebenso durch ein richtungsgebundenes Gleitlager (Abb. 13.3).

Gelenke, in welchen nur Stabenden, nicht aber starre Tragwerksteile angeschlossen sind, heißen *Knotenpunkte* (vgl. hierzu 10.1).

Sind die drei Stäbe an einem in sich starren Tragwerkskörper angeschlossen und ihre anderen Enden gelenkig miteinander verbunden, so stellt der Gelenkpunkt einen körperfesten Punkt dieses Tragwerksteils dar. Rechnet man die Stäbe mit je fünf Freiheitsgraden, die Anschlußgelenke am Tragwerksteil mit je drei Zwangsbedingungen und den Gelenkpunkt nach (13.1/1) für $n_g = 3$ mit $z_g = 6$ Zwangsbedingungen, so folgt als Zahl der Freiheitsgrade $15 - 9 - 6 = 0$, d. h. es handelt sich daher auch bei Einbeziehung des Gelenkpunktes um einen starren Körper.

Andererseits kann man auch davon ausgehen, daß jedem der drei Stäbe eine Zwangsbedingung entspricht; dabei sind aber die Zwangsbedingungen der Anschlußgelenke schon berücksichtigt. Hierbei muß der Gelenkpunkt als punktförmiges Tragwerksteil mit den drei Freiheits-

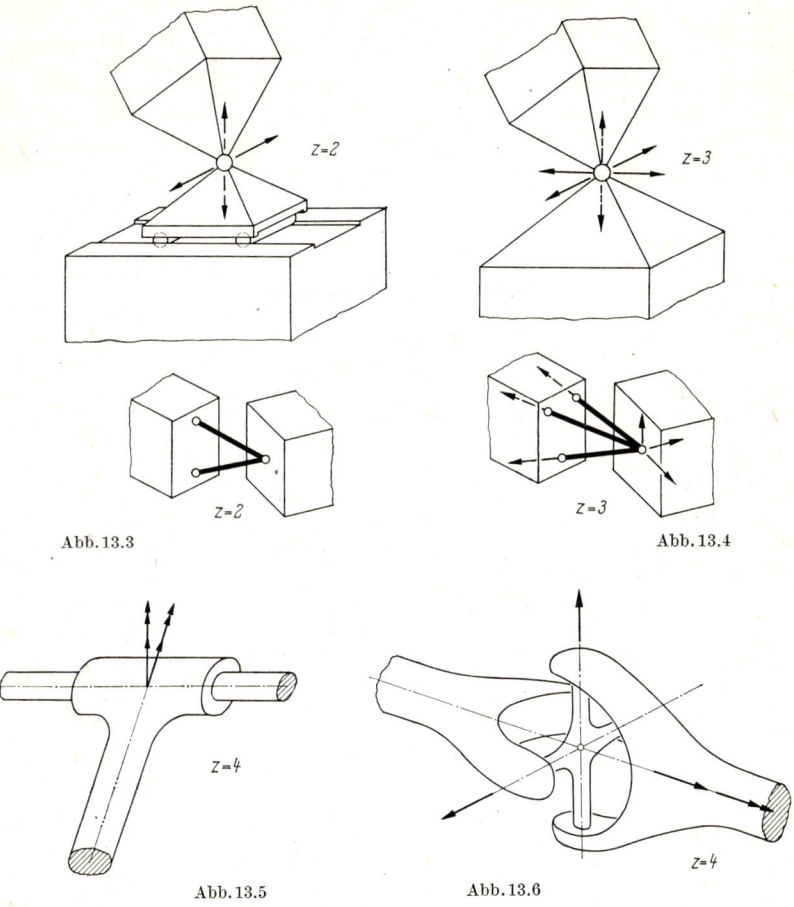

Abb. 13.3

Abb. 13.4

Abb. 13.5

Abb. 13.6

graden eines Punktes aufgefaßt werden; dann ergibt sich als Zahl der Freiheitsgrade $3 - 3 = 0$, in Übereinstimmung mit der ersten Überlegung.

Wird ein Festpunkt eines Tragwerksteiles an einem anderen Tragwerksteil gelenkig angeschlossen, so entstehen infolge Behinderung der Relativverschiebung *drei* Zwangsbedingungen (Abb. 13.4).

Bei Verwendung von vier Stäben, von denen höchstens drei in einer Ebene liegen, dabei aber nicht durch einen Punkt gehen dürfen, andererseits höchstens drei durch einen Punkt gehen, dabei aber nicht

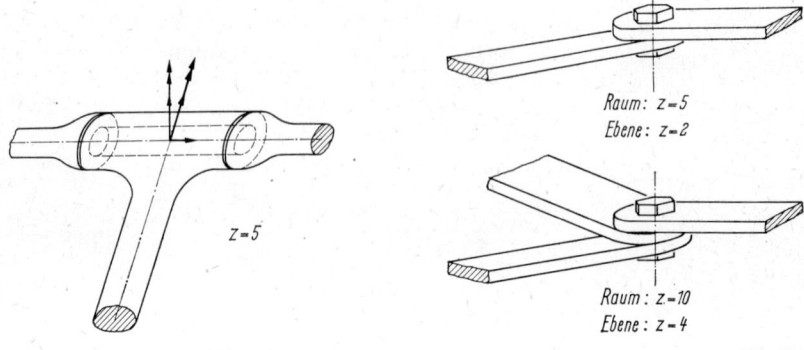

Abb. 13.7   Abb. 13.8

in einer Ebene liegen dürfen, ergeben sich *vier* Zwangsbedingungen, ebenso wie bei dem in Abb. 13.5 ersichtlichen Axialgelenk, das man auch *Gleithülse* nennt, sowie beim *Kreuzgelenk* Abb. 13.6.

Bei fünf Stäben entstehen *fünf* Zwangsbedingungen, wenn alle Ausnahmefälle vermieden werden, ebenso bei einer Gleithülse ohne axiale Verschieblichkeit, die man *Scharnier* nennt (Abb. 13.7). Ein *mehrfaches Scharnier*, durch welches n_c Bauteile miteinander verbunden werden, liefert

$$z_c = 5(n_c - 1) \qquad\qquad (13.1/2)$$

Zwangsbedingungen (Abb. 13.8). Ein Verbindungsorgan, das nur axiale Verschieblichkeit zuläßt, zeigt Abb. 13.9.

Bei sechs Stäben entsteht bei Vermeidung aller Ausnahmefälle eine *feste Verbindung*, d.h. für den angeschlossenen Träger gelten *sechs* Zwangsbedingungen; dasselbe gilt für den eingespannten Träger (Abb. 13.10).

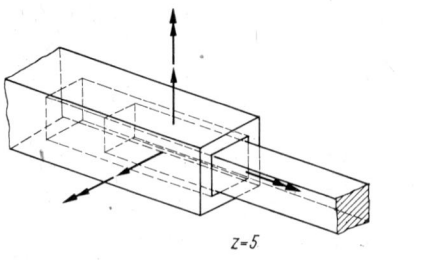

Abb. 13.9   Abb. 13.10

Abschließend sei bemerkt, daß jeder Zwangsbedingung eine Zwangskraft oder ein Zwangsmoment entspricht (s. die in den Abb. 13.2 bis
13.10 eingezeichneten Pfeile).

13.2 Die statische Bestimmtheit der Raumtragwerke

Die Zahl f der Freiheitsgrade eines Raumtragwerkes errechnet sich
aus der Summe f_0 jener Freiheitsgrade, die der freien Beweglichkeit
der einzelnen Tragwerksteile entsprechen, vermindert um die Summe z
der Zwangsbedingungen, welche von den Verbindungs- und Auflagerungselementen herrühren:

$$f = f_0 - z. \qquad (13.2/1)$$

Hierbei sind drei Fälle zu unterscheiden:

> $f < 0$: *Das Tragwerk ist statisch unbestimmt*, wenn die Determi-
> nante der Koeffizienten der unbekannten Kräfte im
> System der Gleichgewichtsbedingungen nicht verschwin-
> det; der Grad der statischen Unbestimmtheit ist $-f$.
>
> $f = 0$: *Das Tragwerk ist statisch bestimmt*, wenn die Koeffi-
> zientendeterminante nicht verschwindet.
>
> $f > 0$: *Das System ist nicht tragfähig, sondern ein Getriebe oder
> Mechanismus.*

Besteht das Tragwerk aus n starren Tragwerksteilen (mit je sechs
Freiheitsgraden) und s Stäben (mit je fünf Freiheitsgraden), so folgt:

$$f_0 = 6n + 5s \qquad (13.2/2)$$

und

$$f = 6n + 5s - z. \qquad (13.2/3)$$

Die Zwangsbedingungen beziehen sich einerseits auf die an den Enden
der einzelnen Stäbe befindlichen Kugelgelenke, andererseits auf die
übrigen Verbindungs- und Auflagerorgane. Die Anzahl Zwangsbedingungen der ersten Art sei mit z_s, die der zweiten Art mit z_t bezeichnet.
Jedes der $2s$ Stabenden unterliegt infolge des dort befindlichen Kugelgelenkes drei Zwangsbedingungen; bei den Knotenpunkten, deren
Freiheitsgrade bei f_0 nicht mitgezählt sind, vermindert sich die so entstehende Summe jeweils um 3. Ist k die Zahl der Knotenpunkte, so
folgt $z_s = 6s - 3k$ und

$$z = 6s - 3k + z_t. \qquad (13.2/4)$$

Diese Überlegung liefert stets Übereinstimmung mit einer Abzählung
der Zwangsbedingungen durch Anwendung von (13.1/1). Ist nämlich
m die Zahl der auf starren Tragwerksteilen befindlichen Gelenke, so ist
$k + m$ die Gesamtzahl der Gelenke und $2s + m$ die Gesamtzahl der An-

schlußpunkte der verbundenen Teile. Aus (13.1/1) folgt dann $z_s =$ $3(2s + m) - 3(k + m)$ in Übereinstimmung mit (13.2/4). Aus (13.2/3) ergibt sich

$$f = 6n + 3k - s - z_t. \qquad (13.2/5)$$

Zu demselben Ergebnis gelangt man bei Behandlung der Stäbe als reine Verbindungsorgane mit je *einer* Zwangsbedingung, d.h. mit $z_s = s$, also

$$z = s + z_t. \qquad (13.2/6)$$

Wie schon in 10.1 und 13.1 gezeigt wurde, müssen im Rahmen dieser Auffassung die Freiheitsgrade der Knotenpunkte bei f_0 mitgezählt werden:

$$f_0 = 6n + 3k. \qquad (13.2/7)$$

Durch Einsetzen von (13.2/6) und (13.2/7) in (13.2/1) erkennt man die Übereinstimmung mit (13.2/5).

13.3 Die Ermittlung der Stütz- und Verbindungskräfte

Bei statisch bestimmten Raumtragwerken wird $f = 0$ und mithin $f_0 = z$. Hierbei stimmt f_0 mit der Zahl der Gleichgewichtsbedingungen der herausgeschnittenen einzelnen Tragwerksteile überein; andererseits ist z zugleich die Zahl der Zwangs-, d.h. der Verbindungs- und Stützkräfte, bzw. -momente. Bei statisch bestimmten Tragwerken reichen daher die zur Verfügung stehenden Gleichungen gerade aus, um die unbekannten Verbindungs- und Stützkräfte, bzw. -momente zu berechnen.

Als erstes Beispiel untersuchen wir die Auflagerkräfte der in Abb. 13.11 ersichtlichen, durch 6 Stäbe abgestützten Platte. Die Aufgabe ist statisch bestimmt; denn (13.2/5) liefert mit $n = 1$, $s = 6$, $k = 0$, $z_t = 0$ den Freiheitsgrad $f = 0$. Wir denken uns alle Stäbe durch eine horizontale Ebene geschnitten und die Schnittkräfte S_1 bis S_6 als Zugkräfte wirkend. Für das Gleichgewicht der Platte ergeben sich die folgenden, in Tabellenform angegebenen Gleichungen, wobei sich

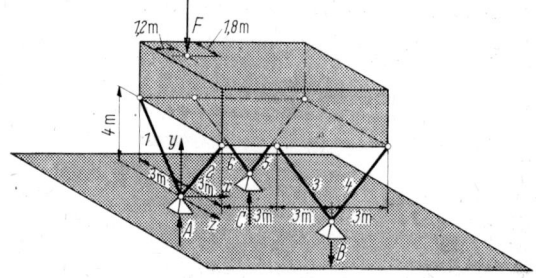

Abb. 13.11

die links stehenden Hinweise auf die Art der jeweiligen Gleichgewichtsbedingung beziehen (x bedeutet Gleichgewicht in x-Richtung, x⟩ bedeutet Momentengleichung für die x-Achse als Drehachse usw., die
letzte Spalte entspricht der auf die rechte Gleichungsseite gebrachten
äußeren Kraft):

Nr.	Symbol	S_1	S_2	S_3	S_4	S_5	S_6	F
1	x	0	0	0,6	−0,6	−0,6	0,6	0
2	y	−0,8	−0,8	−0,8	−0,8	−0,8	−0,8	1,0
3	z	0,6	−0,6	0	0	0	0	0
4	x⟩	0	0	2,4	2,4	−2,4	−2,4	1,2
5	y⟩	0	0	1,8	−1,8	1,8	−1,8	0
6	z⟩	0	0	−4,8	−4,8	−4,8	−4,8	1,2

$$(13.3/1)$$

Aus Nr. 3 folgt $S_1 = S_2$, aus Nr. 1 und 5 folgen $S_3 = S_4$ und $S_5 = S_6$.
Damit erhält man aus Nr. 4 und 6 die Stäbe S_3 und S_5 und schließlich
S_1 aus Nr. 2. Es ergeben sich:

$$S_1 = S_2 = -F/2; \quad S_3 = S_4 = F/16; \quad S_5 = S_6 = -3F/16. \qquad (13.3/2)$$

Die Auflagerkräfte erhält man aus den Gleichgewichtsbedingungen an
den Auflagergelenken:

$$A = -0{,}8(S_1 + S_2) = 0{,}8F; \quad B = 0{,}8(S_3 + S_4) = 0{,}1F;$$

$$C = -0{,}8(S_5 + S_6) = 0{,}3F. \qquad (13.3/3)$$

Als Kontrolle dient z. B. die vertikale Gleichgewichtsbedingung
$A - B + C - F = 0$.

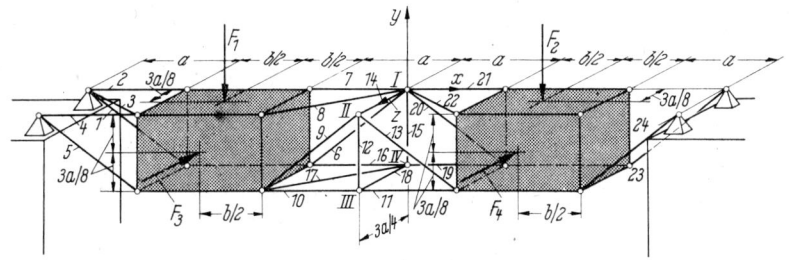

Abb. 13.12

Ein weiteres Beispiel bezieht sich auf ein statisch bestimmtes Tragwerk (Abb. 13.12), das aus einem statisch unbestimmten System durch

Herausnahme einiger Stäbe entstanden ist.[1] Zwei in sich starre Tragwerksteile sind miteinander durch 17 Stäbe verbunden, wobei vier Knotenpunkte auftreten. Die Verbindung ist noch nicht in sich starr, sondern wird erst durch die Auflagerung mit sieben Stäben zum Tragwerk.
Es gilt daher $n = 2, s = 24, k = 4, z_t = 0$ (die Auflagerstäbe sind bei s
mitgezählt). Aus (13.2/5) folgt $f = 0$, d.h. das Tragwerk ist statisch
bestimmt.

Zunächst sind die Nullstäbe zu bestimmen; die bei dieser Gelegen-
heit zur Anwendung kommenden Überlegungen gelten in derselben
Weise auch für die anschließend behandelten Raumfachwerke. Am
Knotenpunkt *III* liegen die Stäbe *10* und *11* auf derselben Geraden,
während *12* und *18* seitwärts gerichtet sind. Das Knotengleichgewicht
senkrecht zu der von *10, 11* und *12* gebildeten Ebene zeigt, daß Stab *18*
ein Nullstab sein muß. Ebenso folgt aus dem Gleichgewicht des Knotens senkrecht zur Ebene *11, 18* Stab *12* als Nullstab (man beachte, daß
diese beiden Folgerungen auch dann gelten, wenn die Stäbe *12* und *18*
beliebige von Null verschiedene Winkel miteinander und mit Stab *10*
bilden!). Am Knoten *II* greifen nur mehr die Stäbe *9, 13, 14* an. Sie sind
sämtlich Nullstäbe, da jeder von ihnen eine Kraftkomponente senkrecht zu der von den beiden anderen Stäben gebildeten Ebene liefern
würde; da am Knoten keine äußere Kraft angreift, ist keine Gegenkraft
vorhanden. Am Knoten *IV* gelten dieselben Überlegungen wie am
Knoten *III*, so daß *15* und *17* Nullstäbe sind. Die am Knoten *III* bzw.
IV verbleibenden Stäbe *10* und *11*, bzw. *16* und *19* zählen jeweils als
ein Stab. Das so reduzierte Tragwerk hat nur noch *15* Stäbe und, nachdem die Knoten *II, III* und *IV* entfallen, nur einen Knotenpunkt;
(13.2/5) liefert also wieder $f = 0$. Wir zerschneiden nun die an den
Tragwerksteilen angreifenden Stäbe und formulieren für Teil 1
(Abb. 13.13) und Teil 2 (Abb. 13.14) je sechs Gleichgewichtsbedingungen, für Knoten *I* (Abb. 13.15) schließlich drei Gleichgewichtsbedingungen. Diese 15 Gleichungen sind in der nachstehenden Tabelle (13.3/4)

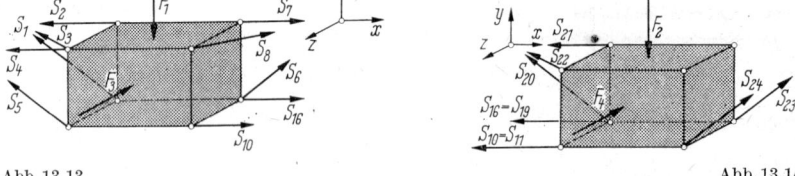

Abb. 13.13   Abb. 13.14

---

[1] In der Elastostatik werden die in einem statisch unbestimmten (Haupt-)
System auftretenden Kräfte durch Superposition aus den Kräften jener statisch
bestimmten (Ersatz-)Systeme ermittelt, in die das Hauptsystem durch Lösen von
Bindungen übergeht.

Nr.	Teil	Symbol	S_1	S_2	S_3	S_4	S_5	S_6	S_7	S_8	S_{10}	S_{16}	S_{20}	S_{21}	S_{22}	S_{23}	S_{24}	F_1	F_2	F_3	F_4
1	1	x	−0,8	−1	−0,8	−1	−0,8	0,8	1	0,8	1	1	0	0	0	0	0	0	0	0	0
2	1	y	0,6	0	0	0	0,6	0,6	0	0	0	0	0	0	0	0	0	1	0	0	0
3	1	z	0	0	−0,6	0	0	0	0	−0,6	0	0	0	0	0	0	0	−0,375	0	1	0
4	1	$\overset{\frown}{x}$	0	0	0	0	−0,45	0	0	0	0	0	0	0	0	0	0	0	0	−0,375	0
5	1	$\overset{\frown}{y}$	0	0	(−1,2 −0,6λ)	−0,75	−0,6	0	0	0	0,75	0	0	0	0	0	0	(−1 −0,5λ)	0	(1 +0,5λ)	0
6	1	$\overset{\frown}{z}$	(−1,2 −0,6λ)	0	0	0	(−1,2 −0,6λ)	0	0	0	0,75	0,75	0	0	0	0	0	0	0	0	0
7	2	x	0	0	0	0	0	0	0	0	−1	−1	−0,8	−1	−0,8	0,8	0,8	0	0	0	0
8	2	y	0	0	0	0	0	0	0	0	0	0	0,6	0	0	0,6	0,6	0	1	0	0
9	2	z	0	0	0	0	0	0	0	0	0	0	0	0	−0,6	0	0	0	−0,375	0	1
10	2	$\overset{\frown}{x}$	0	0	0	0	0	0	0	0	0	0	0	0	0	0	−0,45	0	0	0	−0,375
11	2	$\overset{\frown}{y}$	0	0	0	0	0	0	0	0	−0,75	0	0	0	0	0	0,6	0	(1 +0,5λ)	0	(−1 −0,5λ)
12	2	$\overset{\frown}{z}$	0	0	0	0	0	0	0	0	−0,75	−0,75	0	0	0	(1,2 +0,6λ)	(1,2 +0,6λ)	0	0	0	0
13	I	x	0	0	0	0	0	−0,8	−1	0,8	0	0	0,8	1	0,8	0	0	0	0	0	0
14	I	y	0	0	0	0	0	−0,6	0	0	0	0	−0,6	0	0	0	0	0	0	0	0
15	I	z	0	0	0	0	0	0	0	0,6	0	0	0	0	0,6	0	0	0	0	0	0

$$(13.3/4)$$

Nr.	Aus den Gleichungen	Berechnete Stabkraft	F_1	F_2	F_3	F_4	S_6
16	4	$S_5 =$	$\dfrac{5}{6}$	0	$\dfrac{5}{6}$	0	
17	9	$S_{22} =$	0	0	0	$-\dfrac{5}{3}$	
18	15, 17	$S_8 =$	0	0	0	$\dfrac{5}{3}$	
19	3, 18	$S_3 =$	0	0	$-\dfrac{5}{3}$	$-\dfrac{5}{3}$	
20	10	$S_{24} =$	0	$\dfrac{5}{6}$	0	$\dfrac{5}{6}$	
21	11, 20	$S_{10} =$	0	$\dfrac{2}{3}$	0	$2 + \dfrac{2}{3}\lambda$	
22	5, 16, 19, 21	$S_4 =$	$-\dfrac{2}{3}$	$\dfrac{2}{3}$	$\dfrac{2}{3} + \dfrac{2}{3}\lambda$	$\dfrac{14}{3} + 2\lambda$	
23	2, 16	$S_1 =$	$\dfrac{5}{6}$	0	$-\dfrac{5}{6}$	0	-1
24	6, 16, 21, 23	$S_{16} =$	$\dfrac{4}{3} + \dfrac{2\lambda}{3}$	$-\dfrac{2}{3}$	0	$-2 - \dfrac{2}{3}\lambda$	$-0{,}8(2+\lambda)$
25	12, 20, 21, 24	$S_{23} =$	$\dfrac{5}{6}$	0	0	$-\dfrac{5}{6}$	-1
26	8, 20, 25	$S_{20} =$	$-\dfrac{5}{6}$	$\dfrac{5}{6}$	0	0	1
27	14	$S_{20} =$	0	0	0	0	-1
28	26, 27	$S_6 =$	$\dfrac{5}{12}$	$-\dfrac{5}{12}$	0	0	$(13.3/5)$
29	23, 28	$S_1 =$	$\dfrac{5}{12}$	$\dfrac{5}{12}$	$-\dfrac{5}{6}$	0	
30	24, 28	$S_{16} =$	$\dfrac{2}{3} + \dfrac{\lambda}{3}$	$\dfrac{\lambda}{3}$	0	$-2 - \dfrac{2}{3}\lambda$	
31	25, 28	$S_{23} =$	$\dfrac{5}{12}$	$\dfrac{5}{12}$	0	$-\dfrac{5}{6}$	
32	26, 28	$S_{20} =$	$-\dfrac{5}{12}$	$\dfrac{5}{12}$	0	0	
33	7, 17, 20, 21, 24, 31, 32	$S_{21} =$	$-\dfrac{\lambda}{3}$	$-\dfrac{\lambda}{3}$	0	$\dfrac{4}{3}$	
34	13, 17, 18, 28, 32, 33	$S_7 =$	$-\dfrac{2}{3} - \dfrac{\lambda}{3}$	$\dfrac{2}{3} - \dfrac{\lambda}{3}$	0	$-\dfrac{4}{3}$	
35	1, 16, 18, 19, 21, 22, 28, 29, 30, 34	$S_2 =$	0	0	$\dfrac{2}{3} - \dfrac{2}{3}\lambda$	$\dfrac{10}{3} - 2\lambda$	

mit Verwendung derselben Symbole angegeben, wie beim vorhergehenden Beispiel (Achsensystem x, y, z in I). Zur Abkürzung wurde bei den
Momentengleichungen durch a dividiert und $b/a = \lambda$ gesetzt. Der dick
eingerahmte Tabellenteil repräsentiert die Koeffizientenmatrix. Die
vier letzten Spalten der Tabelle beziehen sich auf die rechten Gleichungsseiten.

Für die Auflösung dieser linearen Gleichungen empfiehlt sich folgender Weg: Zunächst werden diejenigen Stabkräfte berechnet, welche aus
den Gln. 4, 9, 10 je mit 14 Nullen direkt hervorgehen, und zwar S_5,

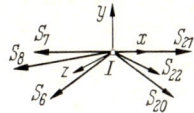

Abb. 13.15

S_{22} und S_{24}. Die Gln. 11 und 15 mit 13 Nullen enthalten jeweils eine dieser Größen und liefern S_8 und S_{10}. Mit Verwendung der so berechneten
Stabkräfte lassen sich auch noch S_3 aus 3 und S_4 aus 5 unmittelbar berechnen. Dann muß eine unbekannte Stabkraft, z. B. S_6 zunächst mitgeführt werden; aus den Gln. 2, 6, 12, 8 werden die Stabkräfte S_1, S_{16},
S_{23} und S_{20} unter Mitnahme eines S_6 enthaltenden Restgliedes errechnet. Gl. 14 liefert eine zweite Gleichung für S_{20} und S_6, so daß sich S_6
berechnen läßt und die mitgeführten Restglieder eliminiert werden
können. Die übrigen Stabkräfte ergeben sich aus den noch nicht verwendeten Gleichungen. Die Tabelle (13.3/5) zeigt den Rechnungsgang.
Zur Kontrolle kann man z. B. die Gleichgewichtsbedingungen des Gesamtsystems heranziehen.

14 Raumfachwerke

Besteht das Raumtragwerk nur aus Stäben, welche miteinander
gelenkig verbunden sind, und greifen die äußeren Kräfte nur in den
Knotenpunkten an, d. h. gelten dieselben vereinfachenden Vorausset-
zungen, die beim ebenen Fachwerk bereits angegeben wurden, so handelt es sich um ein *Raumfachwerk*.

14.1 Die Bedingung der statischen Bestimmtheit
von Raumfachwerken

Wir gehen aus von dem Aufbau der *einfachen Raumfachwerke*
(Abb. 14.1 und 14.2). Abb. 14.1 rechts zeigt ein Fachwerk mit zwei

unverschieblich gelagerten Knotenpunkten (I und II); von diesen laufen die Stäbe *1* und *2* zum Knotenpunkt III, der noch durch den Auflagerstab *3* abgestützt und daher ebenfalls unverschieblich ist. Von diesen drei Knotenpunkten aus ist der Knotenpunkt IV wieder durch drei Stäbe angeschlossen und mithin unverschieblich. Man erkennt, daß gerade so viele Bindungen vorhanden sind, wie zur Tragfähigkeit erforderlich sind. Schließt man weiter von jeweils drei der bereits vorhandenen Knotenpunkte durch je drei Stäbe neue Knotenpunkte an, so sind auch diese unverschieblich. Für die auf diese Weise konstruierten einfachen Raumfachwerke oder Tetraederfachwerke besteht — ähnlich wie bei den ebenen einfachen Fachwerken — eine lineare Beziehung zwischen der Zahl s der Stäbe und der Zahl k der Knoten. Das Grundsystem mit den drei Knoten I, II, III hat neun Stäbe (einschließlich der Auflagerstäbe); für jeden weiteren Knoten sind drei zusätzliche Stäbe erforderlich. Mithin gilt

$$s - 9 = 3(k - 3) \qquad (14.1/1)$$

oder

$$3k - s = 0. \qquad (14.1/2)$$

In Abb. 14.1 links ist einer der drei Auflagerstäbe des Knotens II herausgenommen worden und als Verbindungsstab zum Knoten I eingesetzt. Man erkennt, daß auch so die Tragfähigkeit gewährleistet

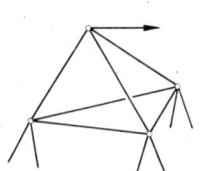 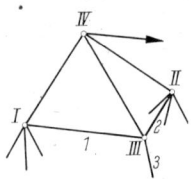

Abb. 14.1

ist, wenn für die drei als Auflagerung dienenden Stabpaare nicht ein Ausnahmefall vorliegt (alle Ausnahmefälle sind dadurch gekennzeichnet, daß die Determinante der Koeffizienten in den zur Berechnung der Stabkräfte dienenden Gleichungen verschwindet). Abb. 14.2 zeigt ein einfaches Raumfachwerk, das aus zwei Tetraedern besteht. Greift an einem der Knoten, an dem nur drei Stäbe angeschlossen sind, eine äußere Kraft an, z. B. wie in Abb. 14.1 und 14.2 in dem äußersten Knoten, so kann diese Kraft nach 12.6 oder 12.7 in drei Komponenten zerlegt werden, die in Richtung dieser Stäbe liegen (greift keine äußere Kraft an, so sind diese Stäbe Nullstäbe). Weiter findet sich stets mindestens ein Knoten, an welchem höchstens drei noch unbekannte Stabkräfte angreifen, wenn von den Auflagerstäben abgesehen wird. Die Ermittlung der Kräfte in den Auflagerstäben führt bei Abb. 14.1 links und 14.2 auf das im ersten Beispiel des Abschnittes 13.3 geschilderte Verfahren; in Abb. 14.1 rechts kann bei den Auflagerstäben nach 12.6 oder 12.7 verfahren werden. *Damit ist bewiesen, daß alle Raumfachwerke mit einfachem Aufbau statisch bestimmt sind.* Diese Folgerung

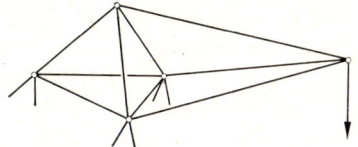

Abb. 14.2

hätte sich auch aus 13.2 ableiten lassen, wenn man das Raumfachwerk als Sonderfall des allgemeinen Raumtragwerkes ansieht und in (13.2/5) die Bedingung $n = 0$ einführt (beim Fachwerk sind keine in sich starren Tragwerksteile vorhanden, die nicht reine Stabverbindungen sind). Dann hätte sich die allgemeinere Bedingung

$$f = 3k - s - z_t \tag{14.1/3}$$

ergeben. Im Falle der statischen Bestimmtheit wird $f = 0$; zählt man die Auflagerbedingungen als Stäbe mit, so zeigt sich Übereinstimmung mit (14.1/2). Gl. (14.1/3) gilt aber auch dann, wenn das Fachwerk keinen einfachen Aufbau hat, d. h. kein Tetraederfachwerk ist (bei einem nichteinfachen Raumfachwerk greifen an jedem Knoten mindestens vier Stäbe an) und wenn beliebige Auflagerbedingungen zu berücksichtigen sind. Im übrigen ist zu beachten, daß $f = 0$ nur eine notwendige, nicht aber hinreichende Bedingung für die statische Bestimmtheit darstellt; es muß darüber hinaus stets gefordert werden, daß die Koeffizientendeterminante des für die unbekannten Kräfte geltenden linearen Gleichungssystems nicht verschwindet.

14.2 Netz- und Flechtwerke

Besondere praktische Bedeutung kommt den Netz- und Flechtwerken zu[1]; diese sind dadurch gekennzeichnet, daß die einzelnen Stäbe Dreiecke bilden, welche einen einfach zusammenhängenden Raum mantelartig, ggf. mit einer oder zwei größeren Öffnungen umschließen. Abb. 14.3 zeigt ein Pyramidenfachwerk und Abb. 14.4 eine Fachwerkkuppel. In beiden Fällen weist der Aufbau im wesentlichen drei Arten Stäbe auf, und zwar *Ringstäbe*, welche in Horizontalebenen liegen, *Gratstäbe*, welche in Vertikalebenen liegen, und *Diagonalstäbe* oder *Wandstäbe*. Man erkennt, daß alle Stäbe erfaßt werden, wenn jedem

---

[1] Wesentliche Beiträge zur Theorie der Netz- und Flechtwerke lieferte AUGUST FÖPPL.

Knoten ein Ringstab, ein Diagonalstab und ein Gratstab, d.h. *drei* Stäbe zugeordnet werden. Deshalb gilt $s = 3k$; dabei sind die unterhalb des tiefsten Ringes liegenden Stäbe als Auflagerstäbe aufgefaßt und

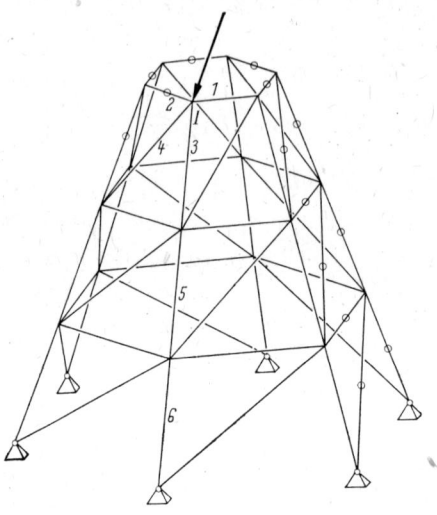

Abb. 14.3

als solche mitgezählt. Das Fachwerk ist daher statisch bestimmt, wenn für die entsprechenden Auflagerbedingungen gesorgt wird und Ausnahmefälle vermieden werden. Ist q die Anzahl der Knoten eines Ringes, so handelt es sich um $2q$ Auflagerbedingungen des Fachwerkes; erst durch die Auflagerung wird das Fachwerk, das in sich nicht starr ist, tragfähig.

Betrachten wir z. B. die Einwirkung einer Kraft auf einen am oberen Rande befindlichen Knoten des in Abb. 14.3 ersichtlichen Pyramidenfachwerkes, so zeigt sich zunächst, daß alle Stäbe des oberen Ringes außer Stab *1* Nullstäbe sind; denn diese haben an den unbelasteten Knoten jeweils mit drei anderen Stäben Gleichgewicht herzustellen, welche für sich in einer gemeinsamen Ebene liegen. Da der jeweils betrachtete Ringstab nicht in dieser Ebene liegt, ist keine Gegenkraft möglich, so daß er ein Nullstab sein muß. Innerhalb der Seitenflächen der Pyramide kommen die Regeln für Nullstäbe bei ebenen Fachwerken zur Anwendung. Man erkennt dann alle durch einen kleinen Kreis gekennzeichneten Stäbe als Nullstäbe, ebenso alle im rückwärtigen Teil des Fachwerkes befindlichen Stäbe. Zerlegt man die Kraft in die Richtungen der Stäbe *1*, *4* und *3*, so lassen sich aus der Komponente in Richtung *1* die Stabkräfte der zugehörigen Pyramidenseite bestimmen, indem diese als ebener Fachwerkträger aufgefaßt wird. Dasselbe gilt für die Stabkräfte der zu Richtung *4* gehörenden Pyramidenseite. Die Komponente in Richtung 3 geht als Gratstabkraft bis ins Auflager. Die gesamten Stabkräfte *5* und *6* ergeben sich durch Addition der Anteile aus den beiden Fachwerkträgern und der Kraftkomponente *3*.

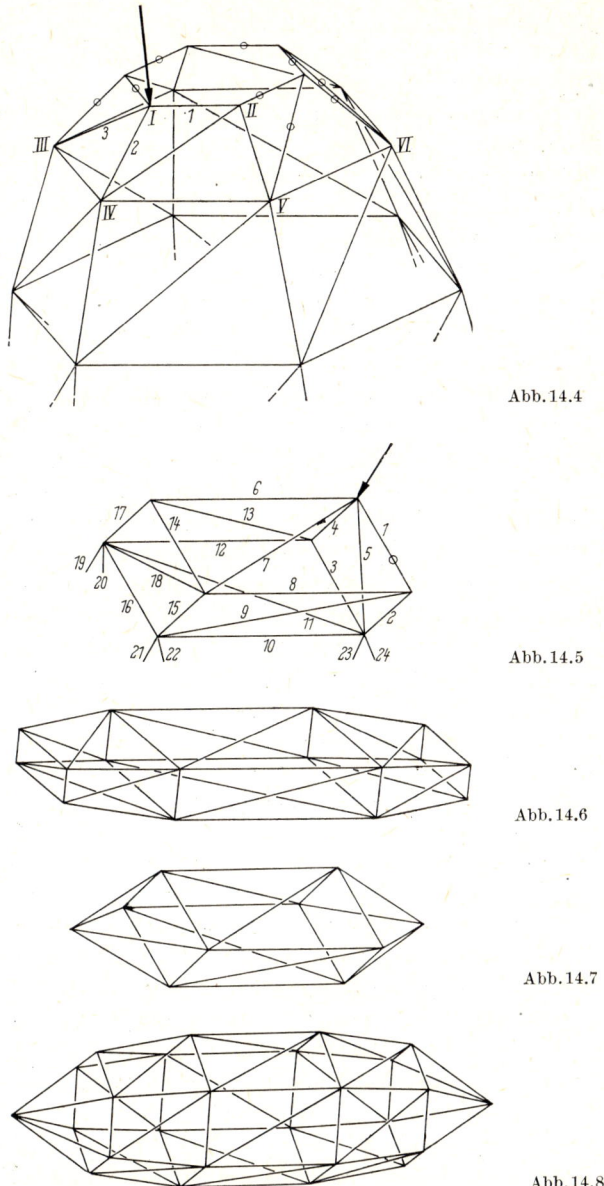

Abb. 14.4

Abb. 14.5

Abb. 14.6

Abb. 14.7

Abb. 14.8

Ähnlich erfolgt die Stabkraftbestimmung bei der in Abb. 14.4 ersichtlichen Fachwerkkuppel; nur sind jetzt weniger Nullstäbe vorhanden. Die Kraft muß im Knoten I nach den Richtungen 1, 2, 3 zerlegt werden. Darauf folgt eine ebene Kräftezerlegung der Stabkraft 1 am Knoten II, anschließend räumliche Zerlegung an den Knoten III, IV, V des folgenden Ringes, sowie ebene Zerlegung am Knoten VI; in entsprechender Weise geht man auch an den nächsten Ringen vor.

Für ein Dreiecknetz, das einen einfach zusammenhängenden Raum vollständig umschließt, zeigt Abb. 14.5 ein einfaches Beispiel in der Form eines Rechtkants mit $k = 8$ und $s = 24$ (einschließlich der Auflagerstäbe), so daß $f = 0$ gilt. Ein anderes Beispiel mit $k = 16$ und $s = 42$, also $f = z_t - 6$ zeigt Abb. 14.6. Auch dieses Fachwerk ist in sich starr, denn es sind zur Auflagerung bei $f = 0$ wie beim starren Körper $z_t = 6$ Fesseln erforderlich. Nimmt man an den Endflächen derartiger Flechtwerke die Diagonalstäbe heraus und schließt weitere Stäbe an, welche jeweils in einer Spitze zusammenlaufen, so entstehen Formen nach Art von Abb. 14.7 und 14.8. Solche Fachwerke treten in ähnlicher Form im Behälterbau, im Schiffbau, im Flugzeugbau und in anderen Zweigen der Technik auf. Sind allgemein r Ringe vorhanden, welche je q Knoten aufweisen, so ist rq die Zahl der Ringstäbe, $(r - 1)\, q$ die Zahl der Gratstäbe (ohne die Spitzen) und $(r - 1)\, q$ die Zahl der Diagonalstäbe. Bei Diagonalaussteifung der ersten und letzten Ringebene mit je $q - 3$ Stäben ist mithin $s = 3rq - 2q + 2(q - 3) = 3rq - 6$ die Zahl der Stäbe. Mit $k = rq$ folgt wie beim starren Körper $f = 6 - z_t$. Mit Spitzen an den Enden entfällt die Diagonalaussteifung des ersten und letzten Ringes; dafür enthalten beide Spitzen zusätzlich $2q$ Gratstäbe und zwei Knoten, so daß $s = 3rq$ und $k = rq + 2$ folgt, woraus sich wieder $f = 6 - z_t$ ergibt.

Zur Berechnung der Stabkräfte denkt man sich die Diagonalaussteifung mit je $q - 3$ Stäben des ersten und letzten Ringes, bzw. (bei der Ausführung mit Spitzen) aus jeder Spitze $q - 3$ Stäbe entfernt. Dann entsteht ein beiderseits offener Mantel, der ebenso wie die Fachwerkkuppel zu behandeln ist. An Stelle der herausgenommenen Stäbe werden unbekannte Kräfte eingeführt und in der Rechnung formal mitgeführt; sie werden am ersten und ebenso auch am letzten Ring mit den dort angreifenden äußeren Kräften zusammengefaßt (bei der Ausführung mit Spitze greifen die Reaktionskräfte der herausgenommenen Stäbe in der Spitze an; sie werden mit der eventuell dort angreifenden äußeren Kraft zusammengefaßt und nach den Richtungen der drei dort befindlichen Stäbe zerlegt). Die Stabkraftberechnung beginnt dann — wie bei der Fachwerkkuppel — am ersten Ring und liefert alle weiteren Stabkräfte bis zum Anschluß an den Auflagerungsring als lineare Funktionen der $q - 3$ mitgeführten unbekannten Kräfte. Ebenso liefert die am letzten Ring beginnende Stabkraftberechnung alle Stabkräfte der anderen Seite bis zum Anschluß an den Auflagerungsring, und zwar unter Mitnahme weiterer $q - 3$ unbekannter Kräfte. Anschließend sind $3q$ Gleichgewichtsbedingungen der Knotenpunkte des Auflagerungsringes aufzustellen; aus diesen Gleichungen errechnen sich die $2q - 6$ mitgeführten Unbekannten, die q Ringstabkräfte des Auflagerungsringes, sowie die sechs Auflagerreaktionen.

Ist das Fachwerk an beliebigen Knotenpunkten aufgelagert, die nicht einem gemeinsamen Ring angehören, so sind auch unbekannte Auflagerkräfte mitzuführen.

15 Schnittkräfte und Schnittmomente räumlicher Stabwerke

Die Schnittkraftgruppe eines Trägers wurde bereits in 8.2 ausführlich definiert, ihre rechnerische Ermittlung in 8.3 beschrieben, jedoch im Abschnitt 9 nur für ebene Träger durchgeführt. Im Zusammenhang mit der Behandlung räumlicher Tragwerke soll im folgenden auch das Verfahren zur rechnerischen Ermittlung der Schnittreaktionen bei räumlich gekrümmten Trägern und Stabwerken behandelt werden. Wir beziehen uns auf Abb. 8.2 und 8.3. Für das auftretende Schnittkraftsystem mit sechs Komponenten (Normalkraft N, Querkräfte Q und R, Torsionsmoment M_T, Biegemomente M_Q und M_R) stehen die sechs Gleichgewichtsbedingungen des starren Körpers zur Verfügung. Sie reichen für die rechnerische Ermittlung der Schnittreaktionen aus, wenn alle übrigen Kräfte am abgeschnittenen Trägerteil bekannt sind.

15.1 Die Schnittreaktionen in einem räumlich gekrümmten Träger

Das Verfahren sei an Hand des in Abb. 15.1 ersichtlichen Beispiels näher beschrieben. Der Träger besteht aus einem kreisförmig gebogenen Teil und zwei rechtwinklig zueinander orientierten geraden Teilen; er ist durch eine vertikal gerichtete Kraft belastet und an einem Ende eingespannt. Durch Schnittbetrachtung an der Stelle I ergeben sich die Reaktionen im kreisförmig gekrümmten Teil aus den folgenden Gleichgewichtsbedingungen:

$$N_I - F \sin \varphi = 0,$$

$$Q_I - F \cos \varphi = 0,$$

$$-M_{RI} + N_I c = 0.$$

Hieraus erhält man

$$N_I = F \sin\varphi, \quad Q_I = F \cos\varphi, \quad M_{RI} = Fc \sin\varphi.$$

Die Querkraft R_I, das Torsionsmoment M_{TI} und das Biegemoment M_{QI} sind Null.

Für Schnitt II liefert die Gleichgewichtsbetrachtung

$$Q_{II} - F = 0,$$
$$II \quad \text{\textbackslash} \quad M_{TII} + Fc = 0,$$
$$II \quad \text{\textbackslash} \quad M_{RII} + Fx = 0.$$

Man erhält:

$$Q_{II} = F, \quad M_{TII} = -Fc, \quad M_{RII} = -Fx.$$

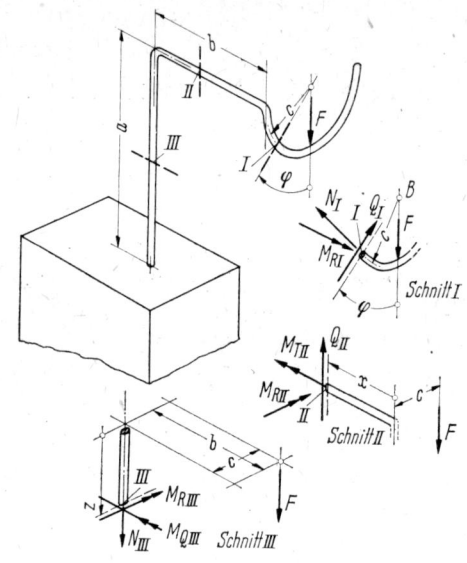

Abb. 15.1

Hier treten weder die Normalkraft N_{II}, noch die Querkraft R_{II}, noch das Biegemoment M_{QII} auf.

Für Schnitt III gilt:

$$-N_{III} - F = 0,$$
$$III \quad \text{\textbackslash} \quad M_{QIII} + Fc = 0,$$
$$III \quad \text{\textbackslash} \quad M_{RIII} + Fb = 0.$$

Hieraus folgen:

$$N_{III} = -F, \quad M_{QIII} = -Fc, \quad M_{RIII} = -Fb.$$

In diesem Trägerteil treten keine Querkräfte auf, ebenso fehlt hier das Torsionsmoment, da die Kraft F parallel zur Trägerachse läuft.

16 Standsicherheit

Bei nichtortsfesten Maschinen muß die Standsicherheit untersucht werden.

16.1 Die Definition der Standsicherheit

Aus der Art der Auflagerung bzw. Aufstellung der Maschine und ihrem Betriebszustand ergibt sich für die Beurteilung der Kippgefahr stets eine bestimmte Drehachse, welche *Kippachse* genannt sei. Falls die Kippachse nicht eindeutig festgelegt werden kann, muß die Kippgefahr für alle in Betracht kommenden Achsen untersucht werden. Kippachse ist dann jene Achse, für welche sich die größte Kippgefahr bzw. die kleinste *Standsicherheit* ergibt. Zur Definition der Standsicherheit sind alle um die Kippachse drehenden Momente in zwei Gruppen einzuteilen; die Momente der ersten Gruppe wirken dem Kippen entgegen, ihre Summe sei mit M_0 gekennzeichnet; die Momente der zweiten Gruppe wirken im Sinne des Kippvorganges, ihre Summe sei mit M_k bezeichnet. Entsprechend diesen Definitionen sind beide Größen positiv eingeführt. Beide Momente haben aber entgegengesetzten Drehsinn; ihre Differenz $M_0 - M_k$ muß positiv sein, wenn kein Kippen eintreten soll. Das Verhältnis

$$S = \frac{M_0}{M_k} \qquad (16.1/1)$$

nennt man die *Standsicherheit*. Es sind folgende drei Fälle zu unterscheiden:

$S > 1$: Sicherer Stand,

$S = 1$: Kippgrenze, $\qquad (16.1/2)$

$S < 1$: Kippen.

16.2 Beispiele zur Berechnung der Standsicherheit

Der fahrbare Drehkran in Abb. 16.1 ist um eine Achse schwenkbar, welche zur horizontal vorausgesetzten Auflagerebene senkrecht steht und durch den Schwerpunkt des Untergestells (Gewicht Q_0) geht. Die vier gleich großen Räder des Untergestells sind symmetrisch angeordnet. Der Schwerpunkt S_1 des drehbaren Oberteiles (Gewicht Q_1) befindet sich im Abstand b von der Drehachse des Kranes (Abb. 16.2). Die Last F wirkt im Abstand a von der Drehachse; Q_0, Q_1 und F liegen in einer Ebene. Die in Abb. 16.2 gezeichnete Grundrißfigur entspricht der ungünstigsten Stellung des Kranes, und zwar sowohl bei Belastung durch F (Fall 1, Kippachse 1), als auch ohne Belastung (Fall 2, Kippachse 2).

Im *Fall 1* gelten die Momente $(a > t)$

$$M_0 = Q_0 t + Q_1(b + t), \quad M_k = F(a - t) \qquad (16.2/1)$$

und die Standsicherheit

$$S_1 = \frac{Q_0 t + Q_1(b + t)}{F(a - t)}. \qquad (16.2/2)$$

Im *Fall 2* $(b > t)$ ist

$$M_0 = Q_0 t, \quad M_k = Q_1(b - t) \qquad (16.2/3)$$

und

$$S_2 = \frac{Q_0 t}{Q_1(b - t)}. \qquad (16.2/4)$$

Abb. 16.3 zeigt schematisch die Seitenansicht eines Schleppers auf geneigter Fahrbahn (Neigungswinkel β), der eine Schleppkraft F ausübt. Für die Kippgefahr in bezug auf die Berührungsgerade der Hinterräder mit der Fahrbahn als Kippachse kann mit $0 \leqq \beta < 90°$

$$M_0 = Ql \cos \beta, \quad M_k = Fa + Qb \sin \beta \qquad (16.2/5)$$

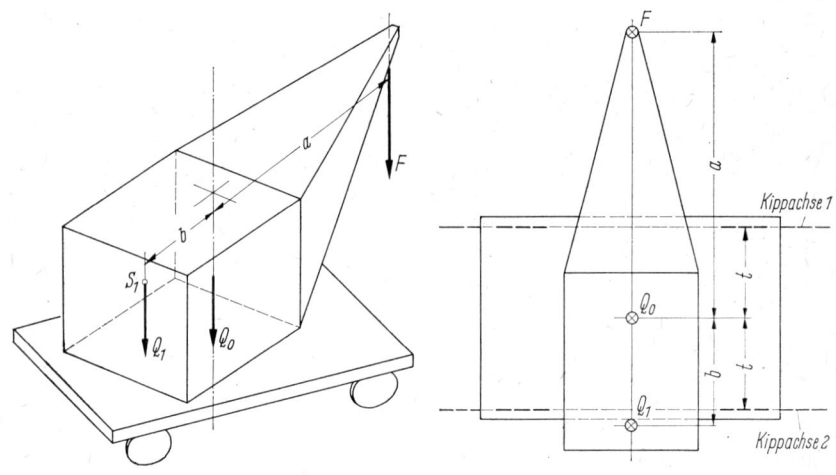

Abb. 16.1   Abb. 16.2

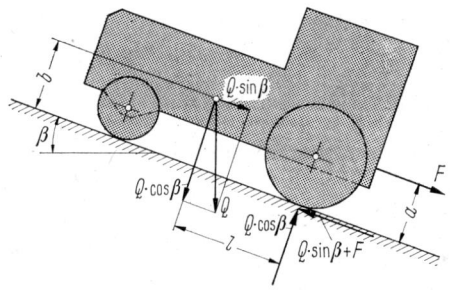

Abb. 16.3

gesetzt werden, woraus

$$S = \frac{Ql \cos \beta}{Fa + Qb \sin \beta} \tag{16.2/6}$$

folgt.

Mit der Voraussetzung $\tan \beta < l/b$ kann man aber auch $M_0 = Q(l \cos \beta - b \sin \beta)$ und $M_k = Fa$ setzen, woraus

$$S = \frac{Q(l \cos \beta - b \sin \beta)}{Fa}$$

folgen würde. Hieraus ersieht man, daß die Definition der Standsicherheit bei nichtparallelen Kräften nicht eindeutig ist, so daß außer der Zahl S die Berechnungsformel angegeben werden muß. Die Bedingung für die Kippgrenze ($S = 1$) ist natürlich von der Art der Kräftezerlegung unabhängig.

17 Seile, Ketten und Stabketten

Während Träger oder Balken im allgemeinen Längs- und Querkräfte, sowie Biege- und Torsionsmomente übertragen, ist die Kraftübertragung bei Fachwerkstäben auf *Zug-* und *Druckkräfte* beschränkt. Eine weitere Einschränkung gilt für Seile und Ketten, welche nur *Zugkräfte* aufnehmen können.

17.1 Seile, Ketten und Stabketten mit Einzellasten

Setzt man Stäbe derart gelenkig aneinander, daß — im Gegensatz zum Fachwerk — in jedem Knotenpunkt jeweils nur zwei Stäbe miteinander verbunden sind, so entsteht eine *Stabkette*. Ein solches Gebilde ist zwar im Sinne der Fachwerktheorie, d. h. unter Beibehaltung der ursprünglichen Form, im allgemeinen nicht tragfähig. Dennoch sind innerhalb der unendlich vielen möglichen Lagen, welche die Stabkette bei festen Aufhängepunkten unter gegebenen Knotenlasten einnehmen kann, Gleichgewichtslagen möglich.

Wirken alle Knotenlasten parallel zu einer Ebene, welche durch die beiden Aufhängepunkte der Stabkette geht, so liegt bei Gleichgewicht die gesamte Stabkette in dieser Ebene (andernfalls würden an den Knoten seitwärts gerichtete Komponenten der Stabkräfte auftreten, für welche keine Gegenkräfte vorhanden wären). Es gelten dann die Regeln der ebenen Statik. Insbesondere kann das bereits in 2.2 beschriebene zeichnerische Verfahren (Seileckverfahren) angewandt werden; die Seilkräfte, welche bisher nur als Hilfskräfte zur bequemen Zerlegung oder Zusammensetzung von Kräften dienten, sind jetzt die wirklichen Stabkräfte.

Wir betrachten nun eine n-gliedrige Stabkette mit vertikalen Knotenlasten (als Beispiel zeigt Abb. 17.1 eine viergliedrige Stabkette). Sind β_1, β_2 usw. die Neigungswinkel der einzelnen Stäbe gegenüber der Horizontalen, so verlangt das Gleichgewicht an den Knoten

$$H = S_1 \cos \beta_1 = S_2 \cos \beta_2 = \cdots \text{usw.} \qquad (17.1/1)$$

Hierbei ist H die für alle Stabkräfte gleich große Horizontalkomponente. Die vertikalen Gleichgewichtsbedingungen liefern:

$$\tan \beta_2 - \tan \beta_1 = \frac{Q_1}{H}, \quad \tan \beta_3 - \tan \beta_2 = \frac{Q_2}{H} \text{ usw.} \quad (17.1/2)$$

Dabei bedeuten Q_1, Q_2, ... usw. die Knotenlasten. Sind z. B. die Horizontalkraft H und der erste Neigungswinkel β_1 gegeben, so liefert (17.1/2) alle weiteren Neigungswinkel und (17.1/1) alle Stabkräfte. Sind

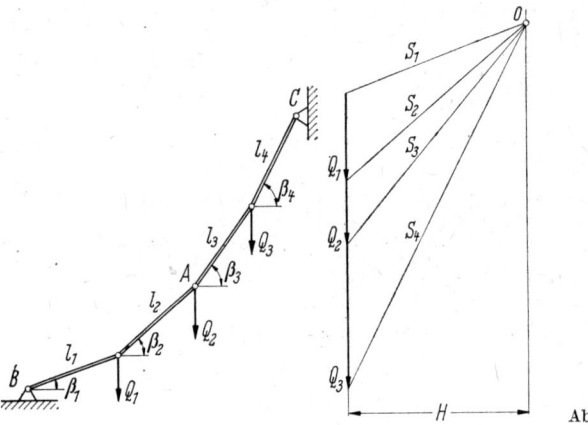

Abb. 17.1

ferner die Stablängen l_1, l_2, ..., l_{n-2} gegeben, so lassen sich die restlichen Stablängen l_{n-1} und l_n aus den beiden geometrischen Bedingungen für den Horizontalabstand a und den Vertikalabstand b der beiden Aufhängepunkte errechnen:

$$\sum_{k=1}^{n} l_k \cos \beta_k = a, \quad \sum_{k=1}^{n} l_k \sin \beta_k = b. \qquad (17.1/3)$$

Bei Anwendung des Seileckverfahrens erhält man z. B. den in Abb. 17.1 rechts ersichtlichen Kräfteplan. Zu beachten ist, daß bei der jetzt geltenden Problemstellung die Lage des Poles nicht mehr beliebig, sondern durch die gegebenen Werte von H und β_1 festgelegt ist. Der Kräfteplan liefert die Richtungen sämtlicher Stäbe, sowie sämtliche Stabkräfte. Anschließend kann im Lageplan die Stabkette mit Verwendung der gegebenen Stablängen und mit den aus dem Kräfteplan zu entnehmenden Richtungen gezeichnet werden, und zwar bis zum Punkte A,

wo der vorletzte Stab beginnt. Von A, sowie vom rechten Aufhängepunkt C aus zieht man unter den zugehörigen Neigungswinkeln zwei
Geraden, deren Schnittpunkte die Lage des letzten Knotens angibt; damit sind auch die letzten Stablängen bekannt.

Sind alle Stablängen und die äußeren Kräfte gegeben, so erhält
man aus (17.1/2) und (17.1/3) sämtliche Winkel, sowie H, anschließend aus (17.1/1) die Stabkräfte.

Es zeigt sich, daß bei vertikal abwärts gerichteten Knotenlasten für
positive H-Werte und für $-\dfrac{\pi}{2} < \beta_1 < \arctan\left(\dfrac{b}{a}\right)$ stets alle Stäbe *zug-
beansprucht* sind. Die Stabkette kann folglich auch durch ein *Seil*
oder eine *Kette* ersetzt werden, wenn die Abstände der Kraftangriffspunkte dieselben bleiben. Die Horizontalkraft H ist ein wirklicher *Horizontalzug*.

Für negative H-Werte und für $\left(\dfrac{\pi}{2}\right) > \beta_1 > \arctan\left(\dfrac{b}{a}\right)$ wären bei
vertikal abwärts gerichteten Knotenlasten alle Stäbe *druckbeansprucht*.
Solche Fälle werden in Zusammenhang mit der Stützlinientheorie
(s. 18) erörtert.

17.2 Seile, Ketten und Stabketten unter kontinuierlicher Belastung, sowie Eigengewicht

Bei der Stabkette läßt sich das Eigengewicht in einfacher Weise dadurch berücksichtigen, daß die Gewichte der einzelnen Stäbe an ihren
Enden durch statisch gleichwertige Kräfte ersetzt und zu Knotenlasten
zusammengefaßt werden; dann läßt sich das in 17.1 beschriebene Verfahren anwenden.

Im Grenzfall sehr vieler und sehr kurzer Glieder geht die Stabkette in eine *Kette* über, für deren statische Behandlung bei Eigen-

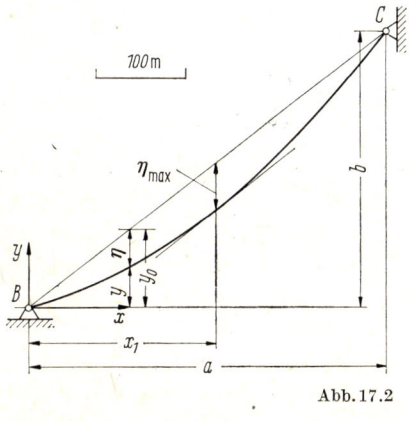

Abb. 17.2

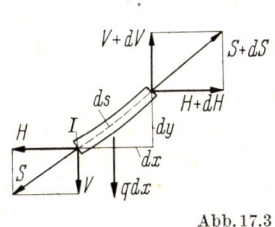

Abb. 17.3

gewicht dieselben Überlegungen maßgebend sind, wie sie nachstehend
für das *Seil* durchgeführt werden[1].

Beim Eigengewicht von Seilen und Ketten handelt es sich — im
Gegensatz zu 17.1 — um eine *kontinuierliche Belastung.* Zur geometrischen Beschreibung sei ein Koordinatensystem eingeführt, dessen x-
Achse horizontal und dessen y-Achse vertikal liegt (Abb. 17.2); der
Koordinatenursprung sei in den linken Aufhängepunkt des Seiles
gelegt. Eine Koordinate s entspricht der jeweiligen Seillänge und läuft
längs des Seiles. Abb. 17.3 zeigt das Kräftespiel an einem Seilelement
von der Länge ds mit den Komponenten dx und dy. Die Seilkraft S
wird in die Horizontalkomponente H und die Vertikalkomponente V
zerlegt; am rechten Ende des Seilstückes sind diese Größen (entsprechend den Zuwüchsen der Koordinaten um dx und dy) um die Differentiale dS, dH und dV zu vermehren. Die Gewichtsbelastung liefert die
vertikal abwärts gerichtete Kraft $q\,dx$; *hierbei ist q das auf die Horizontalprojektion bezogene Seilgewicht pro Längeneinheit.* Durch Formulierung der Gleichgewichtsbedingungen erhält man:

$$\left.\begin{array}{l} \rightarrow \qquad\qquad -H + H + dH = 0\,. \\[2mm] \uparrow \qquad\qquad -V + V + dV - q\,dx = 0\,. \\[2mm] \text{I)} \quad (V + dV)\,dx - q\,dx\,\dfrac{dx}{2} - (H + dH)\,dy = 0\,. \end{array}\right\} \quad (17.2/1)$$

In der dritten Gleichung sind die Produkte von zwei Differentialen als
unendlich klein höherer Ordnung zu streichen. Es folgen

$$H = \text{konst}, \qquad\qquad\qquad (17.2/2)$$

$$V' = q\,, \qquad\qquad\qquad (17.2/3)$$

$$Hy' = V\,. \qquad\qquad\qquad (17.2/4)$$

Hierbei wurden die Abkürzungen $dV/dx = V'$ usw. verwendet. Durch
Differentiation von (17.2/4) und Elimination von V' mittels (17.2/3)
ergibt sich schließlich:

$$Hy'' = q\,. \qquad\qquad\qquad (17.2/5)$$

Ist q als Funktion von x vorgegeben, so kann die Seilkurve durch zweimalige Integration dieser Differentialgleichung gewonnen werden. Man
kann aber auch in guter Annäherung die Belastung streckenweise durch
Einzellasten ersetzen und die Seilkurve wie in 17.1 mit Hilfe des Seileckverfahrens ermitteln. Für $q = q(x)$ besteht ohnehin völlige Analogie

---

[1] Lösungen des Problems des Seiles unter Eigengewicht wurden schon von
JOHANN BERNOULLI (geb. 1667 in Basel, gest. 1748 in Basel), GOTTFRIED WIL-
HELM LEIBNIZ (geb. 1646 in Leipzig, gest. 1716 in Hannover) und CHRISTIAN
HUYGENS (geb. 1629 in Haag, gest. 1695 in Haag) angegeben.

zum entsprechenden Balkenproblem; die Differentialgleichung (9.2/9) für das Biegemoment des gebogenen Balkens unter Streckenlast, welche bei Ersatz der Streckenlast durch eine Reihe von Einzellasten nach dem in 9.3 beschriebenen Seileckverfahren zeichnerisch integriert werden kann, hat denselben mathematischen Aufbau wie (17.2/5).

Der *Durchhang* η des Seiles (Abb. 17.2) sei durch

$$\eta = y_0 - y \text{ mit } y_0 = \frac{b}{a}\, x \tag{17.2/6}$$

definiert; dann entspricht die lineare Funktion y_0 der geradlinigen Verbindung der beiden Aufhängepunkte, während η die Abweichung von dieser Geraden angibt und mithin den homogenen Randbedingungen $(\eta)_{x=0} = 0$ und $(\eta)_{x=a} = 0$ genügt. (17.2/5) geht hiermit über in

$$H\eta'' = -q(x). \tag{17.2/7}$$

Durch diese Darstellung wird die in 9.3 abgeleitete Regel $M = H\eta$ bestätigt; denn y_0 kann mit der Schlußlinie und η mit der ebenso bezeichneten Ordinate des Seilecks verglichen werden. Man beachte, daß auf diese Weise nicht nur die beiden Differentialgleichungen (17.2/7) und (9.2/9) identisch sind, sondern auch die Randbedingungen.

Allgemein ist die zeichnerische Ermittlung einer Funktion mit Hilfe des Seileckverfahrens möglich, wenn ihre zweite Ableitung als Funktion der unabhängigen Variablen gegeben ist. Derartige Aufgaben treten in verschiedenen technischen Gebieten auf.

17.3 Seile und Ketten bei q = konst mit Näherung für schwachen Durchhang

Für die resultierende Vertikallast Q gilt $Q = \int\limits_{x=0}^{a} q\, dx$. Im *Sonderfall* $q = $ konst folgt hieraus

$$q = Q/a. \tag{17.3/1}$$

Bei *schwachem Durchhang* kann Q/a näherungsweise mit dem auf die Längeneinheit der Horizontalprojektion bezogenen *Seilgewicht* identifiziert werden.

Die zweimalige Integration von (17.2/7) liefert bei Beachtung der homogenen Randbedingungen $(\eta)_{x=0} = 0$ und $(\eta)_{x=a} = 0$

$$\eta = \frac{Q}{2Ha}\, x(a - x). \tag{17.3/2}$$

Der maximale Durchhang tritt in der Mitte auf und wird

$$\eta_{\max} = \frac{Qa}{8H}. \tag{17.3/3}$$

Der Durchhang bleibt somit kleiner als 6,25% der Strecke a, wenn der Horizontalzug größer ist als die doppelte Vertikallast. Für den Neigungswinkel φ der Seiltangente gilt

$$\operatorname{tg} \varphi = y' = (y_0 - \eta)' = \frac{b}{a} - \frac{Q}{2H}\left(1 - \frac{2x}{a}\right). \qquad (17.3/4)$$

Aus (17.2/4) erhält man für die Vertikalkomponente der Seilkraft

$$V = H\left[\frac{b}{a} - \frac{Q}{2H}\left(1 - \frac{2x}{a}\right)\right]. \qquad (17.3/5)$$

Die maximale Vertikalkraft tritt am oberen, die minimale am unteren Befestigungspunkt auf:

$$V_{\max} = H\frac{b}{a} + \frac{Q}{2}, \qquad V_{\min} = H\frac{b}{a} - \frac{Q}{2}. \qquad (17.3/6)$$

Maximum und Minimum der Seilkraft sind

$$S_{\max} = \sqrt{H^2 + V_{\max}^2}, \qquad S_{\min} = \sqrt{H^2 + V_{\min}^2}. \qquad (17.3/7)$$

Zur *Berechnung der Seillänge L* ist zu beachten, daß für das Linienelement der Seilkurve $ds = \sqrt{(dx)^2 + (dy)^2} = \sqrt{1 + y'^2}\, dx$ gilt. Die Integration liefert mit Bezug auf (17.3/4) nach kurzer Zwischenrechnung

$$L = [V_{\max}S_{\max} - V_{\min}S_{\min} + H^2 \ln (V_{\max} + S_{\max})$$
$$- H^2 \ln (V_{\min} + S_{\min})]a/(2QH). \qquad (17.3/8)$$

Bei *Vernachlässigung höherer Potenzen von Q/H*, d.h. *für schwachen Durchhang*, ergibt sich

$$L = l + \frac{Q^2 a^4}{24 H^2 l^3} \quad \text{mit} \quad l = \sqrt{a^2 + b^2}. \qquad (17.3/9)$$

Das zweite Glied der rechten Seite liefert die Abweichung der Seillänge von l. Soll Q mit dem Gesamtgewicht des Seiles identifiziert werden und ist das *Seilgewicht pro Längeneinheit* γ^* gegeben, so kann man Q durch den Näherungswert $\gamma^* l$ ersetzen und erhält:

$$L = l + \frac{\gamma^{*2} a^4}{24 H^2 l}. \qquad (17.3/10)$$

Das Gesamtgewicht errechnet sich genauer aus

$$Q = \gamma^* L. \qquad (17.3/11)$$

Die angegebenen Gleichungen führen unmittelbar zum Ziel, wenn a, b, H und Q oder γ^* gegeben sind. Sind a, b, $\eta_{\max}$ und Q oder γ^* gegeben, so verwendet man statt (17.3/10):

$$L = l + \frac{8\eta_{\max}^2 a^2}{3 l^3} \qquad (17.3/12)$$

und errechnet γ^* oder Q aus (17.3/11) und H aus (17.3/3).

Sind a, b, γ^* und $S_{\max}$ gegeben, so errechnet sich H aus (17.3/6) und (17.3/7), d.h. aus der Gleichung zweiten Grades

$$H^2 l^2/a^2 + HQb/a = S_{\max}^2 - Q^2/4, \qquad (17.3/13)$$

und zwar zunächst mit $\gamma^* l$ statt Q. Aus (17.3/10) und (17.3/11) erhält man einen verbesserten Q-Wert, mit dem (17.3/13) zu einem genaueren H-Wert führt.

17.4 Seile und Ketten unter Eigengewicht bei beliebigem Durchhang

Bei Belastung durch Eigengewicht gilt für den Gewichtsanteil des Längenelementes

$$q\,dx = \gamma^*\,ds. \qquad (17.4/1)$$

Wegen $ds = \sqrt{1 + y'^2}\,dx$ folgt

$$q = \gamma^* \sqrt{1 + y'^2}. \qquad (17.4/2)$$

(17.2/5) geht über in

$$y'' = \frac{\gamma^*}{H} \sqrt{1 + y'^2}. \qquad (17.4/3)$$

Dies ist eine separierbare Differentialgleichung erster Ordnung für $y' = z$:

$$z' = \frac{\gamma^*}{H} \sqrt{1 + z^2} \qquad (17.4/4)$$

mit der Lösung

$$x = \frac{H}{\gamma^*} \operatorname{arsinh} z + x_0. \qquad (17.4/5)$$

Die Umkehrfunktion ist

$$z = y' = \sinh\left[\frac{\gamma^*}{H}(x - x_0)\right] = \operatorname{tg} \varphi. \qquad (17.4/6)$$

Durch nochmalige Integration folgt

$$y = \frac{H}{\gamma^*}\left\{\cosh\left[\frac{\gamma^*}{H}(x - x_0)\right] - \cosh\left[\frac{\gamma^*}{H}x_0\right]\right\}. \qquad (17.4/7)$$

Hierbei wurde über die auftretende Integrationskonstante im Sinne der Anfangsbedingung $(y)_{x=0} = 0$ verfügt. Die noch unbekannte Integrationskonstante x_0 steht zur Erfüllung der zweiten Bedingung $(y)_{x=a} = b$ zur Verfügung. Mit dem Additionstheorem der Hyperbelfunktion erhält man:

$$\sinh\left[\frac{\gamma^*}{H}\left(\frac{a}{2} - x_0\right)\right] = \frac{b\gamma^*}{2H \sinh\left[\dfrac{\gamma^* a}{2H}\right]}. \qquad (17.4/8)$$

Diese Beziehung dient zur Ermittlung von x_0, falls a, b, γ^* und H gegeben sind. Für die Seillänge folgt aus (17.4/6):

$$L = \int_{x=0}^{a} ds = \int_{x=0}^{a} \sqrt{1 + y'^2}\,dx = \frac{H}{\gamma^*}\left\{\sinh\left[\frac{\gamma^*}{H}(a - x_0)\right] + \sinh\left[\frac{\gamma^*}{H}x_0\right]\right\}.$$
$$(17.4/9)$$

Die hierbei anfallende Integrationskonstante wurde der Bedingung $(s)_{x=0} = 0$ angepaßt. Nach Umformung mit Bezug auf (17.4/8) ergibt sich

$$L = \frac{H}{\gamma^*} \sqrt{2 \cosh\left(\frac{\gamma^* a}{H}\right) - 2 + \frac{b^2 \gamma^{*2}}{H^2}} \,. \qquad (17.4/10)$$

Für den *Seilzug* folgt

$$S = H \sqrt{1 \pm y'^2} = H \cosh\left[\frac{\gamma^*}{H}(x - x_0)\right] = \gamma^* y + H \cosh\left[\frac{\gamma^*}{H} x_0\right].$$

$$\qquad (17.4/11)$$

Der *maximale Seilzug* tritt am oberen Ende auf und wird

$$S_{\max} = H \cosh\left[\frac{\gamma^*}{H}(a - x_0)\right] = \gamma^* b + H \cosh\left[\frac{\gamma^*}{H} x_0\right]. \quad (17.4/12)$$

Die *Vertikalkomponente der Seilkraft* errechnet sich aus (17.2/4) und (17.4/6). Sie erreicht ebenfalls am oberen Ende ihren Höchstwert:

$$V_{\max} = H \sinh\left[\frac{\gamma^*}{H}(a - x_0)\right]. \qquad (17.4/13)$$

Der kleinste Wert tritt am unteren Ende auf:

$$V_{\min} = -H \sinh\left[\frac{\gamma^*}{H} x_0\right]. \qquad (17.4/14)$$

Man erkennt aus (17.4/9), daß die Differenz $V_{\max} - V_{\min}$ mit dem Gesamtgewicht $Q = \gamma^* L$ übereinstimmt, d.h. die vertikale Gleichgewichtsbedingung des gesamten Seils wird hierdurch bestätigt.

Der *maximale Durchhang* liegt hier nicht mehr in der Mitte, sondern an einer Stelle x_1, wo die Seiltangente zur Geraden $y_0(x)$ parallel liegt; aus (17.4/6) folgt

$$\sinh\left[\frac{\gamma^*}{H}(x_1 - x_0)\right] = \frac{b}{a}. \qquad (17.4/15)$$

Hieraus errechnet man x_1 und erhält aus (17.2/6) und (17.4/7):

$$\eta_{\max} = \frac{b}{a} x_1 - \frac{H}{\gamma^*} \left\{\cosh\left[\frac{\gamma^*}{H}(x_1 - x_0)\right] - \cosh\left[\frac{\gamma^*}{H} x_0\right]\right\}. \, (17.4/16)$$

Sind a, b, γ^* und $S_{\max}$ bzw. $\eta_{\max}$ gegeben, so führt der Rechnungsgang auf transzendente Gleichungen, so daß ein *Iterationsverfahren* vorteilhaft ist. Dabei geht man von einem geschätzten H-Wert aus (z.B. nach 17.3), berechnet x_0 aus (17.4/8), $S_{\max}$ aus (17.4/12) bzw. $\eta_{\max}$ aus (17.4/15) und (17.4/16). Man wiederholt diese Rechnung mit geänderten H-Werten, bis $S_{\max}$ bzw. $\eta_{\max}$ dem vorgegebenen Wert genügend nahe kommt.

Im Falle $b = 0$ (*Symmetrie*) gilt $x_0 = x_1 = a/2$; für H ergibt sich die transzendente Gleichung

$$\cosh\left(\frac{\gamma^* a}{2H}\right) = S_{\max}/H, \qquad (17.4/17)$$

bzw.

$$\cosh\left(\frac{\gamma^* a}{2H}\right) = 1 + \gamma^* \eta_{\max}/H.\qquad(17.4/18)$$

17.5 Seile unter Eigengewicht mit Einzellast

Wirkt auf das Seil außer dem Eigengewicht noch eine Einzellast ein, wie z. B. das Gewicht eines beladenen Förderkorbes, so ist eine besondere Kennzeichnung der Seilabschnitte und aller Größen unterhalb und oberhalb der Last erforderlich; wir wollen hier den Index 1 für den unteren und den Index 2 für den oberen Abschnitt verwenden. Im Lastangriffspunkt, der ein gemeinsamer Punkt der beiden Seilkurven ist, tritt ein Knick auf, weil die beiden Seilkräfte S_1 und S_2 die Last zu tragen haben und dabei einen kleinen Winkel miteinander bilden. Man vergleiche hierzu Abb. 17.4; das Kräftedreieck zeigt, daß die Last der Differenz der Vertikalkomponenten der Seilkräfte entspricht und der Horizontalzug unverändert bleibt:

$$F = V_2 - V_1, \quad H_1 = H_2 = H.\qquad(17.5/1)$$

Kann der Durchhang innerhalb der beiden Seilabschnitte als genügend klein angesehen werden, so ist die Theorie 17.3 anwendbar. Aus (17.5/1) folgt dann mit Bezug auf (17.3/5):

$$F = H\left(\frac{b_2}{a_2} - \frac{b_1}{a_1}\right) - \frac{Q}{2}.\qquad(17.5/2)$$

Ist nicht Q, sondern γ^* gegeben, so vernachlässigt man bei der Berechnung von Q zunächst den Durchhang und setzt $Q = \gamma^*(l_1 + l_2)$; damit folgt

$$F = H\left(\frac{b_2}{a_2} - \frac{b_1}{a_1}\right) - \frac{\gamma^*}{2}(l_1 + l_2).\qquad(17.5/3)$$

Hierbei gilt

$$l_1 = \sqrt{a_1^2 + b_1^2}, \quad l_2 = \sqrt{a_2^2 + b_2^2}.\qquad(17.5/4)$$

Die Seillängen errechnen sich aus

$$L_1 = l_1 + \frac{\gamma^{*2} a_1^4}{24 H_1^2 l_1}, \quad L_2 = l_2 + \frac{\gamma^{*2} a_2^4}{24 H_2^2 l_2}.\qquad(17.5/5)$$

Für das Gesamtgewicht gilt dann der genauere Wert

$$Q = \gamma^*(L_1 + L_2).\qquad(17.5/6)$$

Für die maximalen Durchhänge gilt

$$\eta_{1\max} = \frac{\gamma^* L_1 a_1}{8 H_1}, \quad \eta_{2\max} = \frac{\gamma^* L_2 a_2}{8 H_2}.\qquad(17.5/7)$$

Sind a_1, a_2, b_1, b_2, γ^*, F gegeben, so folgen l_1 und l_2 aus (17.5/4), $H_1 = H_2 = H$ aus (17.5/3), L_1 und L_2 aus (17.5/5) und Q aus (17.5/6). Mit (17.5/2) kann H verbessert und damit eine genauere Berechnung von

11*

L_1, L_2 und Q durchgeführt werden. Bei Vorgabe anderer Größen wird die Rechnung z. T. nichtlinear. Bei starkem Durchhang muß nach 17.4 gerechnet werden.

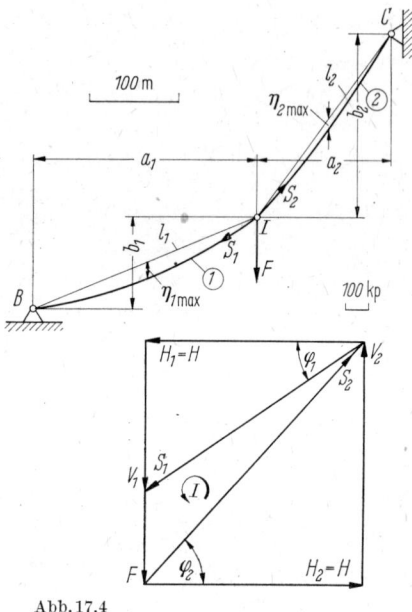

Abb. 17.4

Bei *Seilbahnen* verwendet man meist zwei Seile, ein feststehendes *Tragseil*, welches besonders stark dimensioniert ist, und ein *Zugseil*, das für die Bewegung des Förderkorbes sorgt. Ein Beispiel zeigt Abb. 17.5. Bei Annahme reibungsfreier Bewegung der Rollen in der Aufhängevorrichtung ist die vom Förderkorb auf das Tragseil einwirkende Kraft normal zum Tragseil gerichtet. Das Gleichgewicht am Tragseil in tangentialer Richtung hat dann zur Folge, daß beide Seilkräfte am Kraftangriffspunkt (I) gleich groß sind; diese halten der Normalkraft N das Gleichgewicht. Am Punkte II der Förderkorbaufhängung sind andererseits die Zugkraft Z des Zugseils, die Normalkraft N und die Last F im Gleichgewicht. Die zugehörigen Kräftedreiecke sind aus dem Kräfteplan ersichtlich. Ist β der Winkel der Zugkraft Z mit der Horizontalen, so folgen:

$$H_1 - H_2 = Z \cos \beta, \qquad (17.5/8)$$

$$V_2 - V_1 = F - Z \sin \beta, \qquad (17.5/9)$$

$$H_1^2 + V_1^2 = H_2^2 + V_2^2. \qquad (17.5/10)$$

Sind die Durchhänge in beiden Teilen des Tragseils genügend klein, so kann nach 17.3 gerechnet werden. Dann ergibt sich

$$V_1 = H_1 \frac{b_1}{a_1} + \frac{Q_1}{2}, \quad V_2 = H_2 \frac{b_2}{a_2} - \frac{Q_2}{2}. \qquad (17.5/11)$$

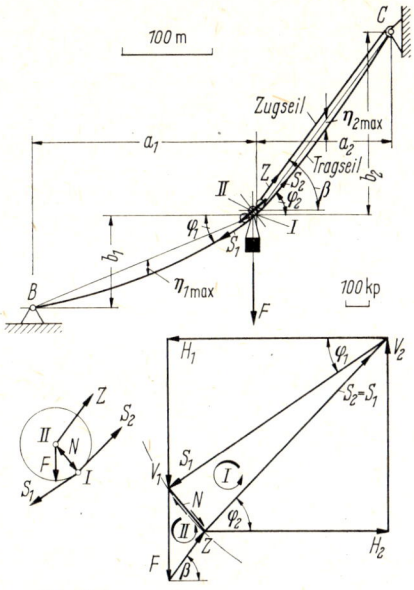

Abb. 17.5

Ferner gelten (17.5/4), (17.5/5) und (17.5/6). Ist γ^* gegeben, so setzt man zunächst

$$Q_1 = \gamma^* l_1, \quad Q_2 = \gamma^* l_2. \qquad (17.5/12)$$

Nach Berechnung aller Größen kann das Verfahren mit den genaueren Werten

$$Q_1 = \gamma^* L_1, \quad Q_2 = \gamma^* L_2 \qquad (17.5/13)$$

wiederholt werden. Bei starkem Durchhang ist in jedem Seilabschnitt nach 17.4 zu rechnen.

17.6 Beispiele zur Seilberechnung

1. Beispiel: Seil unter Eigengewicht. Gegeben: $a = 400$ m, $b = 300$ m, $\gamma^* = 2$ kp/m, $H = 1000$ kp.

Rechnungsgang nach 17.3:

Aus (17.3/9) folgt $l = 500$ m; aus (17.3/10) folgt $L = 508,5$ m; aus (17.3/11) folgt $Q = 1017$ kp; aus (17.3/3) folgt $\eta_{max} = 50,85$ m; aus (17.3/6) folgt $V_{max} = 1258,5$ kp; aus (17.3/7) folgt $S_{max} = 1607$ kp.

Oder *Rechnungsgang nach 17.4*:

Aus (17.4/8) folgt $x_0 = -138,7$ m; aus (17.4/10) folgt $L = 508,6$ m; aus (17.4/12) folgt $S_{max} = 1639$ kp; aus (17.4/15) folgt $x_1 = 209$ m; aus (17.4/16) folgt $\eta_{max} = 50,3$ m.

Die Ergebnisse der Näherungsrechnung stimmen daher in diesem Falle bis auf weniger als 2% mit den genauen Werten überein. Abb. 17.2 entspricht diesem Beispiel.

2. Beispiel: *Seil unter Eigengewicht mit Einzellast*. Gegeben: $a_1 = 250$ m, $b_1 = 100$ m, $a_2 = 150$ m, $b_2 = 200$ m, $\gamma^* = 2$ kp/m, $F = 400$ kp.

Rechnungsgang nach 17.5:

Aus (17.5/4) folgt $l_1 = 269,3$ m, $l_2 = 250$ m; aus (17.5/3) folgt $H = 985$ kp; aus (17.5/5) folgt $L_1 = 272$ m, $L_2 = 251$ m; aus (17.5/6) folgt $Q = 1046$ kp; aus (17.5/7) folgen $\eta_{1max} = 17$ m, $\eta_{2max} = 9,5$ m.

Durch Iteration [Wiederholen des Rechnungsganges mit dem gefundenen Q-Wert bei Verwendung von (17.5/2)] oder mittels der Beziehungen von 17.4 lassen sich die Ergebnisse noch verbessern. Abb. 17.4 entspricht diesem Beispiel.

3. Beispiel: *Seilbahn mit Tragseil und Zugseil*. Gegeben: $a_1 = 250$ m, $b_1 = 100$ m, $a_2 = 150$ m, $b_2 = 200$ m, $\gamma^* = 2$ kp/m, $F = 400$ kp, $\cos \beta = 0,6$.

Rechnungsgang nach 17.5:

Aus (17.5/4) folgt $l_1 = 269,3$ m, $l_2 = 250$ m; aus (17.5/12) folgt $Q_1 = 538,6$ kp, $Q_2 = 500$ kp; aus (17.5/8, 9, 10, 11) folgt $H_1 = 985$ kp, $H_2 = 827$ kp; aus (17.3/3) mit Q_1 bzw. Q_2 statt Q, a_1 bzw. a_2 statt a und H_1 bzw. H_2 statt H folgt $\eta_{1max} = 17$ m, $\eta_{2max} = 11$ m.

Die Zugkraft Z liegt praktisch parallel zu l_2, und der linke Seilabschnitt verhält sich innerhalb der Näherungstheorie noch genau so wie beim vorigen Beispiel (S_2 wird angenähert durch $Z + S_2$ ersetzt; S_1, H_1 und η_1 sind unverändert). Auch hier lassen sich die Ergebnisse noch durch Iteration, d. h. genauere Berechnung von L_1, L_2 nach (17.5/5), von Q_1, Q_2 nach (17.5/13) und von H_1, H_2, oder durch Anwendung der Beziehungen von 17.4 verbessern. Abb. 17.5 entspricht diesem Beispiel.

18 Stützlinien von Bogenträgern

Bogenträger können äußere Kräfte auch ohne Biegemomente aufnehmen; ihre Mittellinie entspricht dann einer sog. *Stützlinie*[1]. Die einzige Schnittreaktion ist dabei die längs des Trägers wirkende Druckkraft. Diese Aufgabengruppe steht in engem Zusammenhang mit den Problemen der Seile und Ketten, so daß die entsprechenden Überlegungen z. T. aus 17 übernommen werden können.

18.1 Die Stützlinie des Bogenträgers mit Einzellasten

Der in Abb. 18.1 dargestellte statisch bestimmte Dreigelenkbogen besteht aus aneinandergesetzten geraden Stabteilen. Wird das Trag-

---

[1] Der Begriff ,,Stützlinie" wurde durch HENRY MOSELY (geb. 1802 in New-castle-under-Lyme, gest. 1872 in Olveston bei Bristol) eingeführt.

werk in der gezeichneten Weise durch äußere Kräfte belastet, welche an
den Ecken angreifen, so gibt es unendlich viele Möglichkeiten für die
Wahl des äußeren Kräftesystems, um die Gleichgewichtsbedingungen
an beliebigen Schnitten ohne das Auftreten von Biegemomenten und
Querkräften zu erfüllen. Man erkennt dies aus dem rechts gezeichneten
Kräfteplan. Die Druckkräfte der einzelnen Stabteile laufen — wie beim
Seileckverfahren — strahlenförmig von einem gemeinsamen Pol aus.
Jeder Geradenzug, der diese Strahlen verbindet, liefert *ein mögliches
äußeres Kräftesystem, für das die Lageplanfigur eine Stützlinie darstellt.*
Wären an allen Ecken Gelenke vorhanden, so befände sich das System
im *labilen Gleichgewicht* und würde bei der geringsten Störung zusam-
menbrechen.

Ersetzt man andererseits das Gelenk *III* durch eine biegungssteife
Ecke, so wird der Träger statisch unbestimmt und kann nur mit den
rechnerischen Verfahren der Elastostatik und Festigkeitslehre exakt

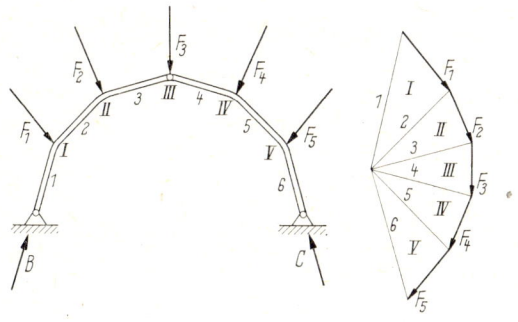

Abb. 18.1

berechnet werden[1]. Bei Durchführung derartiger Berechnungen zeigt
sich, daß kleine Biegemomente auftreten; werden diese in erster
Näherung vernachlässigt, so bleibt die Stützlinientheorie anwendbar;
sie kann daher auch zur Berechnung beiderseits gelenkig gelagerter,
also statisch unbestimmter Bogenträger herangezogen werden, wie sie
im Bauwesen und Bergbau bei der Abstützung von Gewölbedecken,
beim Ausbau von Tunneln, Stollen usw. in mannigfacher Form Verwendung finden.

Wird die Zahl der Ecken und damit die Zahl der äußeren Kräfte beliebig gesteigert, so geht der Träger schließlich in einen stetig gekrümmten Bogenträger mit kontinuierlicher Belastung über, wobei sich in
gewissen Fällen einfache mathematische Lösungen ergeben.

---

[1] Näheres hierüber im zweiten Teil, *Elastostatik und Festigkeitslehre.*

18.2 Die Stützlinie des stetig gekrümmten Bogenträgers mit kontinuierlicher Belastung

An Hand von Abb. 18.2 werden zweckmäßig folgende Bezeichnungen eingeführt: Stabdruckkraft D (statt $-S$), Horizontaldruck H_D (statt $-H$), Vertikalkomponente V_D (statt $-V$). Bei überschütteten Bogenträgern tritt auch die Horizontalkomponente des Erddruckes auf, welche durch Einführung einer horizontal gerichteten Streckenlast q_H Berücksichtigung finden soll; diese sei, ebenso wie q, auf die Horizontalprojektion bezogen. Dann liefert die Gleichgewichtsbetrachtung:

$$\rightarrow \qquad H_D + q_H\,dx - H_D - dH_D = 0,$$

$$\uparrow \qquad V_D - q\,dx - V_D - dV_D = 0, \qquad (18.2/1)$$

$$I) \qquad H_D\,dy - V_D\,dx + q\,dx\,\frac{dx}{2} + q_H\,dx\,\frac{dy}{2} = 0.$$

Hieraus folgen bei Weglassung der Glieder höherer Ordnung:

$$H'_D = q_H, \qquad (18.2/2)$$

$$V'_D = -q, \qquad (18.2/3)$$

$$H_D y' = V_D. \qquad (18.2/4)$$

Durch Differentiation der letzten Beziehung entsteht

$$H_D y'' + H'_D y' = V'_D \qquad (18.2/5)$$

oder nach Einsetzen von (18.2/2) und (18.2/3):

$$H_D y'' + q_H y' = -q. \qquad (18.2/6)$$

Wir wollen zwei Sonderfälle untersuchen.

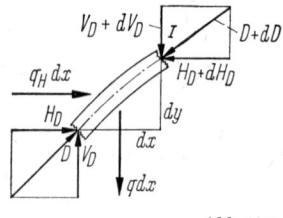

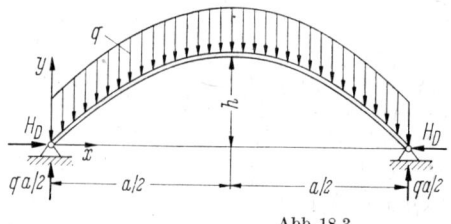

Abb. 18.2   Abb. 18.3

18.2.1 Die Stützlinie des Bogenträgers mit konstanter Vertikalbelastung. Für $q = $ konst. und $q_H = 0$ folgt in völliger Analogie zu 17.3 bei homogenen Randbedingungen:

$$H_D = \text{konst.}; \quad y = \frac{q}{2H_D}\,x(a - x). \qquad (18.2/7)$$

Zwischen der Bogenhöhe h und dem Horizontaldruck H_D besteht daher die Beziehung

$$H_D = \frac{qa^2}{8h}.$$ (18.2/8)

Ein Beispiel dieses sog. *Parabelbogens* zeigt Abb. 18.3.

18.2.2 Die Stützlinie des überschütteten Bogenträgers. Dient ein Bogenträger zur Abstützung von Gestein, Erdreich, Schüttgut oder Mauerwerk, welches sich über einem Gewölbe, Stollen oder Tunnel befindet, so ist ein wesentlicher Anteil der vertikalen Streckenlast dem spezifischen Gewicht γ_0 und der Höhe $b - y - s$ des Schüttgutes proportional (b ist die Höhe der freien Oberfläche des Schüttgutes, y die Höhe der Trägermittellinie, d. h. der Stützlinie, s die Länge der von der Mittellinie nach oben laufenden Vertikalen, vgl. Abb. 18.4); auf einen Bogenträger von der Tiefe c entfällt daher der Streckenlastanteil $\gamma_0 c(b - y - s)$. Ein weiterer Anteil entspricht dem Eigengewicht des Trägers; ist γ_1 das spezifische Gewicht des Betons (bzw. des Stahlbetons bei Einbeziehung eines Zuschlages für die Stahleinlagen) und g die in Vertikalrichtung gemessene Trägerschnitthöhe, so ergibt sich dieser Streckenlastanteil zu $\gamma_1 cg$; hierin sei auch der Gewichtsanteil einer eventuellen Untermauerung enthalten. Demnach gilt

$$q = c[\gamma_0(b - y - s) + \gamma_1 g].$$ (18.2/9)

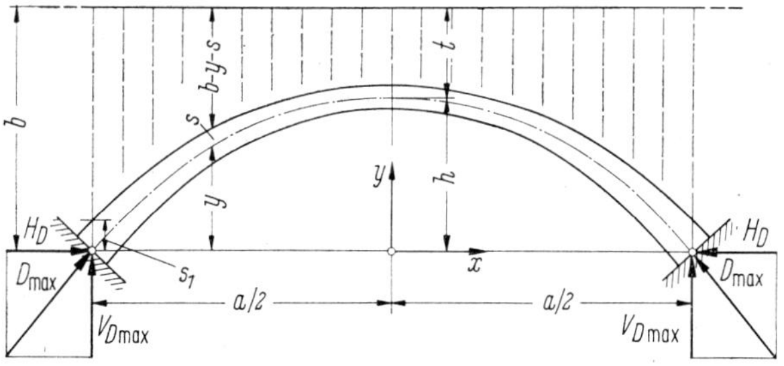

Abb. 18.4

Eine besonders einfache und übersichtliche mathematische Lösung, welche zugleich den praktischen Verhältnissen leicht angepaßt werden kann, läßt sich herstellen, wenn die Horizontalkomponente der Streckenlast vernachlässigt wird und für s und g die in y linearen Funktionen (für $b > h$)

$$s = \frac{s_1}{b}(b - y), \quad g = \frac{g_1}{b}(b - y)$$ (18.2/10)

angenommen werden. Mit Rücksicht auf die verhältnismäßig hohen Auflagerkräfte (*Kämpferdrücke*) und die unvermeidlichen, wenn auch in der Stützlinientheorie vernachlässigten Biegemomente wird der Träger nach den Auflagern hin erheblich verstärkt, so daß der Ansatz (18.2/10) den praktischen Bedingungen sehr nahe kommt. Es gilt dann

$$q = \gamma c(b - y), \quad q_H = 0, \quad H_D = \text{konst.} \qquad (18.2/11)$$

Hierin wurde das mittlere spezifische Gewicht

$$\gamma = \left(1 - \frac{s_1}{b}\right)\gamma_0 + \frac{g_1}{b}\gamma_1 \qquad (18.2/12)$$

eingeführt. Aus (18.2/6) ergibt sich so die lineare Differentialgleichung zweiter Ordnung mit konstanten Koeffizienten

$$y'' + \alpha^2(b - y) = 0. \qquad (18.2/13)$$

Hierbei wurde die Abkürzung

$$\frac{\gamma c}{H_D} = \alpha^2 \qquad (18.2/14)$$

eingeführt. Die allgemeine Lösung läßt sich in der Form

$$y = b - t \cosh\left[\alpha(x - x_0)\right] \qquad (18.2/15)$$

darstellen; dabei sind t und x_0 Integrationskonstanten, welche zur Anpassung an die Koordinaten des Anfangs- und Endpunktes der Stützlinie zur Verfügung stehen. Für den *symmetrischen Stützbogen*, dem besondere technische Bedeutung zukommt, gilt $(y)_{x=\pm a/2} = 0$; hieraus folgen $x_0 = 0$ und

$$b = t \cosh\left(\alpha\,\frac{a}{2}\right). \qquad (18.2/16)$$

Für $x = 0$, d.h. in der Mitte, wird $y = h$, und es folgt

$$h = b - t = t\left[\cosh\left(\alpha\,\frac{a}{2}\right) - 1\right]. \qquad (18.2/17)$$

Die Vertikalkomponente der Druckkraft wird mit Bezug auf (18.2/4) und (18.2/15)

$$V_D = -H_D\alpha t \sinh(\alpha x). \qquad (18.2/18)$$

Die Druckkraft errechnet sich aus

$$D = \sqrt{H_D^2 + V_D^2} = H_D\sqrt{1 + \alpha^2 t^2 \sinh^2(\alpha x)}. \qquad (18.2/19)$$

Die Höchstwerte treten an den Stellen $x = \pm a/2$ auf:

$$V_{D\max} = H_D\alpha t \sinh\left(\alpha\,\frac{a}{2}\right) = \alpha H_D\sqrt{h(h + 2t)}, \qquad (18.2/20)$$

$$D_{\max} = H_D\sqrt{1 + \alpha^2 t^2 \sinh^2\left(\alpha\,\frac{a}{2}\right)} = H_D\sqrt{1 + \alpha^2 h(h + 2t)}. \qquad (18.2/21)$$

Sind der Abstand a, die Bogenhöhe h und die Höhe b der freien Oberfläche gegeben, so berechnet man zunächst aus (18.2/16) die Hilfsgröße

$$\alpha = \frac{2}{a}\,\text{arcosh}\left(\frac{b}{b - h}\right) \qquad (18.2/22)$$

und hieraus mit Bezug auf (18.2/14) den Horizontaldruck

$$H_D = \frac{\gamma c}{\alpha^2}.$$
(18.2/23)

Beispiel: Gegeben sind: $a = 10$ m; $h = 2,5$ m; $b = 4$ m; $c = 1$ m; $s_1 = 0,5$ m; $g_1 = 1$ m; $\gamma_0 = 2,2$ Mp/m³; $\gamma_1 = 2,4$ Mp/m³.

Aus (18.2/22) erhält man $\alpha = \frac{1}{5} \operatorname{arcosh} \frac{4}{1,5} = 0,3274$ m⁻¹; damit folgt

$\sinh\left(\alpha\,\frac{a}{2}\right) = 2,472$; aus (18.2/12) ergibt sich $\gamma = 2,2 + \frac{1}{4}\,(2,4 - 1,1) = 2,525$ Mp/m³; damit liefert (18.2/23) den Horizontaldruck $H_D = 23,56$ Mp; aus (18.2/20) und (18.2/21) folgen schließlich $V_{D\max} = 28,60$ Mp und $D_{\max} = 37,06$ Mp. Abb. 18.4 entspricht diesem Beispiel.

19 Schwerpunkt

19.1 Der Kräftemittelpunkt

Wir betrachten zunächst eine Gruppe von n *parallelen Kräften* F_1, F_2 usw., allgemein F_α mit den räumlich verteilten Angriffspunkten I, II usw. (Abb. 19.1). Ist e ein Einheitsvektor, welcher die für alle Kräfte gemeinsame Richtung angibt, so gilt

$$\boldsymbol{F}_\alpha = \boldsymbol{e} F_\alpha$$
(19.1/1)

und für die Resultierende

$$\boldsymbol{F} = \sum_{\alpha=1}^{n} \boldsymbol{F}_\alpha = \boldsymbol{e} \sum_{\alpha=1}^{n} F_\alpha = \boldsymbol{e} F.$$
(19.1/2)

Ist M ein Punkt auf der Wirkungslinie der Resultierenden und $\boldsymbol{r}_M$ sein Ortsvektor, sind ferner $\boldsymbol{r}_\alpha$ die Ortsvektoren der Kraftangriffspunkte, so liefert der Momentensatz mit sinngemäßer Anwendung von (5.8/1):

$$\sum_{\alpha=1}^{n} \boldsymbol{r}_\alpha \times \boldsymbol{e}\, F_\alpha = \boldsymbol{r}_M \times \boldsymbol{e}\, F$$
(19.1/3)

oder

$$\left\{ \boldsymbol{r}_M F - \sum_{\alpha=1}^{n} \boldsymbol{r}_\alpha F_\alpha \right\} \times \boldsymbol{e} = 0.$$
(19.1/4)

Wir wollen nun die Größen der Kräfte und ihre Angriffspunkte unverändert lassen, aber die durch e gekennzeichnete Richtung beliebig verändern. *Falls bei beliebiger Richtung von e die Bedingung (19.1/4) stets erfüllt ist, also die Resultierende immer durch M geht, in welcher Richtung die parallelen Kräfte auch wirken mögen, so ist M der Kräftemittelpunkt.* Aus (19.1/4) erkennt man, daß dies nur möglich ist, wenn der durch die geschweifte Klammer repräsentierte Vektor verschwindet, d.h. wenn

$$r_M = \frac{1}{F} \sum_{\alpha=1}^{n} r_\alpha F_\alpha \qquad (19.1/5)$$

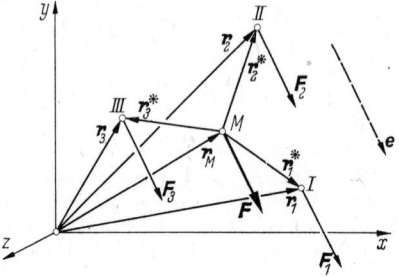

Abb. 19.1

gilt. Diese Beziehung legt den Ortsvektor des Kräftemittelpunktes fest. Seine Koordinaten errechnen sich daher aus:

$$x_M = \frac{1}{F} \sum_{\alpha=1}^{n} x_\alpha F_\alpha; \quad y_M = \frac{1}{F} \sum_{\alpha=1}^{n} y_\alpha F_\alpha; \quad z_M = \frac{1}{F} \sum_{\alpha=1}^{n} z_\alpha F_\alpha. \quad (19.1/6)$$

19.2 Der Schwerpunkt eines Systems von Massenpunkten

Unter Massenpunkt ist eine kleine Masse mit kleinem Volumen zu verstehen, für deren geometrische Lage die Angabe eines Punktes ausreicht. Ein System von n solchen Massenpunkten soll quasi starr, d.h. ohne Veränderung der relativen Lage der einzelnen Massen zueinander,

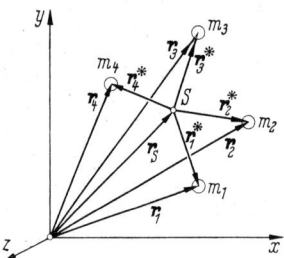

Abb. 19.2

beliebige Lagen im Raum einnehmen; dabei sei das Koordinatensystem x, y, z fest mit dem Massensystem verbunden (Abb. 19.2). Die auftretenden Schwerkräfte $m_\alpha g$ sind für jede Lage des Systems im Raum stets zueinander parallel und bilden daher eine Kräftegruppe im Sinne von 19.1. Der zugehörige Kräftemittelpunkt heißt *Schwerpunkt*[1] oder

---

[1] Der Begriff des Schwerpunktes geht zurück auf ARCHIMEDES VON SYRAKUS, PAPPUS (3.Jahrh. in Alexandrien), JOHANN BERNOULLI, LEONHARD EULER (geb. 1707 in Riehen bei Basel, gest. 1783 in Petersburg).

Massenmittelpunkt (eine Unterscheidung beider Begriffe wäre nur erforderlich, falls sich die Erdbeschleunigung innerhalb des Massensystems wesentlich ändert). Nach Division durch die Erdbeschleunigung folgt aus (19.1/5) für den *Schwerpunktvektor*

$$\boldsymbol{r}_S = \frac{1}{m} \sum_{\alpha=1}^{n} m_\alpha \boldsymbol{r}_\alpha \text{ mit } m = \sum_{\alpha=1}^{n} m_\alpha \qquad (19.2/1)$$

und aus (19.1/6) für die *Schwerpunktkoordinaten*

$$x_S = \frac{1}{m} \sum_{\alpha=1}^{n} m_\alpha x_\alpha; \quad y_S = \frac{1}{m} \sum_{\alpha=1}^{n} m_\alpha y_\alpha; \quad z_S = \frac{1}{m} \sum_{\alpha=1}^{n} m_\alpha z_\alpha. \qquad (19.2/2)$$

Jede Gerade durch den Schwerpunkt kann Wirkungslinie der resultierenden Schwerkraft sein und heißt daher auch *Schwerlinie*.

19.3 Der Schwerpunkt der Kontinua

Kontiniuerlich verteilte Massen können als unendlich viele Massenpunkte mit unendlich kleiner Einzelmasse aufgefaßt werden. Diese Grenzbetrachtung führt zur Einführung des Massendifferentials dm; an die Stelle der Summen treten Integrale. Mit Bezug auf Abb. 19.3 gehen die Beziehungen (19.2/1) und (19.2/2) in

$$\boldsymbol{r}_S = \frac{1}{m} \int\limits_{(m)} \boldsymbol{r}\, dm \qquad (19.3/1)$$

und

$$x_S = \frac{1}{m} \int\limits_{(m)} x\, dm; \quad y_S = \frac{1}{m} \int\limits_{(m)} y\, dm; \quad z_S = \frac{1}{m} \int\limits_{(m)} z\, dm \qquad (19.3/2)$$

über. Diese Integrale werden über die gesamte Körpermasse erstreckt, was durch die Kennzeichnung (m) angedeutet ist. Führt man die Dichte ϱ ein (Masse pro Volumeneinheit, Dimension kp cm^{-4} sec^2), so gilt

$$dm = \varrho\, d\mathscr{V}; \quad m = \int\limits_{(V)} \varrho\, d\mathscr{V}. \qquad (19.3/3)$$

Heirbei ist $d\mathscr{V}$ das Volumdifferential und $\mathscr{V}$ das Gesamtvolumen. Ist die Dichte überall innerhalb des Körpers konstant, so kann durch ϱ dividiert werden; man erhält dann die Beziehungen für den *geometrischen Körperschwerpunkt*:

$$\boldsymbol{r}_S = \frac{1}{\mathscr{V}} \int\limits_{(\mathscr{V})} \boldsymbol{r}\, d\mathscr{V}, \qquad (19.3/4)$$

$$x_S = \frac{1}{\mathscr{V}} \int\limits_{(\mathscr{V})} x\, d\mathscr{V}; \quad y_S = \frac{1}{\mathscr{V}} \int\limits_{(\mathscr{V})} y\, d\mathscr{V}; \quad z_S = \frac{1}{\mathscr{V}} \int\limits_{(\mathscr{V})} z\, d\mathscr{V}. \qquad (19.3/5)$$

Zur bequemen Beschreibung der Körperoberfläche ist es meist zweckmäßig, krummlinige Koordinaten u, v, w mit Hilfe der Transformationsgleichungen

$$x = x(u, v, w); \quad y = y(u, v, w); \quad z = z(u, v, w) \qquad (19.3/6)$$

einzuführen. Die Volumelemente lassen sich dann längs der Flächen $u = $ konst., $v = $ konst. und $w = $ konst. herausschneiden (Abb. 19.4);

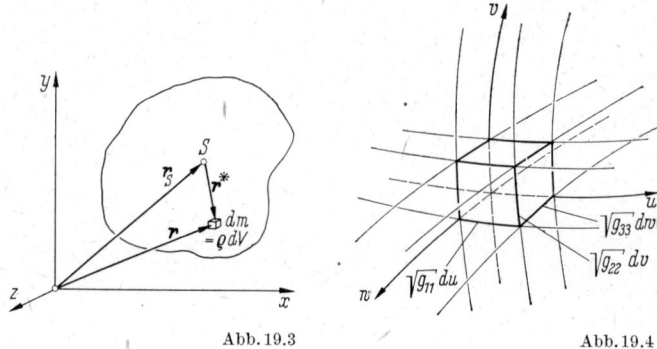

Abb. 19.3   Abb. 19.4

es entstehen Parallelepipede mit den Kanten $\sqrt{g_{11}}\,du$, $\sqrt{g_{22}}\,dv$, $\sqrt{g_{33}}\,dw$. Die hierbei auftretenden Größen g_{11} usw. sind Komponenten des *metrischen Fundamentaltensors* und ergeben sich aus der Darstellung des Quadrates eines Linienelementes

$$(ds)^2 = (dx)^2 + (dy)^2 + (dz)^2$$
$$= g_{11}(du)^2 + g_{22}(dv)^2 + g_{33}(dw)^2 + 2g_{12}\,du\,dv \qquad (19.3/7)$$
$$+ 2g_{23}\,dv\,dw + 2g_{31}\,dw\,du\,.$$

Wegen

$$dx = \frac{\partial x}{\partial u}\,du + \frac{\partial x}{\partial v}\,dv + \frac{\partial x}{\partial w}\,dw \quad \text{usw.} \qquad (19.3/8)$$

folgen

$$g_{11} = \left(\frac{\partial x}{\partial u}\right)^2 + \left(\frac{\partial y}{\partial u}\right)^2 + \left(\frac{\partial z}{\partial u}\right)^2, \quad g_{12} = \frac{\partial x}{\partial u}\frac{\partial x}{\partial v} + \frac{\partial y}{\partial u}\frac{\partial y}{\partial v} + \frac{\partial z}{\partial u}\frac{\partial z}{\partial v} \quad \text{usw.}$$
$$(19.3/9)$$

Für die Berechnung des Volumelementes kann auf die Rechenregel für das Spatprodukt Bezug genommen werden, die in 3.4 angegeben wurde. Die erzeugenden drei Vektoren haben hier die Komponenten $\frac{\partial x}{\partial u}\,du$, $\frac{\partial y}{\partial u}\,du$, $\frac{\partial z}{\partial u}\,du$ in u-Richtung und entsprechend in v- und w-Richtung. Das Volumelement ergibt sich daher aus der Determinante dieser Komponenten, wobei die Differentiale du, dv, dw als gemeinsame Faktoren herausgesetzt werden können:

$$d\mathcal{V} = \begin{vmatrix} \dfrac{\partial x}{\partial u} & \dfrac{\partial y}{\partial u} & \dfrac{\partial z}{\partial u} \\[2mm] \dfrac{\partial x}{\partial v} & \dfrac{\partial y}{\partial v} & \dfrac{\partial z}{\partial v} \\[2mm] \dfrac{\partial x}{\partial w} & \dfrac{\partial y}{\partial w} & \dfrac{\partial z}{\partial w} \end{vmatrix} du\,dv\,dw =: \sqrt{g}\,du\,dv\,dw\,. \qquad (19.3/10)$$

Es besteht die Identität

$$g = \begin{vmatrix} g_{11} \; g_{12} \; g_{13} \\ g_{12} \; g_{22} \; g_{23} \\ g_{13} \; g_{23} \; g_{33} \end{vmatrix} . \tag{19.3/11}$$

Ist das Koordinatensystem *orthogonal*, so verschwinden die gemischten Komponenten g_{12}, g_{23} und g_{13}; dann gilt

$$g = g_{11}g_{22}g_{33} . \tag{19.3/12}$$

Bei *Schalen* und *Platten* sind *zwei* Dimensionen bevorzugt (Abb. 19.5). Ist dF ein Flächenelement auf der Schalenmittelfläche und bezeichnet h die Wandstärke der Schale, so kann bei Schalen näherungsweise, bei Platten exakt

$$d\mathscr{V} = h \, dA \tag{19.3/13}$$

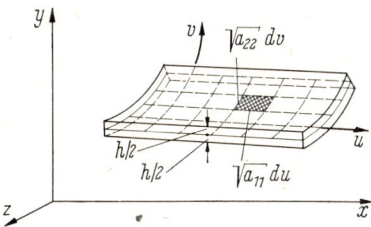

Abb. 19.5

gesetzt werden. Die Integrale (19.3/4) und (19.3/5) erstrecken sich über die gesamte Schalenmittelfläche A und liefern für den *Schwerpunkt der Schalen* und *Platten*:

$$\boldsymbol{r}_S = \frac{1}{V} \int\limits_{(A)} \boldsymbol{r} \, h \, dA \quad \text{mit} \quad V = \int\limits_{(A)} h \, dA , \tag{19.3/14}$$

$$x_S = \frac{1}{V} \int\limits_{(A)} xh \, dA ; \quad y_S = \frac{1}{V} \int\limits_{(A)} yh \, dA ; \quad z_S = \frac{1}{V} \int\limits_{(A)} zh \, dA . \tag{19.3/15}$$

Werden auf der Schalenmittelfläche krummlinige Koordinaten u, v durch die Transformationsgleichungen

$$x = x(u, v); \quad y = y(u, v); \quad z = z(u, v) \tag{19.3/16}$$

eingeführt, so gilt für das Quadrat eines auf der Schalenmittelfläche befindlichen Linienelementes

$$(ds)^2 = (dx)^2 + (dy)^2 + (dz)^2 = a_{11}(du)^2 + a_{22}(dv)^2 + 2a_{12} \, du \, dv \tag{19.3/17}$$

mit

$$a_{11} = \left(\frac{\partial x}{\partial u}\right)^2 + \left(\frac{\partial y}{\partial u}\right)^2 + \left(\frac{\partial z}{\partial u}\right)^2 ; \quad a_{22} = \left(\frac{\partial x}{\partial v}\right)^2 + \left(\frac{\partial y}{\partial v}\right)^2 + \left(\frac{\partial z}{\partial v}\right)^2 ;$$

$$a_{12} = \frac{\partial x}{\partial u} \frac{\partial x}{\partial v} + \frac{\partial y}{\partial u} \frac{\partial y}{\partial v} + \frac{\partial z}{\partial u} \frac{\partial z}{\partial v} . \tag{19.3/18}$$

Nach 3.3 liefert das Vektorprodukt einen Vektor, der auf den beiden
erzeugenden Vektoren senkrecht steht und dessen Betrag gleich dem
Flächeninhalt des erzeugten Parallelogramms ist. Zur Berechnung des
Flächenelementes mit den Kanten $a_{11}\,du$ und $a_{22}\,dv$ sind als Komponen-
ten der erzeugenden Vektoren $\dfrac{\partial x}{\partial u}\,du$, $\dfrac{\partial y}{\partial u}\,du$, $\dfrac{\partial z}{\partial u}\,du$ und $\dfrac{\partial x}{\partial v}\,dv$, $\dfrac{\partial y}{\partial v}\,dv$,
$\dfrac{\partial z}{\partial v}\,dv$ zu verwenden; dann folgt für das vektorielle Flächenelement

$$\begin{vmatrix} \boldsymbol{e}_x & \boldsymbol{e}_y & \boldsymbol{e}_z \\ \dfrac{\partial x}{\partial u} & \dfrac{\partial y}{\partial u} & \dfrac{\partial z}{\partial u} \\ \dfrac{\partial x}{\partial v} & \dfrac{\partial y}{\partial v} & \dfrac{\partial z}{\partial v} \end{vmatrix}\, du\,dv. \qquad (19.3/19)$$

Das Flächenelement ist

$$dA = \left| \sqrt{a} \,\right| du\,dv \qquad (19.3/20)$$

mit

$$a = \left(\frac{\partial y}{\partial u}\frac{\partial z}{\partial v} - \frac{\partial z}{\partial u}\frac{\partial y}{\partial v}\right)^2 + \left(\frac{\partial z}{\partial u}\frac{\partial x}{\partial v} - \frac{\partial x}{\partial u}\frac{\partial z}{\partial v}\right)^2 + \left(\frac{\partial x}{\partial u}\frac{\partial y}{\partial v} - \frac{\partial y}{\partial u}\frac{\partial x}{\partial v}\right)^2. $$
$$(19.3/21)$$

Es besteht die Identität

$$a = a_{11}a_{22} - a_{12}^2. \qquad (19.3/22)$$

Bei Orthogonalität verschwindet a_{12} und es kann

$$a = a_{11}a_{22} \qquad (19.3/23)$$

gesetzt werden.

Für *Schalen oder Platten mit konstanter Wandstärke* gilt $h = $ konst;
dadurch reduzieren sich die Schwerpunktsgleichungen auf folgende
Form:

$$\boldsymbol{r}_S = \frac{1}{A} \int\limits_{(A)} \boldsymbol{r}\,dA, \qquad (19.3/24)$$

$$x_S = \frac{1}{A} \int\limits_{(A)} x\,dA; \quad y_S = \frac{1}{A} \int\limits_{(A)} y\,dA; \quad z_S = \frac{1}{A} \int\limits_{(A)} z\,dA. \qquad (19.3/25)$$

Dies sind zugleich die Beziehungen für den *Schwerpunkt von ebenen oder
gekrümmten Flächen*. Die auftretenden Integrale repräsentieren *Flä-
chenmomente erster Ordnung*.

Bei *Stäben* ist *eine* Dimension bevorzugt. Die Staboberfläche sei
durch Bewegung einer stetig veränderlichen ebenen Kurve erzeugt.
Der Schwerpunkt der von der ebenen Kurve umschlossenen *Querschnittsfläche* gleitet dabei auf einer Raumkurve, der *Stabmittellinie*,
wobei diese von der Querschnittsebene stets senkrecht geschnitten
wird. Das Linienelement auf der Stabmittellinie sei ds (Abb. 19.6). Dann
kann

$$d\mathcal{V} = A\,ds \qquad (19.3/26)$$

gesetzt werden. Hierbei ist A der Flächeninhalt des Stabquerschnittes. Die Integrationen erstrecken sich über die gesamte Länge L der Stabmittellinie; es folgt für den *Schwerpunkt von Stäben*:

$$r_S = \frac{1}{\mathscr{V}} \int_{(L)} r\, A\, ds \quad \text{mit} \quad \mathscr{V} = \int_{(L)} A\, ds, \qquad (19.3/27)$$

$$x_S = \frac{1}{\mathscr{V}} \int_{(L)} xA\, ds; \quad y_S = \frac{1}{\mathscr{V}} \int_{(L)} yA\, ds; \quad z_S = \frac{1}{\mathscr{V}} \int_{(L)} zA\, ds. \qquad (19.3/28)$$

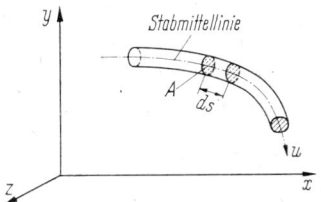

Abb. 19.6

Sind die Koordinaten der Stabmittellinie in Parameterdarstellung gegeben, d.h.

$$x = x(u); \quad y = y(u); \quad z = z(u), \qquad (19.3/29)$$

so gilt

$$ds = \sqrt{\left(\frac{dx}{du}\right)^2 + \left(\frac{dy}{du}\right)^2 + \left(\frac{dz}{du}\right)^2}\, du. \qquad (19.3/30)$$

Für *Stäbe mit konstanter Querschnittsfläche* folgen

$$r_S = \frac{1}{L} \int_{(L)} r\, ds, \qquad (19.3/31)$$

$$x_S = \frac{1}{L} \int_{(L)} x\, ds; \quad y_S = \frac{1}{L} \int_{(L)} y\, ds; \quad z_S = \frac{1}{L} \int_{(L)} z\, ds. \qquad (19.3/32)$$

Diese Beziehungen gelten zugleich für den *Schwerpunkt von Linien*.

19.4 Beispiele zur Schwerpunktsbestimmung

Bei *ebenen Flächen* läßt sich der Schwerpunkt vielfach durch elementare Verfahren ermitteln, wobei Schwerlinien verwendet werden.

Dreieck (Abb. 19.7). Der Schwerpunkt ist Schnittpunkt der Seitenhalbierenden; sein Abstand von einer Seite ist gleich einem Drittel der betreffenden Höhe.

Viereck (Abb. 19.8). Durch eine Diagonale entstehen zwei Dreiecke mit den Schwerpunkten S_1 und S_2. Durch die zweite Diagonale entstehen zwei weitere Dreiecke mit den Schwerpunkten S_3 und S_4. Der Viereckschwerpunkt ist Schnittpunkt der Verbindungsgeraden S_1S_2 und S_3S_4.

Trapez (Abb. 19.9). Eine der beiden nichtparallelen Seiten wird in drei Teile geteilt. Die Verbindungsgeraden CE und BF der Unterteilungspunkte mit den gegenüberliegenden Ecken schneiden sich in K. Die durch K gelegte Parallele zu AB schneidet die Verbindungsgerade GH der Mitten der parallelen Seiten im Schwerpunkt.

12   Neuber, Statik, 2. Aufl.

Kreissektor (Abb. 19.10). Man führt mit $x = u \cos v$, $y = u \sin v$, $z = 0$ Polar-koordinaten ein. Aus (19.3/18) folgt $a_{11} = 1$, $a_{22} = u^2$, $a_{12} = 0$; aus (19.3/22) oder (19.3/23) erhält man $a = u^2$. Aus (19.3/20) und (19.3/25) folgen

$$A = \int\limits_{u=0}^{R} \int\limits_{v=-\beta}^{\beta} u \, du \, dv = R^2\beta,$$

$$x_s = \frac{1}{A} \int\limits_{u=0}^{R} \int\limits_{v=-\beta}^{\beta} u^2 \cos v \, du \, dv = \frac{2R \sin \beta}{3\beta}; \quad y_s = 0.$$

Für den *Halbkreissektor* ergibt sich $x_s = \frac{4R}{3\pi}$.

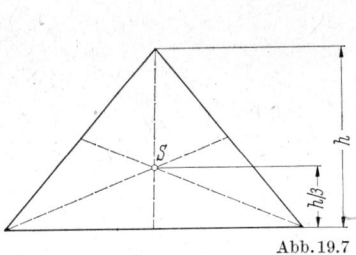

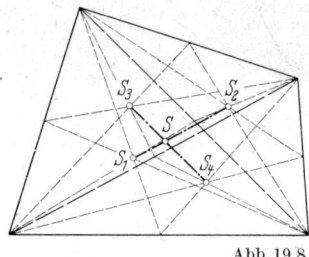

Abb. 19.7   Abb. 19.8

Zusammengesetzte Flächen (Abb. 19.11). Man teilt die gegebene Fläche in n Teilflächen auf, deren Schwerpunkte sich auf einfachem Wege bestimmen lassen. Dann gilt

$$r_s = \frac{1}{A} \int\limits_{(A)} r \, dA = \frac{1}{A} \sum_{\alpha=1}^{n} \int\limits_{(A_\alpha)} r \, dA. \qquad (19.4/1)$$

Innerhalb jeder Teilfläche gilt

$$\int\limits_{(A_\alpha)} r \, dA = r_\alpha A_\alpha. \qquad (19.4/2)$$

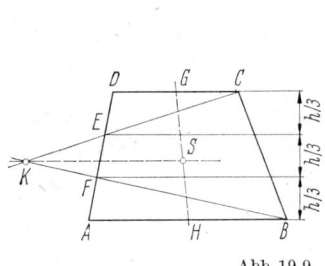

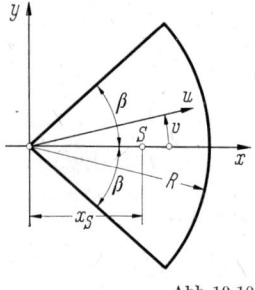

Abb. 19.9   Abb. 19.10

Hierbei ist r_α der Ortsvektor des Schwerpunktes der Teilfläche. Aus (19.4/1) ergibt sich mithin

$$r_s = \frac{1}{A} \sum_{\alpha=1}^{n} r_\alpha A_\alpha \quad \text{mit} \quad A = \sum_{\alpha=1}^{n} A_\alpha, \qquad (19.4/3)$$

$$x_s = \frac{1}{A} \sum_{\alpha=1}^{n} x_\alpha A_\alpha; \quad y_s = \frac{1}{A} \sum_{\alpha=1}^{n} y_\alpha A_\alpha. \qquad (19.4/4)$$

Für die in Abb. 19.11 ersichtliche, aus einzelnen Rechtecken zusammengesetzte Fläche folgt wegen $x_1 = -a$, $x_2 = 0$ und $y_3 = 0$:

$$x_s = \frac{1}{A}(x_3 A_3 - a A_1); \quad y_s = \frac{1}{A}(y_1 A_1 + y_2 A_2).$$

Flächen mit Aussparungen (Abb. 19.12). Die Aussparungsfläche zählt negativ. Für die gezeichnete Kreisfläche mit exzentrischem Kreisloch ergibt sich

$$x_s = -\frac{x_2 R_2^2}{R_1^2 - R_2^2}.$$

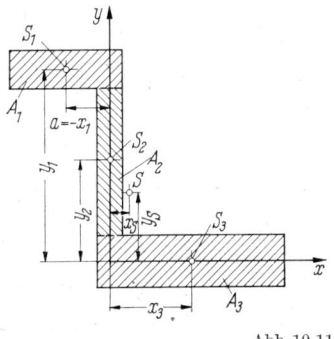
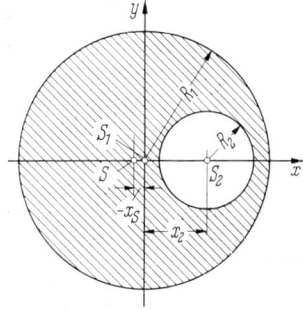

Abb. 19.11   Abb. 19.12

Unregelmäßige Flächen (Abb. 19.13). Man zerlegt die Fläche in einzelne Teilflächen, deren Flächeninhalte und Schwerpunkte ermittelt werden. Bei Aufteilung mittels paralleler Geraden können die Teilflächen meist näherungsweise als Trapeze oder Dreiecke aufgefaßt werden. In den Schwerpunkten der Teilflächen

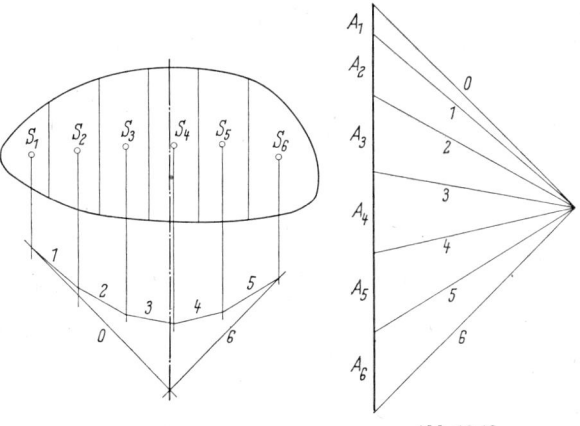

Abb. 19.13

bringt man dann parallele Kräfte an, welche dem jeweiligen Flächeninhalt proportional sind. Die Resultierende dieser Kräftegruppe geht dann durch den Schwerpunkt der Fläche [Auffassung von (19.4/3) als Momentensatz]. Bei An-

12*

wendung des Seileckverfahrens — wie im gezeichneten Beispiel — geht die Resultierende durch den Schnittpunkt der ersten und letzten Seilkraft; ihre Wirkungslinie ist geometrischer Ort des Schwerpunktes, stellt daher eine *Schwerlinie* dar.

Kreisbogen (Abb. 19.14). Man setzt $x = R \cos u$, $y = R \sin u$, $z = 0$. Aus (19.3/30) folgt für das Linienelement $ds = R\,du$. Aus (19.3/32) erhält man

$$L = \int\limits_{u=-\beta}^{u=\beta} R\,du = 2R\beta,$$

$$x_s = \frac{1}{L} \int\limits_{u=-\beta}^{\beta} R^2 \cos u\,du = \frac{R \sin \beta}{\beta}; \quad y_s = 0.$$

Für den *Halbkreisbogen* ergibt sich $x_s = \dfrac{2R}{\pi}$.

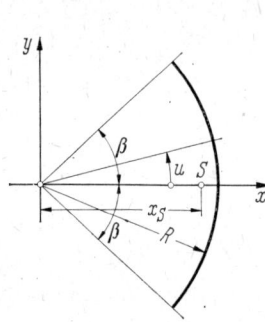

Abb. 19.14

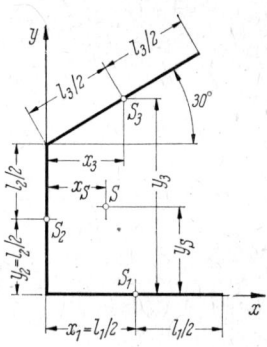

Abb. 19.15

Ebener oder räumlicher Streckenzug (Abb. 19.15). Man macht davon Gebrauch, daß die Schwerpunkte der einzelnen Teilstrecken auf deren Mitte liegen. Sind l_α ihre Längen, $\boldsymbol{r}_\alpha$ die Ortsvektoren ihrer Schwerpunkte und $x_\alpha, y_\alpha, z_\alpha$ deren Koordinaten, so liefert der Momentensatz

$$\boldsymbol{r}_s = \frac{1}{L} \sum_{\alpha=1}^n \boldsymbol{r}_\alpha l_\alpha \quad \text{mit} \quad L = \sum_{\alpha=1}^n l_\alpha, \qquad (19.4/5)$$

$$x_s = \frac{1}{L} \sum_{\alpha=1}^n x_\alpha l_\alpha; \quad y_s = \frac{1}{L} \sum_{\alpha=1}^n y_\alpha l_\alpha; \quad z_s = \frac{1}{L} \sum_{\alpha=1}^n z_\alpha l_\alpha. \qquad (19.4/6)$$

Bei dem gezeichneten Beispiel ergibt sich

$$x_s = \frac{1}{L}\left(\frac{l_1^2}{2} + \frac{l_3^2}{4}\sqrt{3}\right); \quad y_s = \frac{1}{L}\left(\frac{l_2^2}{2} + \frac{l_3^2}{4} + l_2 l_3\right); \quad L = l_1 + l_2 + l_3.$$

Kugelfläche (Abb. 19.16 und 19.17). Als Koordinaten der Kugelfläche führt man $x = R \cos u$, $y = R \sin u \cos v$, $z = R \sin u \sin v$ ein. Aus (19.3/18) erhält man $a_{11} = R^2$, $a_{22} = R^2 \sin^2 u$, $a_{12} = 0$ und aus (19.3/21) oder (19.3/23) den Flächenfaktor $\sqrt{a} = R^2 \sin u$. Damit folgt aus (19.3/20)

$$A = \int\limits_{u=0}^{\beta} \int\limits_{v=0}^{2\pi} R^2 \sin u\,du\,dv = 2\pi R^2 (1 - \cos \beta) \qquad (19.4/7)$$

und aus (19.3/25)

$$x_s = \frac{1}{A} \int\limits_{u=0}^{\beta} \int\limits_{v=0}^{2\pi} R^3 \sin u \cos u \, du \, dv = \frac{R}{2}(1 + \cos \beta). \qquad (19.4/8)$$

Für die *Halbkugelfläche* ergibt sich $x_s = \dfrac{R}{2}$.

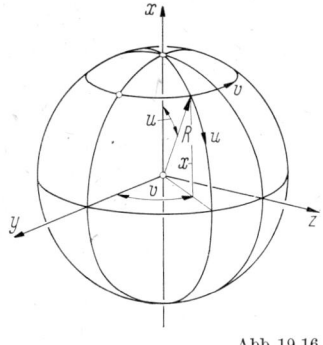

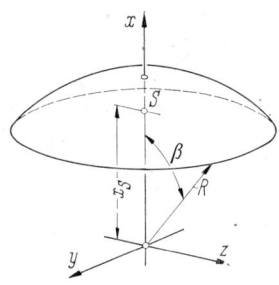

Abb.19.16   Abb.19.17

Kugel (Abb.19.18 und 19.19). Es werden sphärische Polarkoordinaten eingeführt: $x = u \cos v$, $y = u \sin v \cos w$, $z = u \sin v \sin w$; aus (19.3/9) folgen $g_{11} = 1, g_{22} = u^2, g_{33} = u^2 \sin^2 v, g_{12} = g_{23} = g_{13} = 0$. Aus (19.3/10) oder (19.3/12) erhält man $\sqrt{g} = u^2 \sin v$; damit folgt für einen *Kreiskegel*, der *durch eine Kugelfläche* begrenzt ist (Abb.19.19):

$$\mathscr{V} = \int\limits_{u=0}^{R} \int\limits_{v=0}^{\beta} \int\limits_{w=0}^{2\pi} u^2 \sin v \, du \, dv \, dw = \frac{2\pi}{3} R^3 (1 - \cos \beta). \qquad (19.4/9)$$

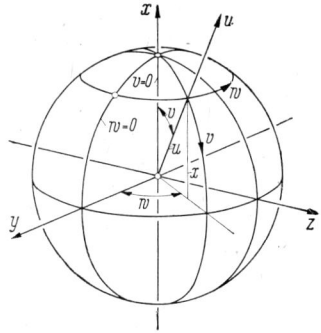

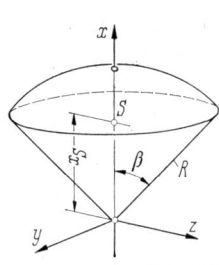

Abb.19.18   Abb.19.19

Aus (19.3/5) ergibt sich

$$x_s = \frac{1}{\mathscr{V}} \int\limits_{u=0}^{R} \int\limits_{v=0}^{\beta} \int\limits_{w=0}^{2\pi} u^3 \sin v \cos v \, du \, dv \, dw = \frac{3R}{8}(1 + \cos \beta). \qquad (19.4/10)$$

Für die *Halbkugel* gilt $x_s = \dfrac{3R}{8}$.

Kreiskegelstumpf (Abb.19.20). Der Körper kann als Stab mit veränderlichem Querschnitt aufgefaßt werden; da die Stabachse (x-Achse) geradlinig ist, gilt

(19.3/26) exakt. Es wird $A = \pi r^2$, wobei r eine lineare Funktion von x ist, welche die Bedingungen $(r)_{x=0} = R_1$ und $(r)_{x=h} = R_2$ erfüllt. Hieraus folgt

$$r = R_1 - \frac{R_1 - R_2}{h} x; \quad ds = dx.$$

Damit wird

$$\mathscr{V} = \int\limits_{x=0}^{h} \pi r^2\, dx = \frac{\pi h}{3}\,(R_1^2 + R_1 R_2 + R_2^2) \qquad (19.4/11)$$

und aus (19.3/32)

$$x_S \doteq \frac{1}{\mathscr{V}} \int\limits_{x=0}^{h} \pi r^2 x\, dx = \frac{h(R_1^2 + 2R_1 R_2 + 3R_2^2)}{4(R_1^2 + R_1 R_2 + R_2^2)}. \qquad (19.4/12)$$

Wendelschale (Abb. 19.21). Die Vielfalt der neuzeitlichen Konstruktionsformen im Maschinenbau, Behälterbau, Stahlbetonbau usw. zwingt den Ingenieur in zunehmendem Maße, allgemeinere mathematische Methoden anzuwenden. Bei der Schwerpunktberechnung kann es z.B. vorkommen, daß zur Beschreibung der Konstruktionsform ein nichtorthogonales Koordinatensystem verwendet werden

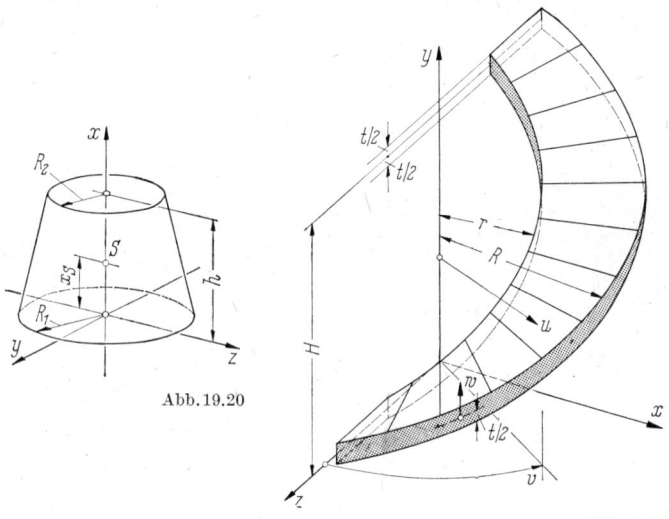

Abb. 19.20

Abb. 19.21

muß. Deshalb wurden in 19.3 auch dafür geeignete Formeln angegeben. Als Beispiel betrachten wir eine Wendelschale (hierbei handelt es sich um eine technische Grundform, die u.a. als Propellerblatt bei Schiffs- und Luftschrauben, als Stahlbetonkörper zur Abstützung von Wendeltreppen und in manchen anderen Konstruktionsteilen wiederkehrt). Mit den Koordinatenbeziehungen

$$x = u \sin v; \quad y = \frac{H}{\pi} v + w; \quad z = u \cos v$$

ergibt sich aus (19.3/10)

$$d\mathscr{V} = \begin{vmatrix} \sin v & 0 & \cos v \\ u \cos v & \dfrac{H}{\pi} & -u \sin v \\ 0 & 1 & 0 \end{vmatrix} du\, dv\, dw = u\, du\, dv\, dw; \quad \text{d.h. } \sqrt{g} = u.$$

Oder man bestimmt aus (19.3/9)

$$g_{11} = 1; \ g_{12} = 0; \ g_{22} = u^2 + \frac{H^2}{\pi^2}; \ g_{23} = \frac{H}{\pi}; \ g_{33} = 1; \ g_{31} = 0$$

und erhält aus (19.3/11)

$$g = \begin{vmatrix} 1 & 0 & 0 \\ 0 & \left(u^2 + \frac{H^2}{\pi^2}\right) & \frac{H}{\pi} \\ 0 & \frac{H}{\pi} & 1 \end{vmatrix} = u^2.$$

Man beachte hier $g \neq g_{11}g_{22}g_{33}$! Zunächst behandeln wir den Fall, daß die Schale durch zwei Wendelflächen begrenzt wird, deren y-Koordinaten die konstante Differenz t aufweisen (Abb. 19.21). Dann folgt für das Volumen

$$\mathscr{V} = \int_{u=r}^{R} \int_{v=0}^{\pi} \int_{w=-\frac{t}{2}}^{\frac{t}{2}} u \, du \, dv \, dw = \frac{\pi}{2} t(R^2 - r^2).$$

Die Schwerpunktskoordinaten folgen aus (19.3/5):

$$x_s = \frac{1}{\mathscr{V}} \int_{u=r}^{R} \int_{v=0}^{\pi} \int_{w=-\frac{t}{2}}^{\frac{t}{2}} u^2 \sin v \, du \, dv \, dw = \frac{4(R^2 + Rr + r^2)}{3\pi(R+r)}; \quad y_s = \frac{H}{2}; \quad z_s = 0.$$

Die so berechnete Schale hat aber *nicht konstante Wandstärke*, sondern wird nach innen dünner. Zur Berechnung der Wandstärke muß der auf der Schalenmittelfläche senkrecht stehende Vektor bestimmt werden; hierzu steht das Vektorprodukt (19.3/19) zur Verfügung:

$$\begin{vmatrix} \boldsymbol{e}_x & \boldsymbol{e}_y & \boldsymbol{e}_z \\ \sin v & 0 & \cos v \\ u \cos v & \frac{H}{\pi} & -u \sin v \end{vmatrix} = -\boldsymbol{e}_x \frac{H}{\pi} \cos v + \boldsymbol{e}_y u + \boldsymbol{e}_z \frac{H}{\pi} \sin v.$$

Mit Bezug auf (19.3/20) wird der zugehörige Betrag des Flächenelementes

$$dA = \sqrt{a} \, du \, dv \quad \text{mit} \quad a = u^2 + \frac{H^2}{\pi^2}.$$

Mithin hat der auf der Schalenmittelfläche senkrecht stehende Einheitsvektor $\boldsymbol{N}$ (auch *Normaleinheitsvektor* genannt) die Komponenten

$$-N_x = \frac{H \cos v}{\pi \sqrt{a}}; \quad N_y = \frac{u}{\sqrt{a}}; \quad N_z = \frac{H \sin v}{\pi \sqrt{a}}.$$

Man hätte auch aus (19.3/18)

$$a_{11} = 1; \quad a_{12} = 0; \quad a_{22} = u^2 + \frac{H^2}{\pi^2}$$

berechnen und a aus (19.3/22) oder (19.3/23) erhalten können. Der Kosinus des Winkels zwischen dem Normaleinheitsvektor und der y-Richtung ist N_y. Mithin ergibt sich für die Wandstärke

$$h = tN_y = \frac{ut}{\sqrt{u^2 + H^2/\pi^2}}.$$

Mit Verwendung dieses Ausdruckes hätte man $\mathcal{V}$ und $\boldsymbol{r}_s$ auch nach (19.3/14) und (19.3/15) ermitteln können.

Ist die Wendelschale dagegen mit *konstanter Wandstärke* ausgeführt, so muß nach (19.3/25) gerechnet werden. Man erhält in diesem Falle

$$A = \int\limits_{u=r}^{R} \int\limits_{v=0}^{\pi} \sqrt{u^2 + H^2/\pi^2}\, du\, dv$$

$$= \frac{H^2}{2\pi}\left[\frac{\pi R}{H}\sqrt{1 + \frac{\pi^2 R^2}{H^2}} - \frac{\pi r}{H}\sqrt{1 + \frac{\pi^2 r^2}{H^2}} + \operatorname{arsinh}\left(\frac{\pi R}{H}\right) - \operatorname{arsinh}\left(\frac{\pi r}{H}\right)\right];$$

$$x_s = \frac{2}{3A}\left[(R^2 + H^2/\pi^2)^{3/2} - (r^2 + H^2/\pi^2)^{3/2}\right]; \quad y_s = H/2; \quad z_s = 0.$$

19.5 Drehflächen, Drehkörper und Pappus-Guldinsche Regeln

Wir betrachten in Abb. 19.22 ein in der x, y-Ebene liegendes glattes Kurvenstück, welches die x-Achse nicht schneidet. Bei Rotation um die x-Achse entsteht eine *Drehfläche*. Ist das Kurvenstück nicht in sich geschlossen und liegt weder Anfangs- noch Endpunkt auf der x-Achse, so

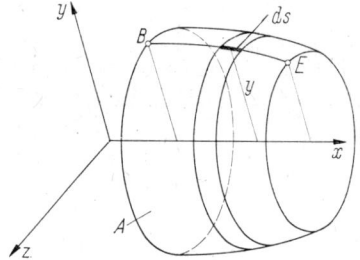

Abb. 19.22

entsteht eine beiderseits offene *Mantelfläche* oder Röhre, d.h. eine zweifach zusammenhängende Fläche; liegt der Anfangs- oder Endpunkt auf der x-Achse, so ist die Röhre nur an einem Ende offen, d.h. es entsteht eine einfach zusammenhängende Drehfläche; liegen Anfangs- und Endpunkt auf der x-Achse, so entsteht eine *geschlossene Fläche*, welche einen einfach zusammenhängenden Raum umschließt. Ist andererseits die Kurve in sich geschlossen, ohne die x-Achse zu berühren, so entsteht eine *Ringfläche*, welche einen zweifach zusammenhängenden Raum umschließt. Teilen wir die Drehfläche durch Schnittebenen senkrecht zur x-Achse in einzelne Ringe auf, so liefert jeder einzelne Ring denselben Flächenteil wie ein schmales Rechteck mit der Breite ds und der Länge $2\pi y$, also $2\pi y\, ds$. Die Integration liefert den Flächeninhalt der Drehfläche:

$$A = 2\pi \int\limits_{(L)} y\, ds. \tag{19.5/1}$$

Hierbei ist L die Meridianlänge des erzeugenden Kurvenstückes. Wegen (19.3/32) gilt

$$\int\limits_{(L)} y \, ds = y_S L \qquad (19.5/2)$$

mit y_S als Abstand des Schwerpunktes der erzeugenden Linie von der x-Achse. Mithin folgt aus (19.5/1):

$$A = 2\pi y_S L. \qquad (19.5/3)$$

Damit ist bereits der erste Satz von Pappus[1] und Guldin[2] bewiesen:

Der Flächeninhalt einer Drehfläche ist gleich dem 2π-fachen Produkt aus der Länge der erzeugenden Meridianlinie und dem Abstand ihres Schwerpunktes von der Rotationsachse.

Als Beispiel betrachten wir die Kugelfläche. Aus (19.4/7) folgt mit $\beta = \pi$ der Flächeninhalt $A = 4\pi R^2$; mit der Länge $L = \pi R$ des Halbkreises und seinem Schwerpunktabstand $\dfrac{2R}{\pi}$ finden wir (19.5/3) bestätigt.

Rotiert ein in der x, y-Ebene liegendes Flächenstück um die x-Achse, so entsteht ein Drehkörper, der ein- oder zweifach zusammenhängt, je nachdem das erzeugende Flächenstück die x-Achse berührt oder nicht (Abb. 19.23). Ein Flächenelement dA erzeugt dabei ein in-

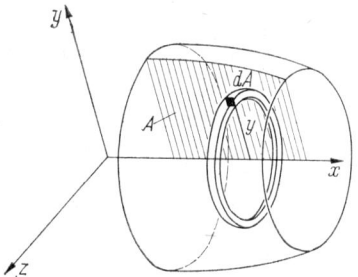

Abb. 19.23

finitesimales Ringvolumen, welches mit dem Volumen eines Prismas identisch ist, dessen Grundfläche durch dA und dessen Höhe durch den Ringumfang $2\pi y$ gegeben ist. Das Gesamtvolumen des Drehkörpers ergibt sich daher aus

$$\mathscr{V} = 2\pi \int\limits_{(A)} y \, dA. \qquad (19.5/4)$$

Hierbei ist A der Flächeninhalt des erzeugenden Flächenstückes. Wegen (19.3/25) gilt

$$\int\limits_{(A)} y \, dA = y_S A \qquad (19.5/5)$$

---

[1] Pappus lebte im 3. Jahrh. in Alexandrien.
[2] Paul Habakuk Guldin (geb. 1577 in St. Gallen, gest. 1643 in Graz).

mit y_S als Abstand des Schwerpunktes der erzeugenden Fläche von der
x-Achse. Mithin folgt aus (19.5/4):

$$\mathscr{V} = 2\pi y_S A \,. \qquad\qquad (19.5/6)$$

Damit ist der zweite Pappus-Guldinsche Satz bewiesen: *Der Raumin-
halt eines Drehkörpers ist gleich dem 2π-fachen Produkt aus dem Flächeninhalt der erzeugenden ebenen Fläche und dem Abstand ihres Schwerpunktes von der Rotationsachse.*

Als Beispiel berechnen wir das Volumen einer Kugel; aus (19.4/9)
mit $\beta = \pi$ folgt $\mathscr{V} = 4R^3\pi/3$. Mit der Halbkreisfläche $A = \pi R^2/2$ und
ihrem Schwerpunktabstand $\dfrac{4R}{3\pi}$ finden wir (19.5/6) bestätigt.

20 Grundbegriffe der Kinematik

Obwohl die Statik und die auf ihren Grundgesetzen beruhende
Elastostatik sich im wesentlichen nur auf den bewegungslosen Zustand der Körper beziehen, ist es für einige Betrachtungen zweckmäßig,
auch die Möglichkeit eines eintretenden Bewegungszustandes in Betracht zu ziehen, um daraus zu neuen Folgerungen für das Nichtein-
treten der Bewegung, d.h. den Zustand der Ruhe zu gelangen. Bei der
Untersuchung gewisser Ausnahmefälle in Zusammenhang mit der Stützung von Tragwerken (Begriff des Drehpoles in 11.2), sowie bei Fachwerken waren derartige Überlegungen bereits von Nutzen.

20.1 Die Parallelverschiebung

Verschiebt sich ein starrer Körper von einer Ausgangslage in eine
neue Lage so, daß sich alle seine Punkte um denselben gleich großen
und gleich gerichteten *Verschiebungsvektor* V verschieben, so führt er
eine *Parallelverschiebung* oder *Translation* aus. Der Verschiebungsvektor V ist dabei beliebig. Mit Bezug auf Abb. 20.1 erkennt man, daß
jede mit dem starren Körper fest verbundene Gerade bei allen Translationen zu sich parallel bleibt. Führt der starre Körper nacheinander n
verschiedene Translationen mit den Verschiebungsvektoren V_1, V_2
usw. aus, so gilt die Vektoraddition

$$\sum_{\alpha=1}^{n} V_\alpha = V \,. \qquad\qquad (20.1/1)$$

Daraus geht hervor, daß jede beliebige parallele Endlage auch durch
eine einzige Translation von der Ausgangslage aus erreicht werden
kann. Mehrere Translationen können durch *eine* Translation ersetzt
werden.

Abb. 20.2 zeigt als Beispiel die ebene Translation eines Rechtecks. Man erkennt, daß auch dann eine Translation und keine Drehung vorliegt, wenn das Rechteck eine Kreisbewegung ausführt, wobei die Ecken auf den gezeichneten Kreisen gleichen Durchmessers gleiten.

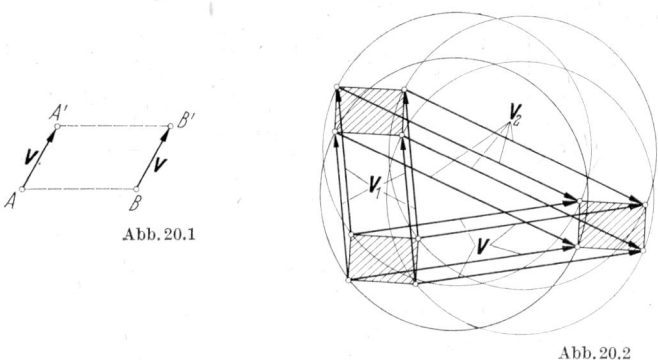

Abb. 20.1

Abb. 20.2

20.2 Die Drehung

Dreht sich ein starrer Körper um eine feste Achse, z.B. um die z-Achse, so führen alle seine Punkte außer denen, welche auf der Drehachse liegen, Verschiebungen aus. Drehungen oder *Rotationen* können

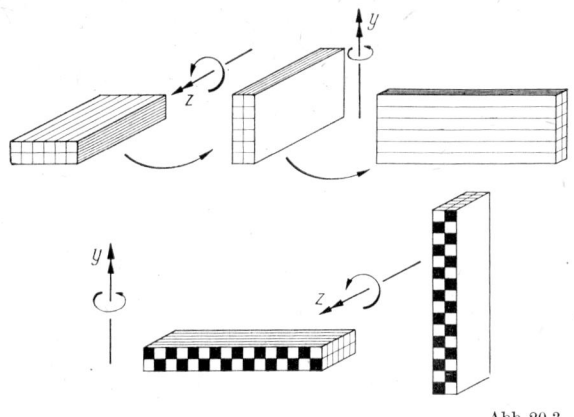

Abb. 20.3

im allgemeinen nicht als Vektoren aufgefaßt werden. Wird z.B. der Rechtkant in Abb. 20.3 zunächst einer Drehung um die z-Achse unterworfen, und zwar mit $\varphi_z = 90°$, so nimmt er die rechts daneben gezeichnete Lage ein. Anschließend folge eine Drehung um die y-Achse mit $\varphi_y = 90°$; die erreichte Endlage ist rechts ersichtlich. Darunter sind die Lagen gezeichnet, welche der Rechtkant einnehmen würde, wenn die

12a*

Reihenfolge der beiden Drehungen vertauscht würde. Man erkennt, daß die Endlage völlig anders ist; ließe sich die Drehung als Vektor auffassen, so müßte sich bei beliebiger Reihenfolge — wie bei den Verschiebungen

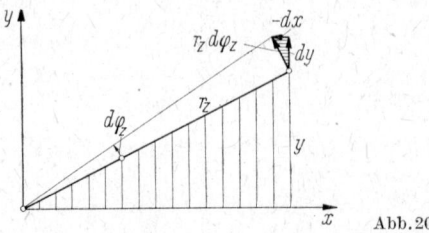

Abb. 20.4

in (20.1/1) — dieselbe Endlage ergeben. Eine Ausnahme bilden unendlich kleine Drehungen oder Rotationen. Wir betrachten in Abb. 20.4 die unendlich kleine Drehung $d\varphi_z$ um die z-Achse. Sie führt zur Verschiebung eines im Abstand r_z von der z-Achse befindlichen Punktes um den Betrag $r_z \, d\varphi_z$ mit den Komponenten $dx = -y \, d\varphi_z$ und $dy = x \, d\varphi_z$; diese Beziehungen folgen aus der Ähnlichkeit der beiden schraffierten Dreiecke.

Allgemein gilt daher für Drehungen um die drei Achsen mit den unendlich kleinen Drehwinkeln $d\varphi_x$, $d\varphi_y$, $d\varphi_z$:

$$dx = z \, d\varphi_y - y \, d\varphi_z,$$
$$dy = x \, d\varphi_z - z \, d\varphi_x, \qquad (20.2/1)$$
$$dz = y \, d\varphi_x - x \, d\varphi_y.$$

Der Vergleich mit (3.3/3) zeigt, daß völlige Übereinstimmung mit den Komponenten eines Vektorproduktes besteht und mit Bezug auf (3.3/4)

$$d\boldsymbol{r} = d\boldsymbol{\varphi} \times \boldsymbol{r} \qquad (20.2/2)$$

geschrieben werden kann. Auf der linken Seite steht der Vektor $d\boldsymbol{r}$ mit den Komponenten dx, dy, dz; der zweite Faktor des rechts stehenden Vektorproduktes ist der Ortsvektor $\boldsymbol{r}$; mithin hat ein sehr kleiner Drehwinkel Vektoreigenschaft. Bei Division durch das skalare Zeitelement dt entsteht aus $d\boldsymbol{r}$ der *Geschwindigkeitsvektor* $\dfrac{d\boldsymbol{r}}{dt} = \boldsymbol{v}$ und aus $d\boldsymbol{\varphi}$ der *Winkelgeschwindigkeitsvektor* $\dfrac{d\boldsymbol{\varphi}}{dt} = \boldsymbol{u}$; beide Begriffe spielen in der *Dynamik* eine wichtige Rolle (siehe Teil III); bei *reiner Drehung* folgt aus (20.2/2):

$$\boldsymbol{v} = \boldsymbol{u} \times \boldsymbol{r}. \qquad (20.2/3)$$

Mit Bezug auf (4.1/18) können diese Beziehungen auch tensoriell geschrieben werden:

$$dr_q = \varepsilon_{qst} \, d\varphi_s \, r_t, \quad v_q = \varepsilon_{qst} u_s r_t. \qquad (20.2/4)$$

20.3 Die allgemeine Bewegung des starren Körpers

Zur Beschreibung der allgemeinen Bewegung des starren Körpers ist es zweckmäßig, einen körperfesten Bezugspunkt, z.B. den Punkt A in Abb. 20.5, festzulegen (zur Vereinfachung der dynamischen Überlegungen wird in der *Kinetik* der *Schwerpunkt* des starren Körpers als Bezugspunkt eingeführt). Der Ortsvektor eines beliebigen Punktes des starren Körpers läßt sich dann in den Ortsvektor $\boldsymbol{r}_A$ des Bezugspunktes und den körperfesten Vektor $\boldsymbol{r}^*$ zerlegen, der die relative Lage gegenüber dem Bezugspunkt kennzeichnet:

$$\boldsymbol{r} = \boldsymbol{r}_A + \boldsymbol{r}^*. \tag{20.3/1}$$

Für die zugehörigen Differentiale, welche innerhalb eines unendlich kleinen Zeitintervalls dt entstehen, gilt mithin

$$d\boldsymbol{r} = d\boldsymbol{r}_A + d\boldsymbol{r}^*. \tag{20.3/2}$$

Hierbei bedeutet $d\boldsymbol{r}_A$ einen reinen Translationsvektor, der für alle Punkte des Körpers gemeinsam ist. Der Vektor $d\boldsymbol{r}^*$ entspricht der relativen Bewegung des betrachteten Körperpunktes gegenüber dem Bezugspunkt A. Infolge der Starrheit des Körpers kann es sich nur um einen reinen Dreheffekt handeln. Ist $d\boldsymbol{\varphi}$ der Drehvektor des starren Körpers, so ergibt sich aus (20.2/2) sinngemäß in bezug auf eine durch A gelegte Drehachse:

$$d\boldsymbol{r}^* = d\boldsymbol{\varphi} \times \boldsymbol{r}^*. \tag{20.3/3}$$

Nach Einsetzen in (20.3/2) folgt[1]

$$d\boldsymbol{r} = d\boldsymbol{r}_A + d\boldsymbol{\varphi} \times \boldsymbol{r}^*. \tag{20.3/4}$$

Diese Beziehung läßt die sechs kinematischen Freiheitsgrade des starren Körpers, nämlich drei Translationen (Komponenten von $d\boldsymbol{r}_A$) und drei Rotationen (Komponenten von $d\boldsymbol{\varphi}$) klar erkennen. Bei Division durch dt folgt

$$\boldsymbol{v} = \boldsymbol{v}_A + \boldsymbol{u} \times \boldsymbol{r}^*. \tag{20.3/5}$$

Hierin bedeutet $\boldsymbol{v}$ den Geschwindigkeitsvektor des betreffenden Körperpunktes, $\boldsymbol{v}_A = \dfrac{d\boldsymbol{r}_A}{dt}$ den Geschwindigkeitsvektor des Bezugspunktes und $\boldsymbol{u}$ den Winkelgeschwindigkeitsvektor. Diese Gleichung ist grundlegend für die Berechnung der allgemeinen Bewegung des starren Körpers (s. dritter Teil, Kinetik).

Ein *Sonderfall* tritt ein, wenn $d\boldsymbol{r}_A$ auf $d\boldsymbol{\varphi}$ senkrecht steht. Da $d\boldsymbol{r}^*$ wegen (20.3/3) ohnehin mit $d\boldsymbol{\varphi}$ einen rechten Winkel bildet, lassen sich

---

[1] Dieser geometrische Zusammenhang wurde bereits durch LEONHARD EULER gefunden.

dann beide Anteile zu einem Gesamtdreheffekt zusammenfassen, indem

$$dr_A = d\varphi \times r_1; \quad dr = d\varphi \times r_0 \text{ mit } r_0 = r_1 + r^* \qquad (20.3/6)$$

gesetzt wird. Bei Division durch dt gilt entsprechend

$$v_A = u \times r_1; \quad v = u \times r_0. \qquad (20.3/7)$$

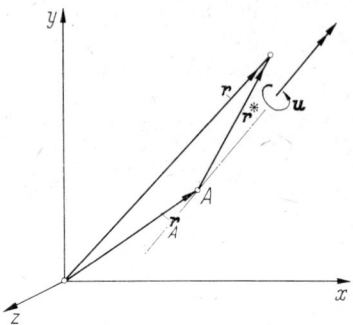

Abb. 20.5

Die Drehachse ist dabei um den Vektor $-r_1$ zu verschieben. Die drei
Vektoren dr^*, dr_A und dr lassen sich in eine gemeinsame, zu $d\varphi$ senkrechte Bezugsebene parallel verschieben (Abb. 20.6). Die Bewegung der
Körperpunkte kann dann als Drehung um die im Abstand $|r_1|$ von A
bzw. $|r_1 + r_B^*|$ von B befindliche Drehachse aufgefaßt werden, welche
in der Bezugsebene als Pol oder *Drehpol* erscheint. Da für alle Punkte
des starren Körpers im gleichen Zeitelement derselbe Translationsvektor
dr_A und derselbe Drehwinkel $d\varphi$ gelten, erhält man für jeden Körper-
punkt denselben Pol. Zur Veranschaulichung enthält Abb. 20.6 auch die
Polkonstruktion für die körperfesten Punkte B und C.

20.4 Die ebene Bewegung des starren Körpers

Bei ebener Bewegung gilt der betrachtete Sonderfall und damit
Gl. (20.3/6) in jedem Augenblick; der Pol durchläuft eine ebene Kurve,
die man *Rastpolbahn* nennt. Ihre Punkte können angenähert als Schnittpunkte der Mittellote der zu gleichen (möglichst kleinen) Zeitintervallen
gehörenden Verschiebungsvektoren gefunden werden. Hierzu muß mindestens die Bahn eines Körperpunktes und in jedem Bahnpunkt die
Richtung einer körperfesten Geraden gegeben sein. In Abb. 20.6 ist der
Pol z. B. Schnittpunkt der Mittellote von AA' und BB'; das Mittellot
eines weiteren Verschiebungsvektors, z. B. von CC' kann als Kontrolle
dienen. Werden die Lagen des Poles nicht nur in der raumfesten Bezugsebene, sondern auch in einer auf ihr verschieblichen körperfesten
Ebene markiert, so entsteht eine körperfeste Polbahn, die man *Gangpolbahn* nennt. Der momentane Pol ist gemeinsamer Punkt beider

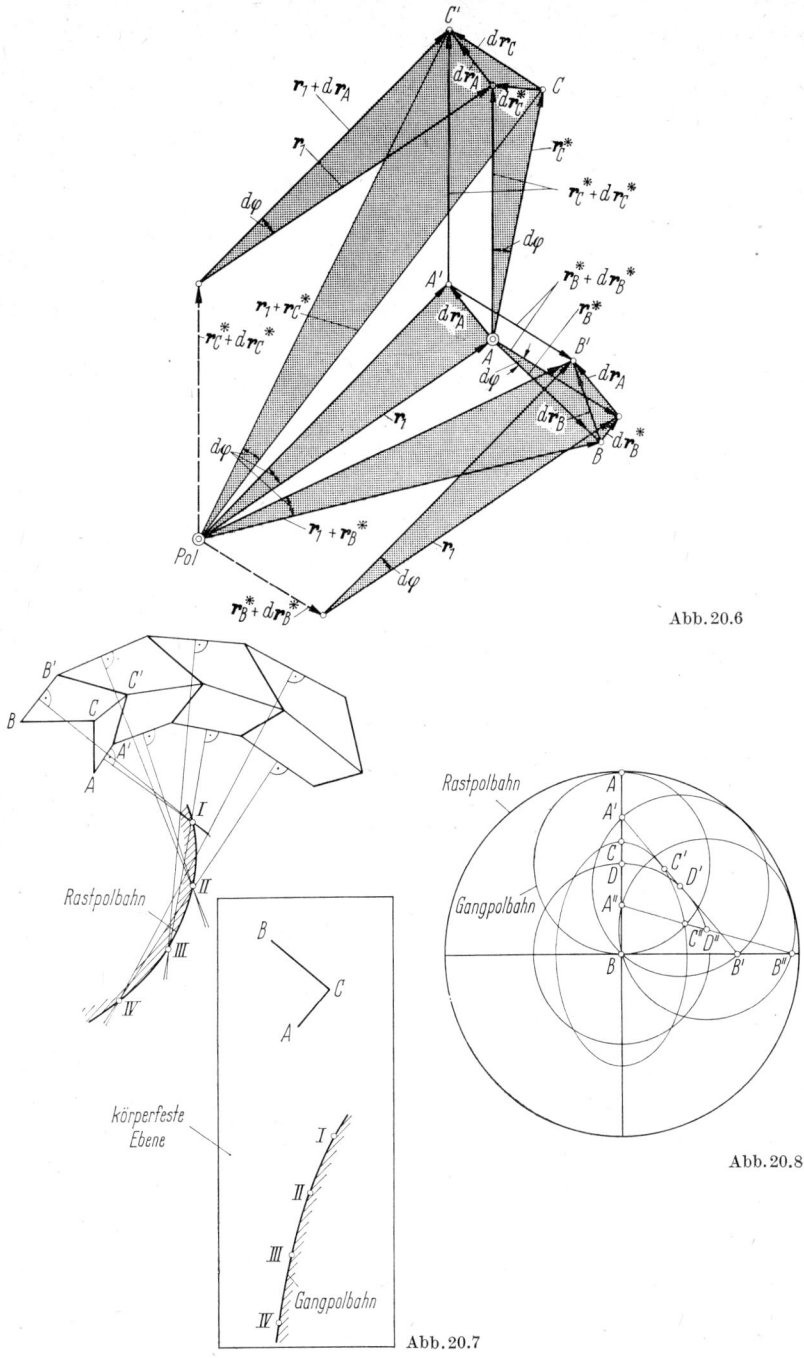

Abb. 20.6

Abb. 20.7

Abb. 20.8

13*

Bahnen. Da im Pol keine Translation stattfindet (nach Definition ist nur eine Drehung um den Pol möglich), kann die ebene Bewegung des starren Körpers auch als Abrollbewegung der Gangpolbahn auf der Rastpolbahn dargestellt werden. Ein Beispiel zeigt Abb. 20.7.

Sind die Polkurven zwei Kreise, deren Radien sich wie 1:2 verhalten, und dient der größere Kreis als Rastpolbahn (Abb. 20.8), so beschreiben alle Punkte der Peripherie des kleineren Kreises Geraden durch den Mittelpunkt; einander gegenüberliegende Peripheriepunkte beschreiben zueinander senkrechte Gerade. Alle anderen mit dem kleineren Kreis gemeinsam bewegten Punkte beschreiben Ellipsen (mit Ausnahme des Mittelpunktes des kleineren Kreises, der einen Kreisbogen beschreibt). Hierauf beruht das Prinzip des *Ellipsenzirkels*.

21 Arbeit und Prinzip der virtuellen Arbeiten

Die im vorigen Abschnitt eingeführten kinematischen Begriffe ermöglichen die Formulierung des für die gesamte Mechanik wichtigen Begriffes der Arbeit.

21.1 Definition der Arbeit

Ein Punkt mit dem Ortsvektor $\boldsymbol{r}$ sei Angriffspunkt eines Kraftvektors $\boldsymbol{F}$ (Abb. 21.1). Während des unendlich kleinen Zeitintervalles dt ändert sich die Lage des Punktes um den unendlich kleinen Wegvektor $d\boldsymbol{r}$. Die hierbei von $\boldsymbol{F}$ geleistete Arbeit dW wird als skalares Produkt aus $\boldsymbol{F}$ und $d\boldsymbol{r}$ definiert; mit Bezug auf (3.2/3) gilt daher

$$dW = \boldsymbol{F}\, d\boldsymbol{r} = F_x\, dx + F_y\, dy + F_z\, dz. \qquad (21.1/1)$$

Durchläuft der Kraftangriffspunkt innerhalb einer gewissen Zeit eine von I nach II führende Bahnkurve, so errechnet sich die von $\boldsymbol{F}$ insgesamt geleistete Arbeit aus

$$W = \int_{I}^{II} \boldsymbol{F}\, d\boldsymbol{r}. \qquad (21.1/2)$$

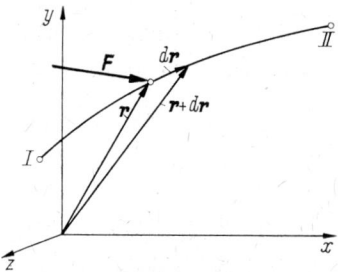

Abb. 21.1

Greifen an einem System (Tragwerk, Mechanismus oder Getriebe) mehrere Kräfte ($\boldsymbol{F}_\alpha$ mit $\alpha = 1, 2, \ldots, n$) an, deren Angriffspunkte durch die Ortsvektoren $\boldsymbol{r}_\alpha$ definiert seien, dann gilt für die von dieser Kräftegruppe am System während dt geleistete Arbeit

$$dW = \sum_{\alpha=1}^{n} \boldsymbol{F}_\alpha \, d\boldsymbol{r}_\alpha. \tag{21.1/3}$$

Um mit dieser Beziehung auch Einzelmomente erfassen zu können, ohne eine Erweiterung der Arbeitsdefinition vorzunehmen, denken wir uns diese Momente durch Kräftepaare ersetzt und zählen die zugehörigen Kräfte bei der Summation mit.

21.2 Die Arbeit der Kräfte am starren Körper

Liegen alle Angriffspunkte auf einem starren Körper, so kommt (20.3/4) zur Anwendung, und es gilt

$$d\boldsymbol{r}_\alpha = d\boldsymbol{r}_A + d\boldsymbol{\varphi} \times \boldsymbol{r}_\alpha^*. \tag{21.2/1}$$

Nach Einsetzen in (21.1/3) folgt

$$dW = \sum_{\alpha=1}^{n} \{\boldsymbol{F}_\alpha \, d\boldsymbol{r}_A + [\boldsymbol{F}_\alpha, d\boldsymbol{\varphi}, \boldsymbol{r}_\alpha^*]\}. \tag{21.2/2}$$

In dem auftretenden Spatprodukt kann mit Anwendung der Rechenregel (3.4/4) eine Vertauschung der Vektoren vorgenommen werden. Dann ergibt sich

$$dW = \sum_{\alpha=1}^{n} \boldsymbol{F}_\alpha \, d\boldsymbol{r}_A + \sum_{\alpha=1}^{n} (\boldsymbol{r}_\alpha^* \times \boldsymbol{F}_\alpha) \, d\boldsymbol{\varphi}. \tag{21.2/3}$$

Führt man die Resultierende der Kräftegruppe mit Bezug auf (5.5/1) durch

$$\boldsymbol{F} = \sum_{\alpha=1}^{n} \boldsymbol{F}_\alpha \tag{21.2/4}$$

und das resultierende Moment mit Bezug auf (5.5/2)[1] durch

$$\boldsymbol{M} = \sum_{\alpha=1}^{n} \boldsymbol{r}_\alpha^* \times \boldsymbol{F}_\alpha \tag{21.2/5}$$

ein, so folgt

$$dW = \boldsymbol{F} \, d\boldsymbol{r}_A + \boldsymbol{M} \, d\boldsymbol{\varphi}. \tag{21.2/6}$$

Für eine Gleichgewichtsgruppe ist aber $\boldsymbol{F} = 0$ und $\boldsymbol{M} = 0$. Daraus ergibt sich der Satz:

---

[1] Mit $\boldsymbol{M}^* = 0$, denn Einzelmomente sind durch Kräftepaare ersetzt (vgl. Schluß von 21.1).

Für einen im Gleichgewicht befindlichen starren Körper ist die Gesamtarbeit aller auftretenden Kräfte in jedem Zeitintervall gleich Null.

Man erkennt, daß der in 21.1 erwähnte formale Ersatz der Einzelmomente durch Kräftepaare praktisch nicht erforderlich ist; denn die Einzelmomente können auf der rechten Seite von (21.2/6) wie in (5.5/2) direkt mitgezählt werden.

21.3 Die Arbeit der Zwangskräfte

Werden die Überlegungen von 21.2 auf Tragwerke oder Getriebe angewandt, so müssen zunächst alle Fesseln und Bindungen gelöst und die zugehörigen Bindungskräfte als äußere Kräfte an den einzelnen starren Systemteilen mitgezählt werden (Zerlegungsprinzip). Die Arbeitsgleichung $dW = 0$ führt so aber wieder auf die bereits bekannten Gleichgewichtsbedingungen der Statik zurück, wie aus 21.2 hervorgeht, und bietet darüber hinaus keinen besonderen Vorteil. Die Arbeitsgleichung läßt sich aber auch anwenden, wenn bei einem System *nicht* alle Fesseln gelöst sind. Dabei kann von dem Satz Gebrauch gemacht werden, daß *die Summe der Arbeiten der Zwangskräfte und Zwangsmo-*

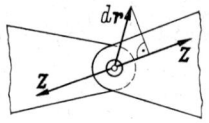

Abb. 21.2

mente gleich Null ist, den wir jetzt nachweisen wollen; unter den übergeordneten Begriffen *Zwangskräfte* und *Zwangsmomente* sind hierbei alle Stütz-, Anschluß- und Bindungskräfte sowie -momente zu verstehen. Wir betrachten zunächst die Abb. 7.1—7.3 und 13.2—13.7. Wie man erkennt, wirkt die jeweilige Zwangskraft bei Auflagern stets in derselben Richtung, in der die Verschiebung verhindert wird; ebenso ist zur Verhinderung einer Drehung um eine bestimmte Achse ein Einspannmoment erforderlich, welches um dieselbe Achse dreht. Das skalare Produkt aus der Zwangskraft und der an ihrem Angriffspunkt verhinderten Verschiebung ist daher stets gleich Null, ebenso das skalare Produkt aus dem Zwangsmoment und dem zugehörigen Drehwinkel, d.h. die Arbeit der Zwangskräfte und -momente wird bei Auflagern gleich Null. Handelt es sich nicht um Auflagerungen, sondern um Verbindungsstellen, z.B. Gelenke zwischen zwei starren Systemteilen, so wird der Verschiebungsvektor entsprechend der Bildung des skalaren Produktes in die Richtung der Zwangskraft projiziert (Abb. 21.2). Die Zwangskraft wirkt dann an einem Teil in Richtung der

projizierten Verschiebung und leistet positive Arbeit; am anderen Teil
wirkt ihre Reaktionskraft und leistet die gleich große negative Arbeit;
die Summe aus beiden Arbeitsbeträgen ist mithin gleich Null. Auch
wenn drei oder mehr Systemteile durch ein Gelenk miteinander verbunden sind, wie z. B. in Abb. 13.8, ist die Summe der Arbeiten der auftretenden Zwangskräfte gleich Null. Der Beweis ergibt sich dann daraus,
daß jede Zwangskraft mit demselben, die Bewegung des Gelenkpunktes
darstellenden Verschiebungsvektor skalar zu multiplizieren ist. Die
Summe der so erhaltenen Arbeitsbeträge ist gleich dem skalaren Produkt aus der vektoriellen Summe dieser Kräfte mit dem Verschiebungsvektor. Die Vektorsumme der am Gelenk angreifenden Zwangskräfte ist aber nach dem Reaktionsgesetz gleich Null (dies wird z. B. in
Abb. 13.8 auch durch die Gleichgewichtsbedingungen am Gelenkbolzen
bestätigt). Wir betrachten ferner in Abb. 21.3 eine beiderseits gelenkig

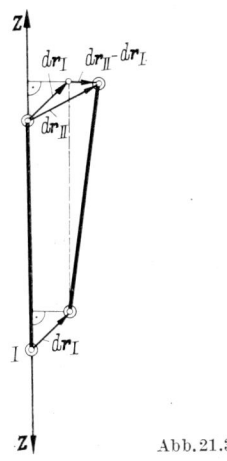

Abb. 21.3

angeschlossene Stange oder Pendelstütze. Die auftretende Zwangskraft
wirkt in Richtung der Verbindungsgeraden der beiden Gelenkpunkte.
Die Verschiebung dr_{II} des zweiten Gelenkpunktes läßt sich in die Verschiebung dr_I des ersten Gelenkpunktes und den Differenzvektor
$dr_{II} - dr_I$, der auf der Zwangskraft senkrecht steht und daher keinen
Arbeitsbetrag liefert, zerlegen. Der beiden Gelenken gemeinsame Verschiebungsvektor dr_I bedeutet eine reine Translation; wird er in die
Richtung der Zwangskraft projiziert, so leistet die Zwangskraft in
einem Gelenk eine positive, im anderen eine gleich große negative
Arbeit, so daß wieder die Summe der Arbeiten der Zwangskräfte verschwindet. Zu demselben Ergebnis gelangt man bei Zwangsbedingungen
beliebiger Art.

21.4 Das Prinzip der virtuellen Arbeiten

Wir betrachten nun ein System, das aus starren Teilen besteht, welche durch beliebige Fesseln miteinander verbunden und gegen Festpunkte abgestützt sind, so daß z Zwangsbedingungen gelten; es sei lediglich die einschränkende Voraussetzung gemacht, daß alle diese Verbindungsorgane aus nichtdeformierbaren Teilen bestehen[1]. Denken wir uns zunächst alle Fesseln gelöst und lassen an den einzelnen Teilen außer den äußeren Kräften auch die frei gewordenen Zwangskräfte und -momente angreifen, so verschwindet bei Gleichgewicht die Summe der Arbeiten aller dieser Kräfte und Momente entsprechend dem in 21.2 gegebenen Beweis innerhalb jedes starren Teiles. Mithin verschwindet auch die Summe aller dieser Arbeiten für das ganze System. Werden die äußeren Kräfte einschließlich der Zwangskräfte mit F_α und die Zwangsmomente einschließlich der eventuell auftretenden äußeren Einzelmomente mit M_β bezeichnet, sind ferner r_α die Ortsvektoren der Kraftangriffspunkte und $d\boldsymbol{\varphi}_\beta$ die Drehvektoren an den Angriffsstellen der Momente, so folgt

$$\sum_\alpha F_\alpha \, dr_\alpha + \sum_\beta M_\beta \, d\boldsymbol{\varphi}_\beta = 0 \,. \qquad (21.4/1)$$

Die Verschiebungsvektoren sind hierbei gemäß (21.2/1) an die Starrheitsbedingungen

$$d\boldsymbol{r}_\alpha = d\boldsymbol{r}_{(k)} + d\boldsymbol{\varphi}_{(k)} \times \boldsymbol{r}_\alpha^* \quad \text{mit} \quad k = 1, 2, \ldots \qquad (21.4/2)$$

gebunden. Dabei ist $d\boldsymbol{r}_{(k)}$ der Verschiebungsvektor des jeweiligen, auf dem k-ten Teil festzulegenden Bezugspunktes; mit dem Drehvektor $d\boldsymbol{\varphi}_{(k)}$ des k-ten Teiles sind alle ebenfalls zum k-ten Teil gehörenden Drehvektoren $d\boldsymbol{\varphi}_\beta$ identisch.

Die Verschiebungsvektoren $d\boldsymbol{r}_{(k)}$ und die Drehvektoren $d\boldsymbol{\varphi}_{(k)}$ können frei gewählt werden, solange die einzelnen Teile voneinander gelöst sind, d.h. solange das System noch f_0 Freiheitsgrade hat (vgl. 13.2). Werden die einzelnen Teile wieder so miteinander verbunden, daß $f_0 - 1$ Zwangsbedingungen erfüllt sind, so entsteht ein System mit *einem* Freiheitsgrad. Die f_0 Komponenten von $d\boldsymbol{r}_{(k)}$ und $d\boldsymbol{\varphi}_{(k)}$ sind dann den $f_0 - 1$ Zwangsbedingungen unterworfen; die Arbeitsgleichung (21.4/1) gilt dann zusammen mit (21.4/2) nach wie vor. Es kann aber jetzt davon Gebrauch gemacht werden, daß Zwangskräfte und Zwangsmomente keine Arbeit leisten, wie in 21.3 nachgewiesen wurde. Diejenigen Zwangskräfte oder -momente, welche zu den erfüllten $f_0 - 1$ Zwangsbedingungen gehören, liefern keine Arbeitsbeträge und treten in der Arbeitsgleichung nicht auf. Handelt es sich um ein *sta-*

---

[1] In der Elastostatik wird das Prinzip der virtuellen Arbeiten auch mit Berücksichtigung der Verformbarkeit abgeleitet.

tisch bestimmtes Tragwerk, so gilt $z = f_0$, d.h. es existieren f_0 unbekannte Zwangskräfte oder -momente. Da von diesen $f_0 - 1$ nicht arbeiten, verbleibt in der Arbeitsgleichung nur *eine* Zwangskraft (bzw. ein Zwangsmoment), die (bzw. das) zu der nicht erfüllten Zwangsbedingung gehört. Handelt es sich um ein *Getriebe mit einem Freiheitsgrad*, so gilt von vornherein $z = f_0 - 1$; alle diese $f_0 - 1$ Zwangsbedingungn werden erfüllt, d.h. die Arbeitsgleichung wird auf das Getriebe in unveränderter Form angewandt, enthält also keine Zwangskraft und kein Zwangsmoment, sondern liefert eine Beziehung, welche zwischen den äußeren Kräften im Falle des Gleichgewichtes erfüllt sein muß. Zusammenfassend ist daher folgendes festzustellen:

> *Bei statisch bestimmten Tragwerken sind alle Zwangsbedingungen bis auf eine zu erfüllen; die Arbeitsgleichung liefert die Zwangskraft bzw. das Zwangsmoment der nicht erfüllten Zwangsbedingung.*
>
> *Bei Getrieben mit einem Freiheitsgrad liefert die Arbeitsgleichung eine Gleichgewichtsbedingung für die äußeren Kräfte und Momente.*

Um zum Ausdruck zu bringen, daß bei Anwendung dieses Verfahrens nur solche Verschiebungen und Drehungen eingesetzt werden dürfen, welche bei Beachtung der $f_0 - 1$ Zwangsbedingungen kinematisch möglich (virtuell) sind, ohne daß sie von den wirklichen äußeren Kräften und Momenten verursacht zu sein brauchen, verwendet man das Differentialzeichen δ; dann ergibt sich

$$\sum_\alpha \boldsymbol{F}_\alpha \, \boldsymbol{\delta r}_\alpha + \sum_\beta \boldsymbol{M}_\beta \, \boldsymbol{\delta \varphi}_\beta = 0, \qquad (21.4/3)$$

$$\boldsymbol{\delta r}_\alpha = \boldsymbol{\delta r}_{(k)} + \boldsymbol{d\varphi}_{(k)} \times \boldsymbol{r}_\alpha^* \quad \text{mit} \quad k = 1, 2, \ldots \qquad (21.4/4)$$

Das dargelegte Berechnungsprinzip heißt *Prinzip der virtuellen Arbeiten*[1].

21.5 Beispiele zum Prinzip der virtuellen Arbeiten

Balken auf zwei Stützen (Abb. 21.4). Es sind die Auflagerkräfte mit Hilfe des Prinzips der virtuellen Arbeiten zu berechnen. Entfernt man das rechte Auflager, so kann sich der Balken um das linke Auflager drehen. Mit $\delta\varphi$ als Drehwinkel entsteht am rechten Auflager die Verschiebung $l\,\delta\varphi$; der Angriffspunkt von F_1 verschiebt sich um $a_1\,\delta\varphi$ der Angriffspunkt von F_2 um $a_2\,\delta\varphi$. Die Arbeitsgleichung liefert

$$Cl\,\delta\varphi - F_1 a_1\,\delta\varphi - F_2 a_2\,\delta\varphi = 0.$$

Daraus folgt

$$C = \frac{1}{l}\,(F_1 a_1 + F_2 a_2)$$

in Übereinstimmung mit der Momentengleichung um B.

---

[1] In Zusammenhang mit der Aufstellung des Hebelgesetzes finden sich schon bei ARCHIMEDES VON SYRAKUS Ansätze für dieses Prinzip. Eine klare Formulierung gab erstmals JOHANN BERNOULLI.

Schubkurbelgetriebe (Abb. 21.5). Das auf die Kurbel einwirkende Moment ist zu bestimmen, wenn die Kolbenkraft F gegeben ist. Die Kolbenkraft F leistet an der Verschiebung δx positive Arbeit, während das Kurbelmoment M am Drehwinkel $\delta\varphi$ negative Arbeit leistet:

$$F\,\delta x - M\,\delta\varphi = 0.$$

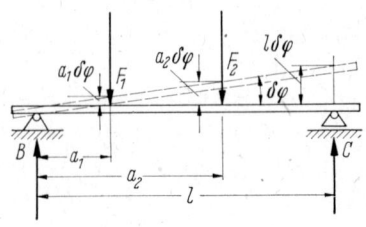

Abb. 21.4

Zählt man die Koordinate x von der äußersten Lage des Kreuzkopfes aus, so gilt

$$l + r - l\cos\psi - r\cos\varphi - x = 0$$

und

$$l\sin\psi = r\sin\varphi.$$

Aus der zweiten Beziehung folgt zunächst

$$\cos\psi = \sqrt{1 - \frac{r^2}{l^2}\sin^2\varphi}.$$

Durch Einsetzen in die erste Gleichung erhält man

$$l + r - \sqrt{l^2 - r^2\sin^2\varphi} - r\cos\varphi - x = 0.$$

Durch Bildung des Differentials dieses Ausdruckes ergibt sich

$$\left(\frac{r^2\sin\varphi\cos\varphi}{\sqrt{l^2 - r^2\sin^2\varphi}} + r\sin\varphi\right)\delta\varphi - \delta x = 0.$$

Damit folgt:

$$M = Fr\sin\varphi\left(1 + \frac{r\cos\varphi}{\sqrt{l^2 - r^2\sin^2\varphi}}\right).$$

Flaschenzug (Abb. 21.6). Wird die Last Q um eine Strecke δy angehoben, so leistet sie die Arbeit $-Q\,\delta y$. Die Seillänge innerhalb des Flaschenzuges wird durch die Aufwärtsbewegung des unteren Teiles an 6 Stellen um δy verkürzt; die sich hieraus ergebende freie Seillänge $6\delta y$ erscheint als Weg der Last F am Seilende. Es folgt $F\,6\delta y - Q\,\delta y = 0$ und daraus $F = Q/6$. Denkt man sich andererseits den Flaschenzug in der Mitte durchgeschnitten, so werden 6 Seilkräfte vom Betrage F frei, welche Q das Gleichgewicht halten, in Übereinstimmung mit dem ersten Ergebnis.

Brückenwaage (Abb. 21.7). Welche Bedingung muß erfüllt sein, damit die Wiegefläche (hier die Gerade AB) horizontal bleibt? Senkt sich die Waagschale um δs, so hebt sich die Wiegefläche bei Parallelverschiebung an jeder Stelle um den Betrag δt. Es folgt $F\,\delta s - Q\,\delta t = 0$ und daraus $\dfrac{F}{Q} = \dfrac{\delta t}{\delta s}$. Da $\dfrac{\delta t}{\delta s}$ von der Lage x der Last Q unabhängig ist, muß auch $\dfrac{F}{Q}$ von x unabhängig sein. Aus

Momentengleichungen für die einzelnen Teile folgt andererseits

$$\frac{F}{Q} = \frac{b}{a} + x\,\frac{ce - b\,d}{a\,d(c + d - b - e)}.$$

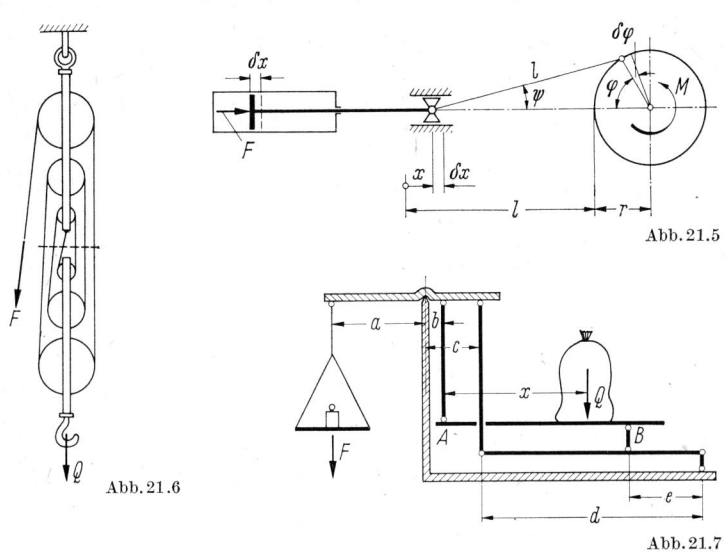

Abb. 21.5

Abb. 21.6

Abb. 21.7

Die Forderung der Unabhängigkeit von x liefert die Bedingung $ce = b\,d$, was auch kinematisch leicht beweisbar ist.

Gerber-Träger (Abb. 9.16). Wird das Auflager bei C gelöst und der Träger an dieser Stelle um V_C nach unten verschoben, so entstehen für die Angriffspunkte der Kräfte F_1, F_2 bzw. F_3 die Verschiebungen $V_1 = V_C l_1(b + g)/(ab)$, $V_2 = V_C(b - l_2)/b$ bzw. $V_3 = V_C(b - l_3)/b$. Der Arbeitssatz lautet

$$-CV_C + F_1 V_1 + F_2 V_2 + F_3 V_3 = 0$$

und liefert die Auflagerkraft C in Übereinstimmung mit 9.5.

21.6 Eine Bemerkung zur Axiomatik

Das Prinzip der virtuellen Arbeiten wurde aus den Gleichgewichtsbedingungen am starren Körper gewonnen. Man kann es aber auch zu einem Axiom erheben, indem man fordert:

Ein starrer Körper oder ein System starrer Körper ist im Gleichgewicht, wenn die Summe der virtuellen Arbeiten der äußeren Kräfte gleich Null ist.

Einem solchen Axiom müßten aber wieder zahlreiche Definitionen (z. B. Kraft- und Arbeitsdefinition) und gedankliche Prinzipien (z. B. Zerlegungs- und Erstarrungsprinzip) an die Seite gestellt werden, welche — je nach der philosophischen Auffassung — doch einer fast axiomatischen Aussage gleichkommen. Die bisherigen Axiome des Gleich-

gewichtes und Kräfteparallelogramms könnten dann durch Deduktion
gewonnen werden.

Andererseits könnte auch das Parallelogrammaxiom an den Anfang
gestellt und die Gleichgewichtsaussage als Definition des Falles $F = 0$,
$M = 0$ aufgefaßt werden. Der Verfasser ist jedoch der Auffassung,
daß die Sonderstellung des Gleichgewichtsaxioms nicht angetastet
werden sollte, zumal es im Newtonschen Axiom der Dynamik als Spe-
zialfall enthalten ist.

22 Reibung

22.1 Haftreibung, Gleitreibung und Coulombsches Gesetz

Wir betrachten einen Körper, der durch eine äußere Kraft gegen
einen zweiten in Ruhe befindlichen Körper gedrückt wird. Die äußere
Kraft F wird in eine senkrecht zur Berührungsfläche wirkende Komponente F_N (*Druckkraft*) und eine Tangentialkomponente F_T (*Tangentialkraft*) zerlegt (Abb. 22.1). Solange die Tangentialkraft F_T nicht

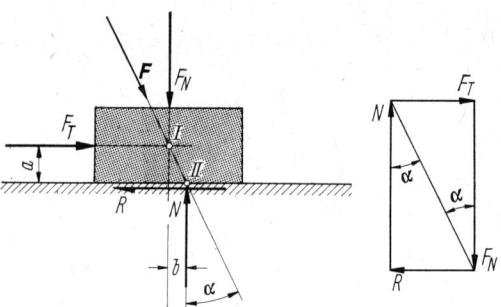

Abb. 22.1

ausreicht, um den Körper zu bewegen, besteht der Zustand des *Haftens*
beider Körper aneinander, d. h. es gelten die Gesetze der Statik für das
Gleichgewicht der Ruhe. In der Berührungsfläche muß daher eine
Reaktionskraft übertragen werden, welche sich im Sinne des Gleichgewichtsaxioms mit der Kraft F im Gleichgewicht befindet; wir zerlegen sie in eine *Normalkraft* N und eine *Haftreibungskraft* R. Mit Bezug
auf Abb. 22.1 gilt

$$\rightarrow \quad F_T - R = 0, \quad \uparrow \quad N - F_N = 0,$$

$$II) \quad F_N b - F_T a = 0; \qquad \frac{b}{a} = \tan \alpha. \qquad (22.1/1)$$

Hieraus folgt *für den Zustand des Haftens*

$$F_T = N \tan \alpha = R. \qquad (22.1/2)$$

Hierbei ist α der Winkel zwischen der Wirkungslinie der äußeren Kraft und der Normalen zur Berührungsfläche. Die Haftreibungskraft ist physikalisch durch bewegungshemmende Vorgänge in den beiden

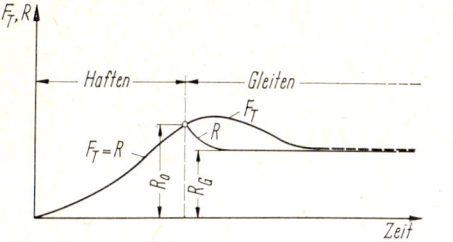

Abb. 22.2

Körperoberflächen zu erklären (z. B. Verhaken und Verformen von Oberflächenteilchen). Wird die Tangentialkraft F_T allmählich gesteigert, so erreicht die Haftreibungskraft R schließlich einen äußersten Grenzwert R_0; überschreitet F_T diesen Grenzwert, so tritt *Gleiten* ein (Abb. 22.2). C. A. COULOMB[1] stellte durch Versuche fest, daß der Grenzwert R_0 mit der Normalkraft zunimmt, und setzte in erster Näherung beide Kräfte einander proportional:

$$R_0 = \mu_0 N. \qquad (22.1/3)$$

Der Proportionalitätsfaktor μ_0 heißt *Haftreibungszahl*; er hängt von den Materialien der beiden in Kontakt befindlichen Körper, von der Beschaffenheit ihrer Oberflächen, von der Temperatur, der Feuchtigkeit und anderen Einflüssen ab. Nach Beginn des Gleitens sinkt die Reibungskraft auf den Betrag der *Gleitreibungskraft* R_G ab, welche ebenfalls der Normalkraft proportional gesetzt wird:

$$R_G = \mu_G N. \qquad (22.1/4)$$

Der hier auftretende Proportionalitätsfaktor μ_G heißt *Gleitreibungszahl*; es gilt

$$\mu_G < \mu_0. \qquad (22.1/5)$$

Diese Tatsache kann physikalisch darauf zurückgeführt werden, daß sich die Oberflächenunebenheiten während des Gleitens nicht mehr so stark verhaken können wie während des Haftens; bei besonders glatten Oberflächen ist der Unterschied zwischen beiden Reibungszahlen ge-

---

[1] CHARLES AUGUSTE DE COULOMB (geb. 1736 in Angoulême, gest. 1806 in Paris).

ring. Man führt ferner mit

$$\mu_0 = \tan \varrho_0; \quad \mu_G = \tan \varrho_G \qquad (22.1/6)$$

den *Haftreibungswinkel* ϱ_0 und den *Gleitreibungswinkel* ϱ_G ein; dann gehen (22.1/3) und (22.1/4) über in

$$R_0 = N \tan \varrho_0; \quad R_G = N \tan \varrho_G \qquad (22.1/7)$$

mit

$$\varrho_G < \varrho_0. \qquad (22.1/8)$$

Bei Haften gilt (22.1/2), während *bei Gleiten*

$$F_T = N \tan \alpha \geqq R_G \qquad (22.1/9)$$

zu beachten ist; der Kraftüberschuß dient zur Beschleunigung des Körpers. Es bestehen daher die Ungleichungen:

Für Haften: $\qquad\qquad R \leqq R_0; \quad \alpha \leqq \varrho_0,$

$\qquad\qquad\qquad\qquad\qquad\qquad\qquad\qquad\qquad\qquad (22.1/10)$

Für Gleiten: $\qquad\qquad R = R_G; \quad \alpha \geqq \varrho_G.$

Besonders anschaulich wird das Kräftespiel auf einer *schiefen Ebene*, wenn die äußere Kraft allein durch das Gewicht des Körpers bedingt ist (Abb. 22.3). *Der Winkel α wird dann mit dem Neigungswinkel der schiefen Ebene identisch.* Zeichnet man den Haftreibungswinkel beiderseits der Normalen ein, so muß bei Haften die Vertikale noch innerhalb des so entstehenden Haftreibungssektors liegen; andernfalls tritt Gleiten ein. Man erkennt hieraus, daß sich der Haftreibungswinkel für die zeichnerische Behandlung von Reibungsaufgaben besonders gut eignet (dasselbe gilt bei Gleitvorgängen für den Gleitreibungswinkel). Bei einer beliebig gerichteten Kraft verwendet man zur zeichnerischen Veranschaulichung des Haftvorganges auch den Reibungskegel (Abb. 22.4). Solange die äußere Kraft innerhalb des Reibungskegels liegt, besteht Haften.

Nachstehende Tabelle gibt einen kleinen Überblick über die Größenordnung der Reibungszahlen.

Stoffpaar	Haftreibungszahl μ_0		Gleitreibungszahl μ_G	
	trocken	geschmiert	trocken	geschmiert
Stahl auf Stahl	0,15	0,11	0,09	—
Holz auf Holz	0,4—0,6	0,16	0,2—0,4	0,08
Holz auf Metall	0,6—0,7	0,11	0,4—0,5	0,10

Für die Fortbewegung von Lebewesen und Fahrzeugen ist die Haftreibung von ausschlaggebender Bedeutung. Ein Fahrzeug kann nur dann durch ein auf die Räder wirkendes Moment fortbewegt werden, wenn zwischen Rad und Boden, bzw. bei Schienenfahrzeugen zwi-

schen Rad und Schiene eine Reibungskraft auftritt. Ist das Antriebs-
moment zu groß oder der Achsdruck zu klein, oder reicht die Haftreibungszahl nicht aus (z. B. bei Glatteis), so führt das angetriebene Rad
eine Drehbewegung aus, ohne die Fortbewegung des Fahrzeuges zu
bewirken.

Die Haftreibung spielt auch bei verschiedenen technischen Befesti-
gungsarten eine sehr nutzbringende Rolle, z. B. bei Schraubverbindun-
gen (s. 22.2), sowie bei Klemm-, Schrumpf- und Nagelverbindungen;
weitere Anwendungen finden sich bei Seil- und Riementrieben (s. 22.3).

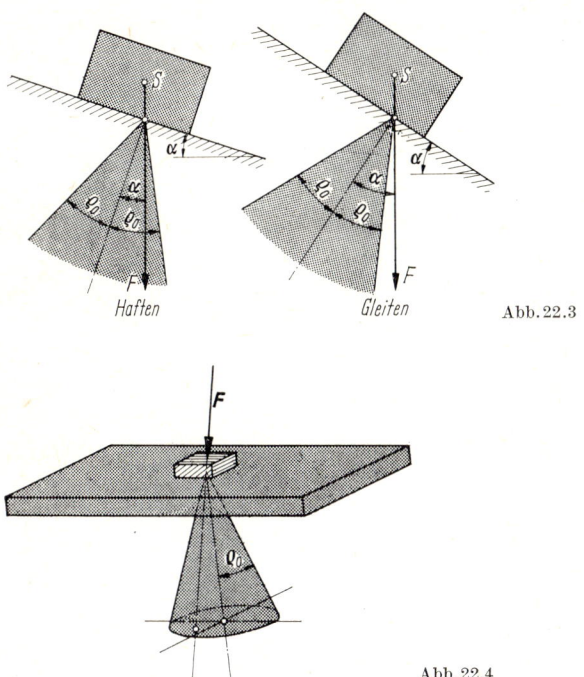

Abb. 22.3

Abb. 22.4

Während die Haftreibungskraft eine reine Reaktionskraft ist, welche stets der Verschiebungskraft F_T das Gleichgewicht hält, ist die
Gleitreibungskraft sowohl der Größe als auch der Richtung nach von
F_T unabhängig; ihre Größe berechnet sich aus (22.1/7), ihre Richtung
ist der Gleitrichtung entgegengesetzt. Die Gleitrichtung ist zugleich die
Richtung der Gleitgeschwindigkeit, welche im allgemeinen jedoch nicht
mit der Richtung der Beschleunigung zusammenfällt. Die in verschiedenen Richtungen wirkenden Kräfte F_T und R_G sind zu einem resultierenden Vektor zusammen zu setzen, welcher nach dem Newtonschen
Gesetz dem mit der Masse multiplizierten Beschleunigungsvektor ent-

spricht. Der Gleitvorgang führt daher auf eine dynamische Problem-
gruppe, welche wesentlich komplizierter sein kann als das rein statische
Haftproblem (s. dritter Teil, Kinetik).

Bei Zapfen- und Lagerreibung wirkt sich die gleitende Reibung schäd-
lich aus; insbesondere kann sie bei Kraft- und Arbeitsmaschinen zu er-
heblichen Energieverlusten führen (Umwandlung in Wärme). Zur Ab-
minderung dieser Verluste verwendet man Schmiermittel. Wie die angegebene Tabelle zeigt, tritt schon bei geringer Schmierung eine wesentliche Herabsetzung der Reibungskraft ein. Bei starker Schmierung bildet sich zwischen den Oberflächen ein zusammenhängender Flüssigkeits-
film (*Schmierfilm*). Es besteht dann keine unmittelbare Berührung der
Oberflächen mehr, und die Ansätze der trockenen oder fast trockenen
Reibung sind nicht mehr anwendbar; das Problem muß mit Hilfe der
Hydrodynamik behandelt werden. Die stofflichen Eigenschaften der
Oberflächen haben sekundäre Bedeutung; vorwiegend kommt es auf
die Gleitgeschwindigkeit, die Dicke des Schmierfilms, die Zähigkeit des
Schmiermittels (temperaturabhängig!) und andere Größen an (s. 22.5).

22.2 Einfache Beispiele zur Haft- und Gleitreibung

Leiter (Abb. 22.5). Eine Leiter steht am Boden auf (Reibungszahl μ_B) und
lehnt gegen eine rauhe Wand (Reibungszahl μ_C). Die Länge der Leiter sei l, die
Resultierende aus Eigengewicht und zusätzlicher Last greift im Abstand a von
B an. Die Gleichgewichtsbedingungen sind:

$$\rightarrow \quad R_B - C_h = 0, \qquad \uparrow \quad B_v + R_c - F = 0,$$
$$B) \qquad C_h l \sin \alpha + (R_c l - Fa) \cos \alpha = 0.$$

Für die Haftreibung an den Auflagerstellen gilt

$$R_B \leqq \mu_B B_v; \quad R_C \leqq \mu_C C_h .$$

Im Grenzfall der voll ausgenutzten Reibungskräfte gelten die Gleichheitszeichen;
dann folgen aus den beiden ersten Gleichgewichtsbedingungen:

$$B_v = \frac{F}{1 + \mu_B \mu_C}; \quad C_h = \frac{\mu_B F}{1 + \mu_B \mu_C} .$$

Der äußerste Winkel α ergibt sich aus der dritten Gleichgewichtsbedingung:

$$\tan \alpha = \frac{a}{l} \left(\mu_C + \frac{1}{\mu_B} \right) - \mu_C .$$

Andererseits errechnet sich der äußerste Abstand a zu

$$a = l(\mu_C + \tan \alpha) \Big/ \left(\mu_C + \frac{1}{\mu_B} \right).$$

Dieser Wert gibt darüber Aufschluß, wie hoch eine Person ohne Gefahr auf einer
Leiter steigen kann. Bei zeichnerischer Lösung der Aufgabe werden beiderseits
der Flächennormalen an beiden Auflagerpunkten die zugehörigen Reibungs-
winkel gezeichnet. Die Last F muß dann im Falle des Haftens das Gebiet schneiden, das von beiden Reibungssektoren überdeckt wird.

Schräg hängendes Bild (Abb. 22.6). Ein Bild soll an einer Schnur so aufgehängt werden, daß es sich ohne eine zusätzliche Abstützung schräg gegen eine rauhe Wand lehnt. Die Möglichkeit einer solchen Gleichgewichtslage ergibt sich in

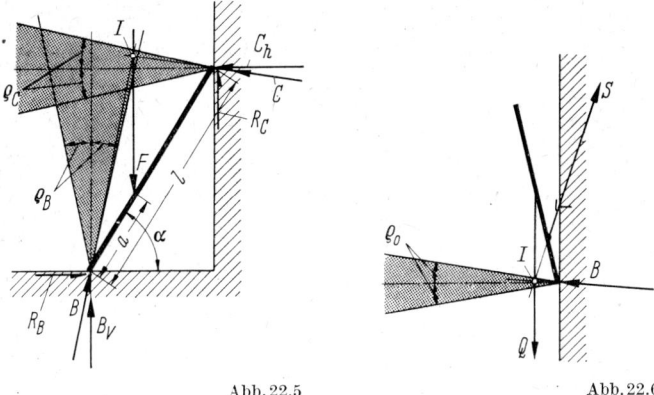

Abb. 22.5   Abb. 22.6

einfacher Weise durch Zeichnen des Reibungssektors für die Auflagerkraft B. Die drei Kräfte, Schnurkraft S, Gewicht des Bildes Q und Auflagerkraft B müssen sich in einem Punkte schneiden, der für B möglich ist, d. h. innerhalb des Reibungssektors liegt.

Schiefe Ebene (Abb. 22.7). Durch eine parallel zur schiefen Ebene wirkende Kraft soll F ein Körper mit konstanter Geschwindigkeit aufwärts bzw. abwärts bewegt werden. Das Gewicht Q des Körpers, die Kraft F und die Auflagerkraft B müssen durch einen Punkt gehen und ein geschlossenes Kräftedreieck bilden. Index 1 gilt für Aufwärts-, Index 2 für Abwärtsbewegung; es folgt

$$F_{1,2} = Q \left(\sin \alpha \pm \mu_G \cos \alpha \right) = \frac{\sin \left(\alpha \pm \varrho_G \right)}{\cos \varrho_G}\, Q.$$

Einfacher Lastenaufzug (Abb. 22.8). An einer vertikalen Stange gleitet ein Behälter, der eine Last Q aufnimmt und durch die Seilkraft S mit konstanter Geschwindigkeit aufwärts oder abwärts bewegt wird. Die Seilkraft S und die Last Q liegen nicht auf derselben Wirkungslinie, haben daher ein Moment zur Folge, welches an den Gleitstellen B und D zur Auflagerreaktionen und damit zu Reibungskräften führt. Bei der zeichnerischen Lösung mit Hilfe der Reibungssektoren sind die Kräfte S, B und D entsprechend dem Culmanschen Verfahren so zu bestimmen, daß sie mit der Last Q ein Gleichgewichtssystem bilden (Index 1 gilt wieder für Aufwärts-, Index 2 für Abwärtsbewegung).

Schrauben- und Gewindereibung (Abb. 22.9 und 22.10). Eine Schraubenfläche entsteht durch Schraubenbewegung, d. h. gleichzeitige Translation und Rotation einer ebenen Kurve; dabei erfolgt die Translation in Richtung der Schraubenachse und die Rotation um die Schraubenachse, wobei der Verschiebungsweg dem Drehwinkel proportional ist. Ist die ebene Kurve ein kleines Rechteck, dessen Seiten parallel und senkrecht zur Schraubenachse liegen, so entsteht der Gewindegang einer *flachgängigen Schraube* (Abb. 22.9); ist die ebene Kurve ein kleines Dreieck, so entsteht der Gewindegang einer *scharfgängigen Schraube* (Abb. 22.10). Für die Untersuchung des Reibungsmechanismus wollen wir uns auf diese beiden Grenzfälle beschränken.

Die Axialkraft errechnet sich bei der *flachgängigen Schraube* zu

$$F = \int\limits_{(B)} (dN \cos \alpha \pm dR \sin \alpha).$$

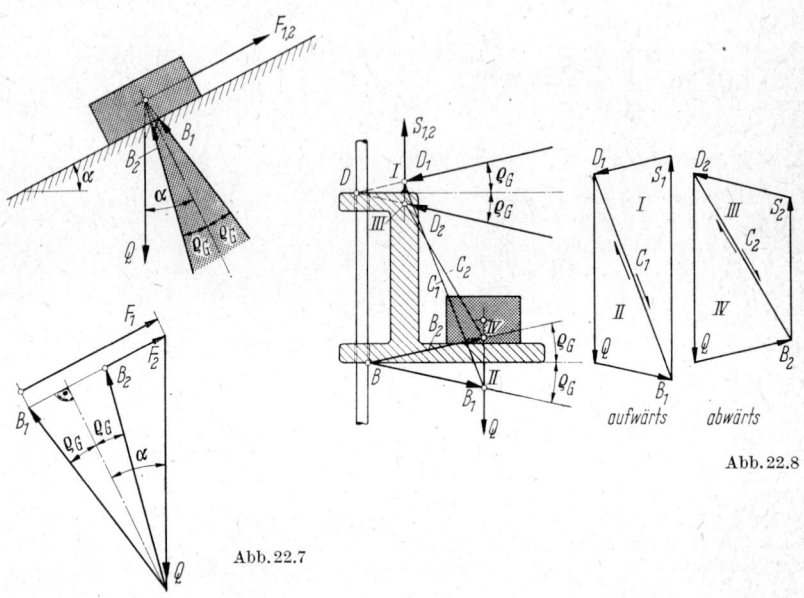

Abb. 22.8

Abb. 22.7

Das Zeichen (B) am Integral soll darauf hinweisen, daß sich die Integration auf die gesamte Berührungsfläche erstrecken soll; ferner bedeuten α den Steigungswinkel der Schraube, dN das normal zur Berührungsfläche gerichtete Kraftelement und dR das Reibungskraftelement (da die Berührungsfläche nicht eben, sondern gekrümmt ist, muß sie in einzelne Flächenelemente aufgeteilt werden, an welchen die Kraftelemente dN und dR angeifen). Die sinngemäße Anwendung von (22.1/7) liefert dann

$$dR = dN \tan \varrho.$$

Hierbei ist für ϱ je nach dem betrachteten Vorgang ϱ_0 oder ϱ_G einzusetzen. Da α und ϱ Konstante sind, ergibt sich durch Integration

$$F = (\cos \alpha \pm \sin \alpha \tan \varrho)\, N = \frac{\cos (\alpha \mp \varrho)}{\cos \varrho}\, N.$$

N ist die insgesamt übertragene Normalkraft. Andererseits wird das um die Schraubenachse drehende Moment durch Integration der mit dem mittleren Gewinderadius a multiplizierten, zur Schraubenachse senkrechten Kraftkomponenten erhalten:

$$M = a \int\limits_{(B)} (dN \sin \alpha \mp dR \cos \alpha).$$

Es ergibt sich

$$M = \frac{\sin (\alpha \mp \varrho)}{\cos \varrho}\, Na.$$

Mithin folgt

$$M = Fa \tan (\alpha \mp \varrho).$$

Eine festgezogene Schraube, welche eine Kraft F überträgt (hierbei gilt das obere Vorzeichen), kann sich im Falle $\alpha \leqq \varrho_0$ nicht selbst lösen (Selbsthemmung); denn es folgt $M \leqq 0$. Diese Tatsache wird bei den *Befestigungsschrauben* weitgehend ausgenützt. Die Selbsthemmung gilt aber nur bei ruhender Belastung; bei starken Erschütterungen müssen Befestigungsschrauben besonders gesichert sein. Bei der *scharfgängigen Schraube* liegt dN nicht mehr in der Ebene, welche durch dR geht und parallel zur Schraubenachse orientiert ist; die in dieser Ebene liegende Komponenten ist $dN \cos \beta$, während die andere Komponente $dN \sin \beta$ die Schraubenachse senkrecht schneidet und deshalb weder einen Beitrag zur Axialkraft, noch zum Drehmoment liefert. Mithin erhält man

$$F = (\cos \alpha \cos \beta \pm \sin \alpha \tan \varrho)\, N$$

und

$$M = (\sin \alpha \cos \beta \mp \cos \alpha \tan \varrho)\, N\,.$$

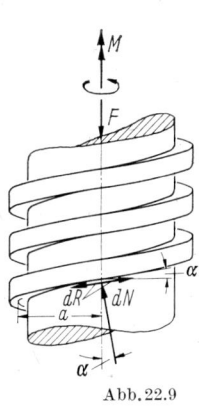

Abb. 22.9

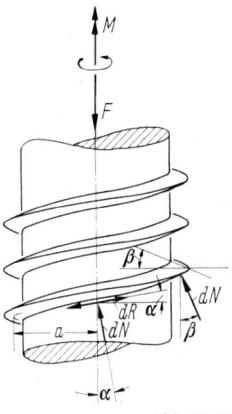

Abb. 22.10

Führt man einen Ersatzreibungswinkel durch die Bedingung

$$\tan \varrho^* = \frac{\tan \varrho}{\cos \beta}$$

ein, so gehen die Ausdrücke für P und M bis auf den Faktor $\cos \beta$ in dieselbe Form wie bei der flachgängigen Schraube über, wenn dort ϱ durch ϱ^* ersetzt wird. Folglich gilt

$$M = Fa \tan (\alpha \mp \varrho^*)\,.$$

Die scharfgängige Schraube wirkt daher ähnlich wie eine flachgängige Schraube, jedoch mit größerem Reibungseffekt. Deshalb werden flachgängige Schrauben mehr zur Erzeugung großer Preßdrücke mit kleinem Drehmoment verwendet (z. B. bei Schraubenpressen), während scharfgängige Schrauben besonders als Befestigungsschrauben geeignet sind.

Bei Berechnung des *Wirkungsgrades* der Druckerzeugung ist die durch das Drehmoment M bei einer kleinen Drehung $d\varphi$ geleistete Arbeit $M\, d\varphi$ als aufgewandte Arbeit anzusehen (bei ϱ gilt dann das untere Vorzeichen), während die von der Kraft F am zugehörigen Verschiebungsweg geleistete Arbeit $Fa\, d\varphi \tan \alpha$ praktisch nutzbar gemacht wurde. Der Wirkungsgrad errechnet sich daher aus $\eta_2 = \tan \alpha / \tan (\alpha + \varrho)$. Für den Wirkungsgrad der Drehmomenterzeugung (Grenzfall: Selbsthemmung) folgt analog $\eta_1 = \tan (\alpha - \varrho)/\tan \alpha$.

14*

22.3 Seil- und Riemenreibung

Die zur Leistungsübertragung dienenden Seil- und Riementriebe beruhen auf der Wirksamkeit der am Umfang der Seil- bzw. Riemenscheiben auftretenden Reibungskräften. Wird der Winkelbereich, in welchem das Seil bzw. der Treibriemen am Scheibenumfang anliegt, mit β bezeichnet (Abb. 22.11) und ist $S_1 < S_2$, so wächst die Seilkraft

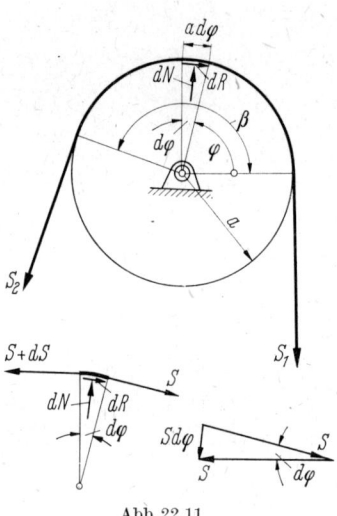

Abb. 22.11

S innerhalb dieses Bereiches von S_1 auf S_2 an. Zur näheren Untersuchung sei die Winkelkoordinate φ eingeführt. Ist a der Scheibenradius, so ist $a\, d\varphi$ das Längenelement am Umfang. Schneiden wir ein Seilstück von dieser Länge heraus, so ergibt sich bei Annahme vollkommener Biegsamkeit das in Abb. 22.11 ersichtliche Kräftespiel. Der Zuwachs dS der Seilkraft wird durch die längs des Längenelementes übertragene Reibungskraft dR im Gleichgewicht gehalten. Die Schrägstellung der Seilkräfte an beiden Enden des Elementes liefert als deren Resultierende eine nach dem Scheibenmittelpunkt gerichtete Kraft, welche dem Normaldruck dN das Gleichgewicht hält:

$$\longrightarrow \quad dR + S - S - dS = 0, \qquad (22.3/1)$$

$$\uparrow \qquad dN - S\, d\varphi = 0. \qquad (22.3/2)$$

Es folgen:

$$dR = dS, \qquad (22.3/3)$$

$$dN = S\, d\varphi. \qquad (22.3/4)$$

Die Anwendung des Coulombschen Reibungsgesetzes mit der Haftreibungszahl μ_0 liefert für den Grenzzustand des Haftens

$$dR = \mu_0 \, dN. \tag{22.3/5}$$

Durch Einsetzen von (22.3/3) und (22.3/4) ergibt sich

$$dS = \mu_0 \, S \, d\varphi \tag{22.3/6}$$

oder nach Division durch S

$$\frac{dS}{S} = \mu_0 \, d\varphi. \tag{22.3/7}$$

Die Integration liefert mit der Anfangsbedingung $S = S_1$ für $\varphi = 0$:

$$\ln\left(\frac{S}{S_1}\right) = \mu_0 \, \varphi \tag{22.3/8}$$

oder

$$S = S_1 e^{\mu_0 \varphi}. \tag{22.3/9}$$

Hieraus folgt mit $\varphi = \beta$ die grundlegende Beziehung des Seiltriebes, welche schon EULER gefunden hatte:

$$S_2 = S_1 e^{\mu_0 \beta}. \tag{22.3/10}$$

Es ist aber zu beachten, daß diese Formel nur für den Grenzfall der maximalen Haftreibung gilt, d.h. sie entspricht der höchstmöglichen Kraftübertragung. Es kann sich aber auch um ein Seil handeln, welches mehrfach um einen kreiszylindrischen Zapfen oder Pfosten gewickelt ist (wie z. B. das Anlegetau eines Schiffes im Hafen); der im Exponenten auftretende Winkel β ist stets im Bogenmaß einzusetzen. Die Zunahme der Seilkraft folgt einer logarithmischen Spirale (Abb. 22.12). Die gesamte, längs des Berührungsbogens β übertragene Reibungskraft ergibt sich durch Integration von (22.3/3) zu

$$R = S_2 - S_1 = S_1(e^{\mu_0 \beta} - 1). \tag{22.3/11}$$

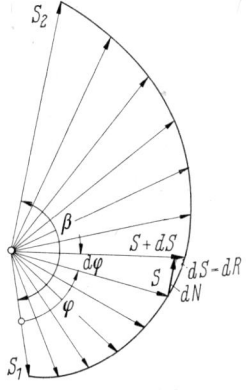

Abb. 22.12

Ist der Grenzzustand der maximalen Reibungskraft nicht erreicht, so gilt

$$R < S_1(e^{\mu_0\beta} - 1). \qquad (22.3/12)$$

Zur Berechnung der durch den Seil- oder Riementrieb übertragenen Leistung ist das an die Scheibe abgegebene Moment $M = Ra$ mit der Winkelgeschwindigkeit zu multiplizieren (s. Kinetik).

Als Beispiel betrachten wir in Abb.22.13 ein Seil, das über einen zylindrischen Holzstab gelegt ist und an seinem Ende eine Last Q trägt. Zur Berechnung der Kraft F welche am anderen Ende aufzubringen ist, um die Last zu heben, wenden wir (22.3/10) mit $S_1 = Q$, $S_2 = F$ und $\beta = \pi$ an. Es folgt $F = e^{\mu_0\pi} Q$; mit $\mu_0 = 0,2$ ergibt sich $F = 1,87Q$. Beim Herablassen der Last gilt $S_1 = F$, $S_2 = Q$ und mithin $F = e^{-\mu_0\pi}Q = 0,53Q$. Die Last Q bleibt also in Ruhe für

$$0,53Q \leqq F \leqq 1,87Q.$$

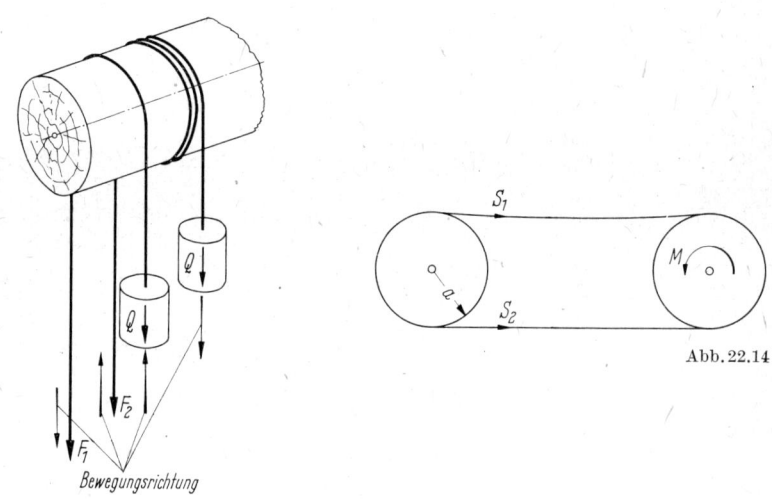

Abb. 22.13   Abb. 22.14

Man erkennt den großen Einfluß der Reibung. Schlingt man beim Herablassen der Last das Seil zweieinhalbmal um den Zylinder, so gilt $\beta = 5\pi$ und es folgt $F = e^{-5\mu_0\pi}Q = 0,043Q$. Man kann also durch mehrmaliges Umschlingen außerordentlich hohe Lasten mit Hilfe der Reibung festhalten. (Beispiel: Das Festmachen von Schiffstauen).

Bei einem *Riementrieb* (Abb.22.14) wird ein bestimmtes Drehmoment von einer Riemenscheibe auf die andere übertragen. Im Grenzzustand der Haftreibung gilt mit Bezug auf (22.3/11)

$$M = Ra = (S_2 - S_1)\, a = S_1(e^{\mu_0\beta} - 1)\, a. \qquad (223/13)$$

Hieraus folgt

$$S_1 = \frac{M}{(e^{\mu_0\beta} - 1)\,a} \qquad\qquad (22.3/14)$$

und wegen (22.3/10)

$$S_2 = \frac{e^{\mu_0\beta}M}{(e^{\mu_0\beta} - 1)\,a}\,. \qquad\qquad (22.3/15)$$

Der Riemen muß daher mindestens mit der Zugkraft

$$S = \frac{1}{2}\,(S_1 + S_2) = \frac{M}{2a}\,\coth(\mu_0\beta) \qquad\qquad (22.3/16)$$

vorgespannt sein, damit das Moment übertragen werden kann. Für die Größe der aus Sicherheitsgründen zu wählenden zusätzlichen Vorspannung liegen Erfahrungswerte vor.

Bei besonders dicken Seilen und Riemen ist die Annahme der vollkommenen Biegsamkeit nicht mehr gewährleistet; in solchen Fällen muß eine genauere Berechnung mit Berücksichtigung der Biegesteifigkeit durchgeführt werden (s. Elastostatik und Festigkeitslehre).

22.4 Trockene Zapfen- und Lagerreibung

Das Problem der Gleitlagerreibung soll hier zunächst für den Fall der geringen Schmierung untersucht werden. Der Tragzapfen hat in der Regel eine erhebliche Kraft auf das Gleitlager zu übertragen. Diese Kraftübertragung erfolgt durch die Normalkräfte dN, welche längs der Berührungsfläche wirken und infolge des Gesetzes der trockenen oder fast trockenen Reibung die Reibungskräfte dR hervorrufen; diese haben das Auftreten eines Reibungsmomentes zur Folge. Mit Bezug auf Abb. 22.15 bestehen folgende Gleichgewichtsbedingungen:

$$\uparrow \qquad \int\limits_{(B)} (dN \cos\varphi + dR \sin\varphi) - F = 0,$$

$$\rightarrow \qquad \int\limits_{(B)} (dR \cos\varphi - dN \sin\varphi) = 0, \qquad (22.4/1)$$

$$\text{\Large)} \qquad \int\limits_{(B)} a\,dR - M = 0\,.$$

Das Zeichen (B) am Integral soll wieder andeuten, daß sich der Integrationsbereich auf die gesamte Berührungsfläche erstrecken soll. Als weitere Beziehung kommt das Reibungsgesetz

$$dR = dN \tan\varrho_G \qquad\qquad (22.4/2)$$

zur Anwendung. Durch Einsetzen in (22.4/1) ergibt sich nach Umformung:

$$F = \frac{1}{\cos\varrho_G} \int\limits_{(B)} \cos(\varphi - \varrho_G)\,dN,$$

$$0 = \int\limits_{(B)} \sin(\varphi - \varrho_G)\,dN, \qquad\qquad (22.4/3)$$

$$M = aN \tan\varrho_G\,.$$

Hierbei ist N die unbekannte Normalkraftsumme. Da diese Gleichungen zur Lösung des statisch unbestimmten Problems nicht ausreichen, soll eine der praktischen Anwendung angepaßte Näherungsbetrachtung

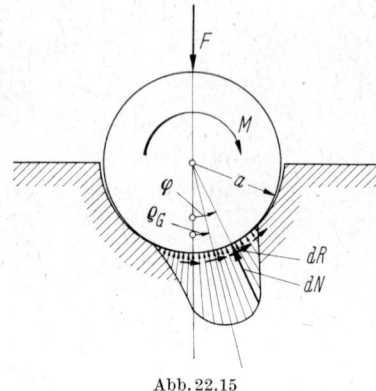

Abb. 22.15

durchgeführt werden. Wir gehen dabei von der Tatsache aus, daß die zweite Gleichung identisch erfüllt ist, wenn sich die Normalkräfte symmetrisch zur Stelle $\varphi = \varrho_G$ verteilen. Nehmen wir in erster Näherung an, daß nur an der Stelle $\varphi = \varrho_G$ Berührung stattfindet (also Linienberührung), so zieht sich der Integrationsbereich auf diese Stelle zusammen, und wir erhalten

$$N = F \cos \varrho_G; \quad R = F \sin \varrho_G; \quad M = Fa \sin \varrho_G. \quad (22.4/4)$$

Die Strecke

$$e = a \sin \varrho_G, \quad (22.4/5)$$

heißt *Radius des Reibungskreises* oder auch *Lagerreibungsradius*; es folgt

$$M = Fe, \quad (22.4/6)$$

d. h. das Reibungsmoment ist gleich dem Moment der Lagerkraft in bezug auf den Berührpunkt (Abb. 22.16). Der Zapfen wird also entgegen dem Drehsinn im Lager soweit auflaufen, bis sich der Berührpunkt gegenüber der Ruhelage um den Gleitreibungswinkel verschoben hat. Der betrachtete Sonderfall bezieht sich näherungsweise auf ein Gleitlager mit verhältnismäßig großem Spiel, wie es sich nach dem Einlaufen des Lagers einstellt. In der Regel erfolgt aber Berührung in der weiteren Umgebung der Stelle $\varphi = \varrho_G$, und $\cos (\varphi - \varrho_G)$ nimmt unter dem Integral für F Werte kleiner als Eins an. Wir wollen dieser Tatsache durch Einführung eines empirischen Beiwertes $\alpha > 1$ Rechnung tragen und

$$N = \alpha F \cos \varrho_G; \quad M = aF\alpha \sin \varrho_G \quad (22.4/7)$$

setzen. Man nennt die Größe

$$\mu_z = \alpha \sin \varrho_G = \frac{\alpha \mu_G}{\sqrt{1 + \mu_G^2}} \qquad (22.4/8)$$

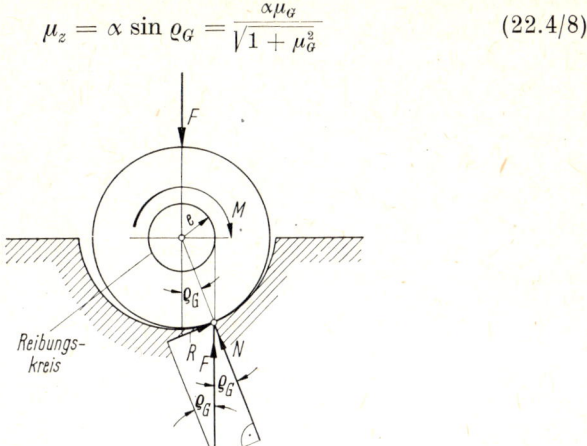

Abb. 22.16

die *Zapfenreibungszahl*. Unter Beibehaltung der Beziehung (22.4/6) gilt daher die genauere Beziehung für den *Radius des Reibungskreises*

$$e = \mu_z a. \qquad (22.4/9)$$

Bei gut eingelaufenen Lagern kann man annehmen, daß α nur wenig größer als Eins ist und gegen die in (22.4/8) im Nenner auftretende Wurzel, welche ebenfalls nur wenig größer als Eins ist, gekürzt werden kann, d. h. man kann näherungsweise μ_z durch μ_G ersetzen.

22.5 Schmiermittelreibung

Bei Gleitlagern in schnell laufenden Maschinen muß für ausreichende Schmierung gesorgt werden, um ein Heißlaufen der Lager zu vermeiden. Es bildet sich dann ein zusammenhängender Schmierfilm aus, der dafür sorgt, daß keine direkte Berührung der gegeneinander gleitenden Oberflächen möglich ist. Das so entstehende Reibungsproblem läßt sich infolgedessen nicht mehr mit dem Gesetz der trockenen oder fast trockenen Reibung behandeln; vielmehr muß entsprechend dem zähflüssigen Verhalten des Schmiermittels auf hydrodynamische Gesetze Bezug genommen werden; dabei kommt das auf NEWTON zurückgehende Zähigkeitsgesetz zur Anwendung:

$$dR = \frac{\eta v}{h} dA. \qquad (22.5/1)$$

Hierbei bedeutet dR wieder das Reibungskraftelement, dA das Flächenelement, an welchem dR angreift, v die Gleitgeschwindigkeit, h die

Dicke des Schmierfilms und η die Zähigkeitszahl des Schmiermittels, welche stark temperaturabhängig ist. Wir wollen uns hier darauf beschränken, einen charakteristischen Unterschied gegenüber der trokkenen Reibung zu erwähnen: *Es ergibt sich ein Auflaufen des Zapfens in Richtung des antreibenden Momentes* (Abb. 22.17). Diese Erscheinung ist experimentell nachgewiesen. Die Ursache liegt im Auftreten eines besonders hohen Flüssigkeitsdruckes auf der anderen Seite, wodurch der Zapfen zur Seite gedrückt wird.

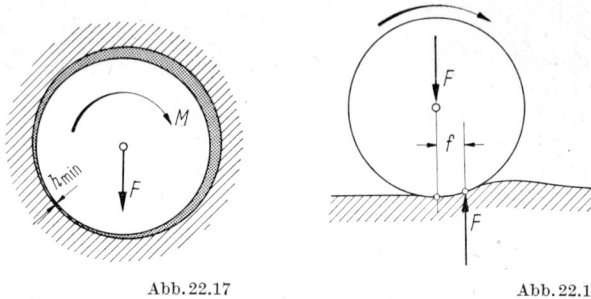

Abb. 22.17   Abb. 22.18

22.6 Rollende Reibung

Bei rollender Bewegung zylindrischer oder kugelförmiger Körper tritt ein Widerstand auf, den man *rollende Reibung*, kurz *Rollreibung* nennt. Die bewegungshemmende Wirkung bei Rollreibung ist wesentlich kleiner als bei Gleitreibung; diese Tatsache wird in der Technik weitgehend durch Anwendung von Kugel- und Wälzlagern ausgenützt. Die Rollreibung entsteht durch die Verformungen der aufeinander abrollenden Teile, und zwar wölbt sich die Oberfläche des Bodens im *vorderen*, d.h. von der Rollbewegung noch nicht erfaßten Bereich nach außen. Hinter dem Rad sind die Oberflächenverwölbungen bei nichtumkehrbarer (z. B. plastischer) Verformung wesentlich kleiner. Ein Beispiel (rollendes Rad auf weichem Boden) zeigt Abb. 22.18. Die Resultierende der Reaktionskräfte erhält gegenüber der Radlast F einen Abstand f. Das Produkt Ff stellt das *Moment der Rollreibung* dar. Allerdings ist die Länge f keine echte Konstante, da sie noch von der Radlast, vom Raddurchmesser, von der Geschwindigkeit und anderen Einflußgrößen abhängt. In der Fahrzeugtechnik faßt man meist den Rollwiderstand mit dem Lagerreibungswiderstand zusammen.

Sachverzeichnis

Inhaltsübersicht des zweiten Teiles

ELASTOSTATIK UND FESTIGKEITSLEHRE